GUIDE
DU BOTANISTE.

PREMIÈRE PARTIE.

Etude de la Botanique. — Propriétés des plantes.

Paris. — Imprimerie de L. Martinet, rue Mignon, 2.

GUIDE
DU BOTANISTE

OU

CONSEILS PRATIQUES SUR L'ÉTUDE DE LA BOTANIQUE,

L'USAGE DU MICROSCOPE ET L'EMPLOI DU DESSIN
APPLIQUÉS AUX TRAVAUX D'OBSERVATION,
LES EXCURSIONS BOTANIQUES, ET LA RECHERCHE, LA RÉCOLTE, LA CULTURE,
LA PRÉPARATION ET LA CONSERVATION DES PLANTES, ETC. ;

ACCOMPAGNÉS

D'UN TRAITÉ ÉLÉMENTAIRE

des Propriétés et Usages économiques des Plantes qui croissent spontanément
en France ou qui y sont généralement cultivées ;

ET D'UN

DICTIONNAIRE RAISONNÉ DES MOTS TECHNIQUES

FRANÇAIS ET LATINS
EMPLOYÉS DANS LES OUVRAGES D'ORGANOGRAPHIE VÉGÉTALE
ET DE BOTANIQUE DESCRIPTIVE ;

PAR

E. GERMAIN, DE SAINT-PIERRE,

Docteur en médecine,
membre de la Société philomatique, de la Société de biologie, etc., etc.,
l'un des deux auteurs
de la *Flore descriptive et analytique des environs de Paris*,
de l'*Atlas de la Flore*, etc.

Scientiam pondere vero.

PARIS.

VICTOR MASSON, LIBRAIRE-ÉDITEUR,
PLACE DE L'ÉCOLE-DE-MÉDECINE.

1852.

A LA MÉMOIRE

DU FONDATEUR DE LA MÉTHODE NATURELLE,

A.-L. DE JUSSIEU;

DE L'AUTEUR

DU *PHILOSOPHIA BOTANICA*,

C. LINNÉ;

DE L'AUTEUR

DE LA *THÉORIE ÉLÉMENTAIRE DE LA BOTANIQUE*,

A.-P. DE CANDOLLE;

DE L'AUTEUR

DE L'*ENCHIRIDION BOTANICUM*,

S. ENDLICHER.

E. GERMAIN, DE SAINT-PIERRE.

a

AU LECTEUR.

La première idée de cet ouvrage date de mon entrée dans la carrière botanique. Manquant de conseils et éloigné des établissements scientifiques, je cherchai un livre qui pût me servir de guide dans mes études ; ce livre n'existait pas, et je me promis de l'écrire un jour moi-même si je parvenais à être initié à une science dont le culte me semblait environné de mystères.

Le *Guide du botaniste* (1) se compose de deux parties bien distinctes. La première, ou le *Guide* proprement dit, a pour but de mettre le lecteur à même de s'occuper avec succès de l'étude de la botanique. La seconde, ou le *Dictionnaire de botanique*, a pour objet d'initier le lecteur à la connaissance de la structure des plantes.

Ces deux parties correspondent aux deux périodes de mes études botaniques. — La première de ces périodes, consacrée à la botanique descriptive et à de nombreux voyages d'exploration, a été marquée par la publication de la *Flore*

(1) Peu de temps après la publication de la *Flore des environs de Paris*, mon ami M. le docteur Cosson, et moi, avions le projet de publier en collaboration un ouvrage de ce genre restreint aux environs de Paris ; mais nous avons dû renoncer à ce projet en raison de l'impossibilité de travailler simultanément à un livre de cette nature, ainsi que nous avions pu le faire pour un ouvrage descriptif.

des environs de Paris (1); elle m'a mis à même de donner dans le *Guide* les résultats d'une assez longue expérience personnelle dont je serais heureux de faire profiter ceux que leur vocation ou leurs goûts pourront entraîner aux mêmes études. — La seconde période, consacrée à des recherches d'organographie et de physiologie végétales, et dont le but est la publication de travaux sur la *Rhizographie* et la *Tératologie végétale* (2), m'a permis de faire du *Dictionnaire* un ouvrage raisonné, et non pas seulement une série de définitions.

J'ai subdivisé le *Guide* en cinq livres.

Le livre premier indique les moyens d'étude et apprend à les employer.

Le livre deuxième est destiné à servir de guide aux botanistes explorateurs.

Le livre troisième a pour objet les collections qui sont indispensables pour l'étude.

(1) *Flore descriptive et analytique des environs de Paris* (en collaboration avec M. E. Cosson). Un volume compacte de près de 800 pages, avec une carte des environs de Paris. — Par les mêmes auteurs : *Atlas de la Flore des environs de Paris*, contenant 42 planches qui renferment la figure ou les caractères de 200 espèces des genres les plus intéressants ; Paris, 1845 (chez V. Masson, place de l'École-de-Médecine).

(2) Le traité de *Rhizographie* (je désigne sous ce nom l'histoire des racines, des tiges souterraines ou rhizomes, bulbes, tubercules, etc.) contiendra les nombreuses observations que j'ai déjà recueillies sur la structure et les fonctions physiologiques des organes de la végétation et les applications à la culture qui pourront en être la conséquence. — Le traité de *Tératologie et de Pathologie végétale* contiendra l'histoire

Le livre quatrième, qui contient l'indication des propriétés des plantes indigènes, s'adresse aux habitants de la campagne désireux de distinguer les plantes utiles des plantes vénéneuses. Une liste des espèces, classées d'après la nature de leurs propriétés, précède l'énumération des plantes usuelles et vénéneuses groupées selon l'ordre des familles naturelles. Deux tables alphabétiques, l'une des noms vulgaires, l'autre des noms latins, permettent aux personnes étrangères à l'étude des plantes, et à celles qui sont versées dans l'étude de la botanique, de consulter utilement ce traité.

Le livre cinquième est le *Dictionnaire*, pour lequel j'ai dû adopter l'ordre alphabétique, mais qui peut, à la volonté du lecteur, être transformé en un traité méthodique, grâce à l'*ordre de lecture* dont je l'ai fait suivre. -- Ainsi que son titre l'indique, le *Dictionnaire* comprend toutes les expressions usitées dans la botanique descriptive et organogra-

des anomalies ou monstruosités et des maladies observées par moi chez les végétaux, et l'indication de celles qui ont été décrites par les autres auteurs, ainsi que les applications à la culture et à la thérapeutique végétale (guérison des maladies chez les végétaux), qui pourront être la conséquence de mes observations. — Plus de deux mille figures, déjà dessinées par moi d'après nature, accompagneront ces ouvrages et en faciliteront la lecture. La possibilité d'exécuter entièrement ces planches moi-même aura le double avantage de faire de ces dessins la reproduction fidèle des sujets de mes observations, et de rendre ces ouvrages accessibles à tous les lecteurs. — Des mémoires extraits de ces ouvrages manuscrits ont été publiés pendant ces dernières années dans le *Bulletin de la Société philomatique* (journal l'*Institut*), le *Bulletin de la Société de biologie*, etc.

a.

phique, mais on ne devra point y chercher la description des caractères des familles et des genres, ces descriptions font l'objet d'ouvrages spéciaux (les *Genera* et les *Species*) ; la seule énumération des genres demanderait d'ailleurs un plus grand nombre de pages que nous n'en avons consacré à ce volume. — Afin de rendre le *Dictionnaire* moins volumineux, j'ai souvent groupé en un seul article un mot et tous ses dérivés. Du reste, j'ai préféré l'inconvénient de donner certains mots hors d'usage ou presque inutiles, à l'inconvénient d'omettre des termes de quelque intérêt ou de quelque utilité. — Chaque article commence par une définition succincte et précise ; ces définitions sont suivies, à l'occasion de chaque organe, de dissertations dans lesquelles je discute, lorsqu'il y a lieu, les opinions contradictoires, et j'expose mon opinion personnelle et le résultat de mes propres observations (1).

Mes travaux d'organographie m'avaient fait différer l'achèvement de ce livre. Convaincu cependant qu'il devait être utile, je me suis décidé à ne point en ajourner plus longtemps la publication. (2) — J'ai eu, en l'écrivant, un but

(1) Voir les articles Aigrette, Anthère, Arille, Bourgeon, Bulbe, Calice, Carpelle, Chalaze, Chlorophylle, Coléorhize, Collet, Coloration, Cotylédon, Crampons, Déhiscence, Disque, Écorce, Embryon, Éperon, Fasciation, Feuille, Fleur, Fruit, Germination, Glume, Hypoblaste, Lenticelle, Ovule, Racine, Rhizome, Tubercule, Vaisseaux, etc., etc.

(2) Mes amis MM. Cosson et de Schœnefeld ont eu l'obligeance de lire avec moi, pendant l'impression, les premiers livres de cet ouvrage ; je regrette que les circonstances n'aient pu nous permettre de faire ensemble cette lecture pour la seconde partie comme pour la première

unique, celui de contribuer à populariser l'étude de la botanique; si ce but est atteint, je croirai avoir payé une partie de ma dette à la science, et peut-être la meilleure, en lui créant de nouveaux adeptes, et, par suite, des interprètes plus nombreux.

Si d'ailleurs ce livre doit ouvrir le sanctuaire de l'étude à ceux qui cherchent dans la science une diversion aux passions tumultueuses ou une consolation à leurs chagrins, et s'il peut offrir un aliment à l'activité de ceux qui ignorent la manière de dépenser utilement et agréablement leurs loisirs, je le regarderai comme n'ayant pu paraître trop tôt, et je m'en applaudirai comme d'une bonne action.

Paris, 1er mai 1851.

TABLE DES MATIÈRES.

LIVRE DEUXIÈME.

DE LA RECHERCHE DES PLANTES.

LIVRE TROISIÈME.

DE LA RÉCOLTE ET DE LA PRÉPARATION DES PLANTES.

LIVRE QUATRIÈME.

PROPRIÉTÉS MÉDICALES ET USAGES ÉCONOMIQUES DES PLANTES
INDIGÈNES OU NATURALISÉES EN FRANCE.

LIVRE CINQUIÈME.

DICTIONNAIRE DES MOTS TECHNIQUES FRANÇAIS ET LATINS EMPLOYÉS
DANS LES OUVRAGES DE BOTANIQUE.

GUIDE

DU BOTANISTE.

I.

Des qualités nécessaires pour s'occuper avec succès de l'étude des plantes.

On sait vaguement dans le monde que la Botanique est une science agréable à cultiver ; mais on ignore généralement que pour se livrer avec succès aux études d'observation en général, et à la Botanique en particulier, il faut, comme pour les travaux d'imagination, avoir reçu du ciel au moins quelque étincelle de ce qu'on est convenu d'appeler le *feu sacré*.

Il est possible que ce feu sacré ne s'allume qu'au contact du feu ardent d'un adepte zélé, mais il est plus naturel et plus ordinaire qu'il s'allume de lui-même et de bonne heure, en présence du merveilleux spectacle de la Nature.

Si donc, tout petit enfant, vous avez laissé les jouets de carton et les jeux bruyants des enfants du voisinage, pour suivre avec bonheur les haies fleuries et le bord des ruisseaux, puis rentrer les poches pleines de cailloux, de coquilles et de fruits d'Eglantier, et passer ensuite des journées à admirer vos récoltes; si plus tard vous avez, sans conseils, essayé de charbonner ou de peindre avec des couleurs de votre composition les fleurs ou les papillons du jardin ; oh ! alors , avec de la persévérance et l'aide de Dieu , vous serez naturaliste.

Mais votre persévérance et votre vocation peuvent devenir des dons fatals, si votre situation vous impose une profession qui vous éloigne de vos études de prédilection ; peut-être alors, homme de commerce ou de bureau, porterez-vous envie au simple jardinier qui respire l'air des champs, et voit chaque matin lever ses graines ou croître ses laitues.

Sans doute, il est peu d'occupations, si assidues qu'elles soient, qui ne vous permettent, un jour par semaine ou quelques heures par jour, de recueillir des plantes et de faire un herbier ; mais si vous êtes médecin de campagne , et que vous herborisiez chemin faisant, vous arriverez tard chez le malade ; et si vous êtes homme de bureau , votre chef vous observera et se méfiera de votre entrainement pour l'étude.

Heureux ceux qui peuvent trouver, dans leur position acquise et leur indépendance, le temps et les moyens de satisfaire sans restriction un goût qui fera leur bonheur ! Malheureusement, hélas ! un bien petit nombre de jeunes hommes, placés dans cette situation indépendante, se livrent à l'étude et aux travaux d'observation : ils courent après d'autres plaisirs, sans se douter que l'on trouve dans l'étude de la nature en même temps et plaisir et bonheur, plaisir toujours nouveau dont on ne saurait se lasser, bonheur si vrai qu'il dure toute la vie.

Si donc, animé du feu sacré, vous disposez d'une fortune indépendante si modeste qu'elle soit, et que des liens de famille ne vous fassent pas un devoir de vous consacrer à l'accroître ; si vous jouissez d'une santé robuste, si vous avez une bonne vue qui ne se fatigue pas trop vite à fixer de petits objets, frappez hardiment à la porte du temple.

Il va sans dire, qu'animé du désir de savoir, vous aurez, au sortir du collége, complété votre éducation en achevant de vous familiariser avec la langue latine, et que vous posséderez au moins les racines grecques. Des langues étrangères vivantes, la langue allemande et la langue anglaise doivent vous être les plus utiles ; commencez-en l'étude de bonne heure et efforcez-vous , sinon de les parler, au moins de pouvoir les lire : en effet , un certain nombre de livres scientifiques des plus importants sont écrits en latin, la langue vraiment universelle, et beaucoup et des meilleurs sont écrits en allemand et en anglais et ne sont jamais traduits en français; quelques uns, enfin, sont écrits en italien; les Espagnols écrivent peu, les Russes écrivent souvent en latin ou même en français; or la science est une, en quelque langue qu'elle s'exprime, et l'on doit s'efforcer de la suivre en même temps dans tous les pays du monde.

Doué d'une heureuse mémoire, mais sans aptitude pour la botanique, on parviendra à connaître l'état de la science, mais on ne fera jamais avancer la science d'un seul pas; privé de la mémoire des mots, mais largement pourvu d'aptitude, les impressions reçues seront plus profondes et plus durables, on possédera à fond les connaissances acquises et l'on pourra se trouver à même de contribuer aux progrès de la science. Doué de mémoire et d'aptitude, on pourra se montrer professeur habile en même temps que bon observateur.

II.

Du bonheur que procure l'étude des plantes.

Pour l'observateur assidu, l'existence est tellement heureuse et remplie, que non seulement il ne connaît jamais l'ennui, mais que chaque instant de la vie lui procure un nouveau plaisir, soit par le fait de l'étude actuelle, soit par les conclusions qu'il en tire à distance, et le résultat qu'il s'en promet pour le développement d'une vérité nouvelle.

Tantôt c'est une expérience dont il épie attentivement les résultats, tantôt un fait imprévu qu'il découvre; c'est aussi le plaisir de la rédaction d'une bonne observation, ou l'achèvement d'une figure dont il est satisfait, et qui viennent remplir une lacune dans son travail. Son observation donne-t-elle un démenti à une idée qui lui paraissait vraie, il en sera presque aussi heureux que si elle la confirme, car autant vaut une erreur de moins qu'une vérité de plus ; c'est encore, pourquoi ne pas en convenir, s'il doit publier le résultat de ses recherches, l'amour-propre d'auteur flatté en imagination , en attendant, sans doute, qu'il le soit plus tard en réalité.

Si vous n'êtes que simple amateur, ou si l'étude des plantes est renfermée pour vous dans les limites de l'horticulture, n'aurez-vous pas le plaisir de la recherche, la satisfaction de rencontrer chaque jour un objet désiré, le contentement de la possession et le bonheur de le faire partager à d'autres ; si vous possédez une collection, vous savez, comme moi, avec quelle intime jouissance on intercale dans son herbier des espèces longtemps attendues et qui complètent des genres intéressants ; si vous possédez un jardin, quelles douces émotions vous sont réservées par la première floraison d'un semis qui doit vous enrichir de nouvelles variétés ! quel intérêt vous apportez à l'exécution et à la réussite d'un nouveau procédé pour greffer ! comme vous voyez avec bonheur prospérer les arbres que vous avez plantés !

On est généralement trop porté, du reste, à ne voir dans la Botanique qu'un simple délassement : si l'étude des plantes peut être considérée comme une distraction par des personnes vouées à d'autres travaux, ce n'est que parce qu'une occupation délasse d'une autre ; mais ce délassement est loin d'être oisif, et son usage demande en même temps l'activité du corps et l'activité de l'esprit.

Le naturaliste, le botaniste surtout passe sa vie en présence d'objets qui excitent d'autant plus son admiration qu'il les étudie davantage ; tous les objets naturels sont, en effet, d'une telle perfection, que l'art n'a pu en modifier passagèrement quelques uns qu'en altérant la pureté de leurs formes et en nuisant à leur beauté.

Le naturaliste a le privilége d'approfondir des mystères contemporains de la création, et destinés à se reproduire aussi longtemps que doit exister notre monde. L'archéologue, au contraire (soit qu'il étudie les transformations des langues, la littérature des peuples, l'histoire de leurs institutions, ou les monuments de leur architecture), se trouve toujours en face d'objets plus ou moins défectueux et destructibles, et d'institutions périssables; objets souvent remplacés déjà par des objets différents destinés à être plus tard remplacés à leur tour.

Quelle est, en effet, la durée des œuvres d'art les plus solides, comparée à la durée d'une coquille fossile ou d'une empreinte de Fougère antérieure à l'apparition de l'Homme sur le globe? Qu'importe, d'ailleurs, chez les êtres naturels, Coquilles, Plantes ou autres, que les individus disparaissent, ne sont-ils point identiquement remplacés d'âge en âge par une éternelle postérité?

La beauté de la statue la plus parfaite ne consiste que dans l'imitation d'une surface; qu'est cette beauté comparée à celle de l'objet qui a servi de modèle? — Quant au mouvement qui développe à chaque instant une grâce et des beautés nouvelles, quant à l'organisation qui est presque tout, l'imitation est à jamais condamnée à la plus complète impuissance.

Mais l'homme ne saurait aisément s'isoler de lui-même pour se placer à une hauteur telle qu'il puisse estimer avec impartialité, et en faisant abstraction de son intérêt personnel, l'importance véritable, dans le plan général de la Nature, de chacune des espèces de la Création. Loin de là, il est habitué à considérer l'espèce humaine comme le centre et le but de la Création tout entière, et dès lors tout ce qui lui paraît inutile à lui-même lui semble complétement superflu. —C'est en raison de cette tendance naturelle si prononcée à estimer seulement ce qui se rattache à lui-même, qu'on le voit presque toujours préférer ses copies aux modèles, et par conséquent l'étude des arts à l'étude de la nature.

Loin de moi l'idée de déprécier la valeur des lettres et des arts, qui résument les plus utiles, les plus belles et les plus nobles conquêtes de l'humanité, et qui constatent la supériorité de l'intelligence et des facultés morales sur l'instinct et la force brutale. J'ai voulu seulement établir que, si, au point de vue de l'histoire de la société humaine, l'étude des arts l'emporte sur l'étude de la nature, à un point de vue plus général, la connaissance des arts est un détail de mœurs dans l'histoire des êtres créés; bien qu'en reconnaissant que l'importance de cette étude est extrême pour nous, puisque ces mœurs sont les nôtres.

1.

Les sciences et les arts se prêtent d'ailleurs un mutuel appui, qui augmente leur force et leur valeur ; et de même qu'un sculpteur ou un peintre n'atteindra jamais à un haut degré de talent s'il n'est anatomiste, de même aussi le naturaliste emprunte à l'art du dessin ses plus précieux moyens d'étude.

Toutes les branches de l'histoire naturelle présentent un égal intérêt et sont l'objet d'une aussi vive passion pour ceux qui les cultivent : qu'il s'agisse de reconstruire l'histoire du globe par l'étude des roches ; d'observer les mœurs, la structure, les phénomènes de la vie chez les animaux, ou de poursuivre les secrets de l'organisation et de perfectionner la classification des plantes ; mais, la minéralogie et la géologie ont pour objet l'étude de corps inertes ; la zoologie l'étude de corps animés et doués de sensibilité, dont l'examen entraîne la destruction ; à la botanique est réservé l'heureux privilége de s'adresser à des corps organisés, mais privés de sensibilité, qui non seulement peuvent être soumis à la dissection sans répugnance et sans regrets, mais encore dont les formes gracieuses n'inspirent que d'agréables sentiments.

Si vous avez vraiment l'amour de la botanique, vous ne traversez pas une prairie, vous ne suivez pas la haie d'un chemin sans être en communication intime, je dirai presque en conversation avec les plantes qui sont autour de vous ; vous les saluez du regard, si vous les connaissez, sinon vous vous arrêtez aussitôt et les interrogez avec empressement et plaisir ; et si vous voyagez, quel intérêt profond et toujours nouveau s'attache à vos promenades ; comme vous vous trouvez heureux en comparant votre ardeur à l'air d'indifférence et d'ennui du promeneur oisif ou du touriste blasé !

Ces douces satisfactions épurent l'âme, tout en tenant l'activité de l'imagination en haleine ; et en même temps que les courses botaniques donnent la santé du corps, elles contribuent à la santé du cœur et de l'esprit.

III.

Des relations des botanistes entre eux.

Le caractère de l'aspirant botaniste est presque toujours heureux; on ne saurait en effet s'extasier à la vue d'une fleur des champs, ou sentir bondir son cœur à la rencontre d'une plante nouvelle pour son herbier, sans être bon, ouvert et confiant; et avec un tel caractère on doit être l'ami de tous ceux qui suivent le même chemin, et le disciple respectueux et dévoué des hommes qui consacrent leur vie à agrandir le domaine de la science, et à en rendre faciles les abords.

D'ailleurs, c'est dans l'étude surtout que l'on éprouve à chaque instant le besoin que l'on peut avoir l'un de l'autre, et pour partager le travail et pour partager le plaisir. Il n'est pas un botaniste qui ait un peu voyagé qui ne vous dise avec quel élan de cœur on est accueilli par des amis que l'on n'avait jamais vus. Les botanistes, en effet, forment un petit monde dispersé dans toutes les contrées du globe, dont tous les membres éminents se connaissent de nom, de réputation, par leurs ouvrages ou par correspondance, et qui, lorsqu'ils se rencontrent pour la première fois, sont souvent de vieux amis. Quant aux plus jeunes de cette grande famille, ils sont reçus par leurs doyens avec une cordialité paternelle.

C'est ainsi que le botaniste du pays fait au botaniste voyageur les honneurs de la localité, et, toute affaire cessante, organise une herborisation, le conduit aux plantes les plus remarquables, et, fier de sa joie et de son bonheur, ne le quitte qu'après lui avoir donné, avec maintes lettres de recommandation, maints renseignements utiles pour explorer avec fruit les pays qu'il va parcourir.

Est-il d'ailleurs un ouvrage qui ne gagne à être complété par des observations de vos confrères? Si vous leur communiquez votre travail, ils feront des remarques judicieuses, vous engageront à une prudente réserve dans vos déductions, vous feront remarquer une redite ou une lacune; de plus, le hasard ou leurs recherches pourront leur avoir procuré des faits utiles au développement de vos idées, et dont vous pourrez vous servir en indiquant la source où vous aurez puisé.

S'agit-il de la collection, les communications mutuelles deviennent non seulement utiles et agréables, elles sont indispensables; dussiez-vous vous borner à la recherche des plantes d'un département, il est évident que si vous associez vos efforts à ceux d'un ou de plusieurs amis, la tâche, devenue plus facile, sera remplie plus complétement.

Si vous débutiez seul et ne trouviez pas de guide pour vous initier à l'étude et à la détermination des espèces, vous pourrez perdre, bien que muni de bons livres, de longues années sans faire aucun progrès. Il est indispensable, en effet, dans l'étude des sciences naturelles, de débuter aidé par la tradition; vous recevez çà et là quelques idées erronées, il est vrai, mais vous les rectifiez aisément plus tard, et le nombre des faits exacts que vous avez acquis est comparativement considérable. Ce n'est que muni de ces premières notions traditionnelles, que vous pouvez, en vous servant des livres, parvenir à comprendre les descriptions et déterminer d'autres espèces vous-même. — Si, d'ailleurs, vous êtes assez heureux pour être favorisé de relations avec les maîtres de la science, profitez de leur expérience et sollicitez leurs avis: vous éviterez de longues pertes de temps, et vous apprendrez à rendre votre travail utile aux autres et profitable à vous-même.

Les relations entre botanistes sont donc, en général, pleines de charmes et éminemment utiles.

Quant aux sentiments jaloux ou malveillants, ils font presque toujours place à un sentiment plus noble et fécond en heureux résultats, l'émulation. Ce n'est pas que les botanistes soient nécessairement exempts des faiblesses qui affligent l'humanité: mais le champ qu'ils cultivent est si fécond et si vaste, qu'ils ont leurs coudées franches et peuvent y faire d'abondantes récoltes sans nuire à celles de leurs voisins; les faits à étudier sont d'ailleurs si nombreux, et souvent si multiples et si profonds, qu'un simple changement dans le point de vue sous lequel on les considère peut en faire des sujets neufs après qu'ils ont exercé la sagacité des plus habiles observateurs.

IV.

De la beauté chez les plantes.

Dans le nombre immense des espèces de végétaux qui existent à la surface de la terre, toutes les combinaisons de formes dont les mêmes organes pouvaient être susceptibles, toutes les nuances et les dispositions de couleur possibles semblent avoir été épuisées par la Nature. Mais quelles que soient les différences innombrables qu'il y ait de l'une aux autres dans l'éclat ou la douceur, l'harmonie ou le contraste des couleurs; dans la suavité du parfum ; la bizarrerie, la splendeur, la complication ou la simplicité des formes ; dans l'ampleur des unes et la merveilleuse petitesse des autres ; quelles que soient, dis-je, la taille, la forme et la couleur de chacune des espèces végétales, je trouve en elles les mêmes sujets de profonde admiration.

Si l'on convient que le mot beauté ne doive s'appliquer qu'à la grandeur dans la taille et à l'éclat dans les couleurs, il est évident que les unes seront regardées comme belles, et un plus grand nombre regardées comparativement comme insignifiantes ; mais si par beau on entend l'harmonie des formes entre elles, l'harmonie des couleurs et l'harmonie entre les formes et les couleurs, toutes les plantes, sans exception, pour peu que l'on consente à prendre la peine de les regarder, seront considérées comme d'une beauté infinie ; et ce que je dis des plantes doit être entendu de tous les êtres vivants dont se compose le réseau sans fin de la création.

Quelle différence pourtant entre les splendides Orchidées qui couronnent les forêts des tropiques, et les plus humbles de nos Graminées !... On accordera à chacune des espèces une égale perfection, si l'on envisage les objets naturels au même point de vue que les œuvres de l'esprit ; dans les unes et dans les autres, la beauté ne saurait dépendre des dimensions.

Quant aux contradicteurs qui me feraient observer que les Ronces et les Chardons ne sont pas beaux parce que leurs épines peuvent piquer les doigts, je me contenterai de les engager à examiner à distance les souples et gracieuses lianes de nos *Rubus* chargées de fleurs ou de fruits, les feuilles, non moins belles que celles de l'Acanthe, qui forment les rosettes radicales de nos Carduacées, et les magnifiques corymbes de nos *Cirsium*.

Avec ceux qui préfèrent la ligne droite d'une grande route aux détours sinueux du sentier ou de la rivière, la plate et monotone uniformité d'un gazon soigneusement tondu au pâturage rocailleux, buissonneux et émaillé de fleurs; les cônes, les cubes ou les boules taillés dans les Ifs, les Buis et les Orangers, aux branches tordues et divariquées des vieux arbres de nos forêts et des buissons de nos collines, je m'abstiendrai de discuter. Il est hors de doute, je l'avoue, que la ligne droite et la surface plane que l'on embrasse du premier coup d'œil fatiguent peu l'imagination, et, au point de vue du repos du corps et de l'esprit, ces formes peuvent avoir des charmes.

C'est au printemps surtout que l'on est vivement ému de la beauté des plantes; il me suffit, pour ceux qui les connaissent et les ont admirées, de rappeler les espèces les plus communes qui peuplent alors nos haies et la lisière de nos bois : les touffes bleues de nos *Violettes*, qui s'harmonisent avec la fleur rose des *Lamium* et des *Geranium*; la fleur bleue de nos *Véroniques*; la fleur jaune de la *Ficaire*, des *Renoncules* et du *Taraxacum*, la fleur rosée de nos *Bellis*, et la fleur blanche de nos *Stellaria*.

Pendant l'été, l'exubérance de richesse et de beauté est si grande dans nos bois, dans nos marais, dans nos champs et nos pâturages, au bord de nos rivières, dans les anfractuosités de nos rochers et les escarpements de nos colines et de nos montagnes, qu'il faut renoncer à en donner une idée. La dernière parure de l'automne n'a-t-elle pas aussi bien des charmes : qui n'aime à parcourir alors les taillis ornés des panicules dorées du *Solidago* et des corymbes des *Hieracium*, et à voir dans les buissons les touffes rougeâtres de l'*Origan* et les dernières fleurs du *Clinopodium?*

V.

Où l'on est bien pour travailler.

Il est bien difficile, lorsque l'on est contraint d'habiter une maison bruyante dans une rue populeuse de Paris ou de toute autre grande ville, de trouver le calme nécessaire à l'observation et à la méditation. On parvient cependant, par une longue habitude, à s'isoler des bruits de la rue plus ou moins couverts par le roulement des voitures; mais comment trouver l'inspiration lorsque la vue ne rencontre pour se reposer au-dehors qu'un pavé poudreux ou fangeux, une foule bruyante et affairée, et des murs élevés qui vous disputent, entre leurs angles disgracieux, un coin du ciel, un rayon de soleil.

Et cependant, croyez-moi, si vous pouvez choisir, préférez les grandes villes aux petites villes; dans la grande cité, vos voisins ne trouveront jamais le temps de s'enquérir de vos affaires; ils vous verront, avec indifférence, partir chaussé de guêtres fabuleuses, coiffé d'un chapeau à grands bords, la houlette à la main, le cartable ou la boîte sur le dos. Que leur importent votre profession, vos habitudes, votre personne? Fussiez-vous illustre, à peine savent-ils votre nom, et ils ne s'en occupent pas plus que de votre bonne ou de votre mauvaise fortune.

Cette indifférence est-elle le résultat de sentiments égoïstes? Il vaut mieux l'attribuer à une juste réserve et à une prudente discrétion; quoi qu'il en soit, la plupart des voisins n'ont aucun reproche à se faire à cet égard, et d'ailleurs cette indifférence est précieuse pour des gens qui, ayant des occupations peu comprises de la multitude, passeraient d'autant plus pour bizarres qu'ils seraient plus connus.

Dans une petite ville, au contraire, où chacun peut désigner chacun par son nom, pensez-vous pouvoir vous soustraire à l'examen et aux commentaires de quiconque vous verra passer? N'y comptez pas: les oisifs y sont nombreux et ne vous pardonneront pas de savoir trouver du plaisir sans eux; quant aux hommes occupés et qui visent à l'utile, bien peu sauront comprendre que vos occupations sont sérieuses, puisqu'elles ne sont pas lucratives, à moins que vous ne soyez professeur ou directeur d'un musée, auquel cas votre position officielle diminuera votre liberté, et vous imposera le sacrifice, non seulement de vos goûts simples et faciles, et de votre amour de la solitude, mais encore de votre temps le plus précieux.

Aussi, quels que soient votre persévérance, votre zèle et votre ardeur, le peu d'encouragement que vous trouverez autour de vous ne tardera peut-être pas, hélas! à vous faire douter de vous-même, et à vous faire renoncer complétement à vos études et à vos travaux.

Si cependant vous arrivez dans la petite ville avec une réputation acquise, cette réputation sera acceptée sans contrôle; mais vous ferez sagement, dès le premier jour, de sortir et de traverser la ville en équipage de naturaliste, le cartable sous le bras, ou la boîte sur le dos, et d'éviter les réunions que vous ne pourriez assidûment fréquenter; vous serez taxé de bizarrerie, mais on ne tardera pas à faire trêve aux commentaires, et vous pourrez vaquer à vos travaux en toute sécurité.

Où donc un botaniste est-il réellement bien pour travailler? A la campagne. Si vous avez un château, tant mieux, vous pourrez, si c'est un vieux manoir, établir votre cabinet d'étude au dernier étage de la plus haute tour; là, entouré de rayons chargés de livres et d'instruments de travail, et non loin de votre herbier, assis devant une large table, près d'une haute croisée gothique, vous dominerez les campagnes voisines, et vous planerez sur vos jardins; vous y verrez quelquefois le lever et souvent le coucher du soleil, aucun bruit importun ne viendra y troubler votre recueillement et vos méditations. Au loin seulement, vous entendrez le chant agreste des pâtres et des laboureurs, le gazouillement des hirondelles nichées dans l'angle des fenêtres, et le ramage des oiseaux perchés sur la tour et cachés dans les arbres du voisinage; et l'hiver, le mugissement et les chants plaintifs du vent déchaîné dans les combles, mais qui ne pénètre pas jusqu'à l'âtre de votre chaud réduit.

Si votre château est un château moderne, une maison confortable en un mot, pour être moins poétique, votre demeure n'en sera pas moins commode, et le travail n'y sera pas moins facile; il vous sera loisible, sans doute, d'organiser des serres où vous transporterez la végétation des tropiques, et où vous réunirez des merveilles de tous les points du monde; et vous pourrez classer dans de longues galeries vos collections, vos herbiers et vos bibliothèques.

Mais n'eussiez-vous au soleil ou dans les bois que la plus modeste des maisonnettes, remerciez encore la Providence d'un si grand bienfait: vous posséderez moins de livres peut-être, mais vous aurez choisi les plus utiles; moins de plantes, mais vous aurez eu le plaisir de les récolter vous-même. Et quant à la beauté de la nature qui vous entoure, elle appartient à tous, et est seulement plus grande aux yeux de ceux qui l'aiment le plus, et qui savent le mieux l'apprécier; vous n'aurez pas, il est vrai, le silence de la haute tour ou des vastes galeries, vous vous installerez dans la mansarde, et vous y serez, sans doute, non moins bien inspiré.

Quelles douces et fructueuses promenades que celles d'un fervent botaniste, lorsqu'au printemps il parcourt une campagne montueuse et boisée! avec quel charme, à mesure que la saison avance, il voit se succéder dans les buissons l'Aubépine, les Roses sauvages, les larges corymbes du Sureau; et, plus tard, les fruits d'un rouge de corail remplacer les fleurs, et les arbres des forêts revêtir les teintes pourprées de l'automne! Comme, au retour de ces promenades où l'âme s'est épanouie comme une fleur au soleil, on est bien disposé pour l'étude, et comme le travail se ressent de cette bienfaisante influence des champs dont on est pénétré!

N'allez pas croire cependant que je veuille dire que le botaniste doive se séparer du monde comme un chartreux, ou s'isoler comme un ermite; la vie de famille, dans laquelle on ajoute aux plaisirs de l'esprit les jouissances du cœur, est au contraire non seulement la plus heureuse, mais aussi la plus propre à l'étude, par la douce sécurité qui en est le résultat. Je regarde comme nuisibles les exigences qui sont la suite inévitable de relations trop multipliées, mais comme précieuse et nécessaire la fréquentation d'un certain nombre d'amis choisis autant que possible parmi ceux dont les goûts se rapprochent des vôtres.

De ce que le séjour des champs est si favorable à l'étude, il s'en faut cependant qu'il suffise; le séjour de Paris est presque indispensable pendant quelques mois au moins de chaque année pour y entretenir des relations non moins agréables qu'utiles avec les représentants de la science, consulter les bibliothèques, visiter les collections, et se mettre au courant des publications nouvelles. Plusieurs années consécutives, passées loin des grands centres du mouvement scientifique et de toutes les connaissances humaines, risquent fort de vous laisser en arrière, et vous êtes tout surpris, au retour, en voyant le chemin que l'on a fait sans vous.

En résumé, six à huit mois de séjour à la campagne et le reste de l'année à Paris, telle est la combinaison qui me semble le plus profitable. Il n'appartient pas à tous, il est vrai, de disposer ainsi du temps et de choisir sa résidence; mais on voudra bien se rappeler que je ne puis qu'indiquer ce qui convient, en laissant à chacun le soin de s'en rapprocher, non pas seulement s'il lui plaît, mais surtout s'il lui est possible, et que d'ailleurs je ne convie à me suivre que ceux qui ne sauraient faire un meilleur emploi de leurs loisirs.

— — —

VI.

Du langage botanique.

Que l'on sache bien d'abord que la botanique n'est point, comme quelques personnes l'ont entendu dire, une science de mots, mais qu'elle est essentiellement une science d'observations et de faits.

Les noms ne sont destinés qu'à rendre possible la classification des objets connus, à faciliter les recherches dans les collections et dans les livres, et, par conséquent, à mettre à même les nouveaux venus de profiter des travaux de leurs devanciers. On pourrait connaître la structure des végétaux, et avoir une idée très nette de leur classification, en ne sachant la signification que d'un petit nombre de termes techniques et en ne se rappelant qu'un petit nombre de noms. Il est d'ailleurs toujours facile de retrouver le nom des plantes dans les ouvrages descriptifs, et l'on peut, sans inconvénient, se dispenser d'en charger sa mémoire.

Les personnes étrangères à la botanique, et qui lui ont entendu donner l'épithète d'aimable, concluent souvent que la connaissance des plantes ne saurait constituer une science sérieuse, et que l'on doit éviter dans cette étude l'emploi d'un langage technique dans la crainte d'effaroucher ceux qui ne veulent la voir que dans les églogues et dans les pastorales : le langage des fleurs, disent-ils, ne doit pas être un langage barbare, il doit être harmonieux et intelligible pour tout le monde. Les mêmes personnes cependant trouvent tout naturel que la zoologie, l'anatomie animale, la chimie, la minéralogie, les mathématiques, la philosophie, etc., aient une langue non moins barbare, et si elles appartiennent au barreau elles oublient que le langage du palais n'est guère plus intelligible pour ceux qui n'y sont point initiés. Comment, en effet, un ordre d'idées étranger au commerce ordinaire des hommes pourrait-il trouver un vocabulaire dans le langage de la vie privée? il faut toujours, pour exprimer nettement des idées nouvelles, des mots nouveaux, un langage technique.

Quant au manque d'euphonie, que l'on reproche aux termes botaniques, il n'est réel que pour ceux qui ne les comprennent pas, et qui, blessés de ne pas saisir le sens d'expressions dont ils n'ont jamais pris la peine de chercher l'explication, s'en dédommagent en les traitant de barbares.

Ce n'est pas que je prétende imposer l'étude du langage botanique à ceux qui se contentent d'admirer les fleurs sans leur demander leurs noms et leurs secrets, et qui craindraient d'analyser l'objet de leur culte dans la crainte d'en altérer la poésie : la délicatesse de leur sentiment n'aurait cependant aucune atteinte à redouter de cette étude, car au moyen même de ce langage, ils ne tarderaient pas à découvrir de nouvelles merveilles.

Il n'y a pas dans la nature, comme au théâtre, de revers de coulisses et de ficelles à tenir cachées ; plus on pénètre avant sur cette grande scène, p'us on trouve à admirer.

Que l'homme du monde permette donc au botaniste de se servir d'un langage qui fait nécessairement partie de ses moyens de travail, et qui, d'ailleurs, au lieu de se compliquer, tend à se simplifier tous les jours. Que l'on ne demande pas surtout de renfermer la science dans de galantes devises, quand nous ne songeons pas à demander aux amateurs de rébus de quitter leur langage mythologique et fleuri pour notre langage régulier.

Quant à la langue latine (1), dans laquelle sont écrits une partie de nos livres, et à notre nomenclature latine qui est la même dans toutes les langues et pour tous les pays du monde, qui n'admirerait ce précieux résultat, cet accord unanime, qui, de tous les hommes studieux, fait un seul peuple parlant une même langue, et s'entendant pour agrandir chaque jour les limites d'une même science et concourir à un même résultat !

VII.

Des premières études botaniques.

Quel que soit votre but en commençant l'étude de la botanique, que cette science ne doive être pour vous qu'un délassement, ou que vous ayez le désir de vous y livrer tout entier ; quelle que soit la limite à laquelle vous deviez vous arrêter, et dans quelque direction que vous poursuiviez vos recherches, ne vous servez des livres que pour vous faciliter l'étude directe de la nature.

(1) A l'occasion de la langue latine, je crois devoir rappeler que tous les mots latins introduits dans une phrase française y deviennent nécessairement masculins ; le masculin correspondant au neutre qui doit être appliqué au mot de la langue étrangère.

Il y a, à ce sujet, dans le langage, même des botanistes, une regrettable irrégularité ; le même qui écrit : *un Acacia*, *un Rosa*, écrit *une Primula*. On doit dire *un Rosa*, *un Primula* ; on ne doit pas dire davantage *la Flora græca*, mais *le Flora*, etc.

Vous contentez-vous de suivre un cours, ou d'étudier dans les livres, sans avoir les plantes sous les yeux; si intéressant que soit le cours, si éminent que soit le talent du professeur ou le mérite du livre, si grandes que soient votre attention et votre assiduité, il ne vous en restera que peu de chose dans la mémoire.

Suivez, dès le début, les herborisations publiques, et faites en sorte d'étudier dans une Flore dont les descriptions soient au niveau des connaissances actuelles les plantes étiquetées que vous aurez recueillies; vous apprendrez ainsi la valeur des mots, et vous pourrez, à l'aide de bons traités élémentaires, étudier d'après nature les organes que les descriptions de la Flore vous auront désignés: c'est pourvu de ces exemples, et ces types gravés dans la mémoire, que vous suivrez les cours avec utilité.

Les plantes étiquetées des jardins de botanique sont destinées à vous rendre le même service que les plantes nommées aux herborisations. Vous aurez de plus, dans ces jardins, l'avantage de pouvoir comparer en quelques instants un grand nombre de familles et de genres différents; mais vous aurez, de moins qu'à la campagne, l'avantage de pouvoir récolter et emporter les objets de vos études pour les examiner chez vous plus complétement et à loisir, car les plantes des jardins, pour pouvoir servir à tous, ne doivent être emportées par personne.

Si vous sentez en vous l'ardeur et les dispositions nécessaires pour devenir botaniste et vous livrer soit aux travaux descriptifs, soit aux travaux d'observation, craignez de disperser sans profit votre temps et vos forces sur des sujets d'étude trop multipliés. Commencez, aussitôt que vous serez capable de le faire, l'étude d'un très petit fragment de la science: étudiez-le avec ardeur, et de tous vos moyens; sous toutes ses faces, et dans tous ses rapports. Si vous avez les connaissances premières acquises, si vous avez le *sens* botanique, si vous êtes observateur, si votre esprit est juste, méthodique et bien trempé, si votre style est pur et lucide: ce premier travail indiquera ces qualités ou au moins le germe de ces qualités. Vous serez dès lors en mesure d'espérer l'aide et l'appui des maîtres de la science; les bons conseils ne vous manqueront pas, les bibliothèques et les musées vous seront ouverts; et les plus précieuses collections pourront non seulement avec sécurité, mais avec justice et utilité, être soumises à vos recherches et confiées à vos mains.

VIII.

De la réserve et de la confiance en soi.

Il est aussi fâcheux de manquer de confiance en soi, quand cette confiance est motivée, que de s'exagérer outre mesure l'importance d'un travail mince et de peu de portée ; ce second travers a cependant son bon côté, car plus l'auteur accorde d'importance à un travail, plus il apporte de soins à son exécution, pourvu toutefois que, ne reculant point devant la fréquente nécessité de recommencer, il sache se garder d'un trop grand respect pour sa première rédaction ou sa première idée.

La modestie doit se manifester, non pas par d'humbles déclarations, mais par la franchise et la simplicité du style, et par la clarté dans l'exposition des idées et les observations ; elle consiste à ne pas se faire d'illusion sur ses forces, après les avoir consciencieusement essayées, et à savoir se restreindre dans la spécialité qui convient le mieux à la nature de son esprit. Êtes-vous assez favorisé pour que la Nature ait imprimé, dans l'heureuse originalité d'un coin de votre intelligence, le sceau de sa fécondité, respectez cette sainte empreinte, et craignez surtout, en la négligeant, de la laisser s'effacer. Si vous valez par l'érudition, lisez et professez ; si vous valez pour l'observation, observez.

Une louable réserve consiste encore à ne point chercher à s'approprier hâtivement, et par un travail à peine ébauché, des matériaux qui sont pour d'autres l'objet de travaux consciencieusement élaborés.

IX.

Du travail du physiologiste et du classificateur.

Il me serait difficile de décider lequel a le plus d'attraits du travail du botaniste qui interroge les lois physiologiques chez les végétaux, qui étudie le développement de leurs organes, les procédés que la nature met en œuvre pour leur reproduction, les limites dans lesquelles les lois générales peuvent dévier dans certains cas particuliers, etc.; ou du travail du naturaliste qui étudie les ressemblances et les dissemblances des espèces entre elles, leur assigne leur véritable délimitation, et contribue à perfectionner leur classification.

Le physiologiste consacre son temps à recueillir des observations, à imaginer et exécuter des expériences nouvelles; le botaniste descripteur voyage à la recherche de nouvelles espèces, et joint au plaisir de la découverte le bonheur de la possession. L'un et l'autre sont à la fois observateurs, collectionneurs et descripteurs; l'un recueille et classe des observations qu'il décrit et qu'il figure, l'autre recueille des plantes qu'il classe et qu'il étudie.

Le travail du physiologiste est un travail solitaire; ses jouissances sont sans écho, comme ses travaux sans compagnons et sans collaborateurs; il trouve une compensation de cette solitude dans le plaisir d'étudier la nature vivante, et de distribuer en quelque sorte la vie chez les sujets de ses investigations qu'il est libre de soumettre aux plus curieuses alternatives d'existence et de destruction.

Quant au botaniste classificateur, il a pour lui le plaisir du voyage et de la découverte, et le bonheur de partager de délicieuses impressions avec des amis de son choix; mais de retour dans son cabinet, il doit consacrer au matériel de la collection, et à des soins qu'il ne saurait confier qu'à lui-même, au classement, à la conservation, aux échanges, à la correspondance, un temps assez considérable; puis, l'instant de l'étude arrivé, il n'a sous les yeux que des plantes riches, il est vrai, de toutes leurs formes, et pourvues de tous leurs caractères, mais privées de vie, et rappelant de bien loin cette suave poésie qu'elles exhalaient dans les forêts et dans les champs.

Quoi qu'il en soit, je le répète, c'est avec bonheur, avec amour, que chacun accomplit sa mission. Aussi que de persévérance dans le travail, que de désintéressement, que de dévouement à l'œuvre entreprise qui vous appartient bien moins que vous ne lui appartenez vous-même. Il y a plus, j'ai la conviction que celui qui ne travaille que pour la science, et qui n'attend d'autre récompense de ses travaux que la satisfaction du succès dans ses recherches, est plus heureux que celui qui a sans cesse les yeux fixés sur une récompense, même honorifique, placée au delà de son travail.

C'est, dans le premier cas, l'existence laborieuse, mais calme et satisfaite, du bénédictin, ajoutant chaque jour, durant de longues années, de nouvelles pages au livre qu'il médite dans le silence du cloître, d'où son nom ne doit jamais sortir; c'est aussi le dévouement des architectes des grands monuments religieux du moyen âge, dont la vie était usée par un travail ardent bien longtemps avant l'achèvement de la cathédrale, et qui, satisfaits d'avoir pu réaliser en partie du moins leurs poétiques et merveilleuses conceptions, en léguaient l'achèvement à leur successeur, en oubliant d'inscrire leur nom, même sur la pierre la plus obscure de l'édifice. En effet, la satisfaction puissante que vous font éprouver des travaux de cette nature est telle, que les jouissances d'amour-propre qui leur sont comparées peuvent paraître presque sans saveur, et que, satisfait de l'approbation d'un petit nombre d'initiés, quelque flatteuses que soient les distinctions honorifiques, on oublie de les désirer.

Si de semblables travaux ne portaient point leur récompense en eux-mêmes, et si le retentissement de la renommée chez les contemporains et la mémoire des générations devaient être considérés comme le but de tous nos labeurs, il est vrai de dire que ces travaux seraient bien inégalement rémunérés. — En effet, l'organographe expose souvent en peu de lignes le résultat d'un travail assidu et riche en heureux résultats, et ces quelques lignes passent souvent inaperçues, même d'un grand nombre de botanistes. Si cependant les faits et les doctrines exposées agrandissent notablement l'horizon de la science, ou modifient les idées admises, la science les étudie, et bien qu'elle les accueille d'abord avec une prudente réserve, elle ne tarde pas, quand ces doctrines sont bien fondées, à les admettre et à les défendre. Mais le plus laborieux et le plus habile n'a pu faire parcourir à la science qu'une faible partie de la carrière presque sans limite qui s'ouvre toujours devant elle ; cette route parcourue est destinée d'ailleurs à tomber dans le domaine public, et un successeur, parti à son tour du point où la science est parvenue, ne tarde pas à en porter plus loin les limites. — Aussi arrive-t-il que le nom des organographes qui se sont ainsi succédé est bien vite oublié, et que la mémoire de quelques uns ne subsiste que lorsque leur mérite et leur génie sont tels que leur nom est considéré comme un symbole qu'on accepte sans l'analyser.

Au contraire, le nom du botaniste qui s'est livré à l'étude et à la description d'espèces non décrites reste attaché, et d'une manière inséparable, à chaque espèce qu'il a dénommée. Le nom du botaniste fait en quelque sorte partie du nom de l'espèce elle-même, et traverse ainsi les générations sans recevoir d'atteinte, à moins que l'espèce ne doive passer du genre où elle était d'abord placée dans un autre genre, auquel cas elle s'associe au nom du botaniste qui lui a assigné en dernier lieu sa véritable place ; le nom du premier descripteur n'étant dès lors cité que dans la liste des synonymes.

Du reste, il est peu de botanistes organographes qui ne consacrent une partie de leur carrière à la botanique descriptive et à l'étude des rapports ou des différences chez les végétaux au point de vue de leur classification ; et qui, par conséquent, ne participent plus ou moins aux divers priviléges attachés aux différentes sortes d'études.

X.

Du travail en collaboration.

Je ne crois pas devoir passer sous silence les plaisirs et les avantages du travail en collaboration ; cette manière d'étudier et d'écrire m'a été trop agréable à moi-même pour que je la passe ici sous silence.

La collaboration est susceptible d'être appliquée à tous les genres de travaux, aux travaux physiologiques comme aux travaux de classification. Évidemment il se présente partout des cas douteux et d'une observation difficile, et, dans tous ces cas, les chances d'erreur sont bien moindres lorsque la question est étudiée et débattue par deux, que lorsqu'elle n'est étudiée que par un seul. Mais, pour que cette combinaison soit réellement profitable, les deux collaborateurs ne doivent pas, pour ainsi dire, perdre de vue un seul instant les mêmes observations, et sont obligés, par conséquent, de vivre dans une dépendance complète l'un de l'autre ; ce qui est d'une application difficile, lorsqu'il s'agit de travaux de longue haleine. Il n'en est point ainsi pour les travaux descriptifs et de classification que l'on peut, au contraire, quitter et reprendre sans aucun inconvénient.

Par travail en collaboration, je n'entends point un travail partagé à l'avance en fragments exécutés par chacun en particulier, le plan général du livre ayant seul été étudié et arrêté d'un commun accord ; j'entends l'étude et la rédaction en commun de chaque idée, de chaque phrase, la discussion de la valeur de chaque caractère et de l'expression qui rend le mieux la nuance que l'on veut exprimer. C'est ainsi que, durant plusieurs années, les deux auteurs de la *Flore des environs de Paris* ont accompli leur tâche devant la même table chargée de plantes, et n'ayant qu'une même plume pour écrire la commune rédaction. Que de bonnes et laborieuses journées, trop promptement écoulées, qui auraient pu avoir leur tristesse dans le silence d'un cabinet isolé ; comme la confiance dans l'exactitude du résultat était plus grande, et combien, après l'achèvement d'une longue et difficile *Famille*, la satisfaction était mutuelle et partagée. Quel puissant stimulus pour l'activité! quel travail assidu, et pourtant quelle gaieté!

Rarement deux collaborateurs ont exactement la même tournure d'esprit, les mêmes tendances et les mêmes qualités. Le résultat de cette dissemblance est la réunion de ce que chacun peut apporter de meilleur, et l'élagage de tout ce qui n'est pas irréprochable; car une mutuelle sévérité est surtout permise, lorsqu'elle s'unit à la plus étroite amitié.

XI.

L'organographie est indispensable à l'étude des espèces, et l'étude des espèces à l'organographie.

Ce principe est tellement évident, qu'il est presque inutile de nous y arrêter. Comment en effet comprendre les bases sur lesquelles reposent la classification des plantes, la valeur des caractères qui distinguent les familles et les genres, et qui sont propres à chaque espèce, si l'on n'a pas étudié les modifications de formes que chaque organe est susceptible d'éprouver dans la série du règne végétal, l'importance relative de ces modifications, et les diverses attributions de fonctions qui sont en rapport avec les modifications si multipliées de ces formes?

Si l'on est étranger à la morphologie, si l'on n'a jamais assisté au développement successif de ces organes, depuis leur première apparition sous la forme d'un mamelon cellulaire jusqu'à l'achèvement complet de leur évolution, ne se fera-t-on pas les idées les plus erronées des organes que l'on examinera isolément et à une seule période de leur existence; et les descriptions faites dans de telles circonstances pourront-elles être exactes et philosophiques? Elles peindront de fausses apparences, au lieu de peindre la réalité.

Il n'est pas moins évident que la connaissance des genres et des espèces est indispensable au botaniste organographe; le tableau général des caractères des genres et des espèces qu'il doit, au besoin, avoir présent à la pensée, au moins dans ses traits les plus saillants, est pour lui un grand livre toujours ouvert dans lequel il puise les matériaux de nouvelles études, où il trouve des exemples à l'appui de ses assertions, et les moyens d'attribuer à ses observations le degré de généralité qui leur appartient, ou de signaler les faits qui constituent des exceptions.

Ces deux parties de la science ne peuvent donc sans le plus grand désavantage être étudiées isolément ; elles sont solidaires l'une de l'autre, et l'on ne doit pas tenter de nouvelles recherches dans l'une des deux, avant de posséder à fond les connaissances acquises dans l'autre.

XII.

De l'anatomie végétale.

L'anatomie chez les animaux se divise en anatomie des organes et des régions, et en anatomie des tissus ou anatomie microscopique ; et l'on peut étudier isolément l'une de ces deux parties de la science. Chez les végétaux, au contraire, ces deux sortes d'anatomie se confondent en une même étude. Cela tient, en premier lieu, à ce que les appareils d'organes, intérieurs chez les animaux, sont extérieurs chez les végétaux, et tombent dans le domaine de l'organographie et non de l'anatomie ; et en second lieu, à ce que les organes qui constituent ces appareils sont de si petite dimension que, comme les tissus proprement dits, ils ne peuvent être étudiés qu'à l'aide du microscope. Il y a plus, les organes eux-mêmes constituent en partie ce que l'on nomme, chez les végétaux, les *tissus* : en effet, on ne saurait refuser le nom d'organes aux vaisseaux des végétaux ; on donne cependant à l'ensemble de ces vaisseaux le nom de *tissu* vasculaire, et cela en raison seulement de l'excessive petitesse de leur diamètre.

Du reste, il existe d'importantes différences dans les tissus et dans les organes des animaux et des végétaux, et par conséquent aussi dans leurs fonctions.

Chez les végétaux, l'appareil de l'innervation n'existe pas, ou du moins n'a encore pu être constaté.

L'appareil de la digestion n'existe pas non plus, ou du moins il n'existe pas de cavité digestive comparable à l'éstomac et aux intestins des animaux. Mais, comme chez les animaux, il existe une fonction d'assimilation qui s'exerce dans toutes les parties du végétal, et des fonctions de sécrétion et d'exhalation.

Les appareils végétaux qui présentent la plus grande analogie avec les appareils animaux sont ceux de la reproduction, de la respiration et de la circulation; mais, tandis que, chez les animaux supérieurs, les systèmes respiratoires et circulatoires sont de grande dimension, au moins dans leurs principaux organes, ils sont entièrement, chez les végétaux, du domaine de l'observation microscopique.

L'excessive ténuité des organes de quelques uns de ces appareils, des organes vasculaires en particulier, rend leur préparation et leur examen susceptibles de donner lieu à beaucoup d'erreurs d'observation.

Ce sont ces erreurs possibles qui ont jeté de la défaveur sur la précision, et par conséquent l'utilité de l'anatomie végétale. C'est ainsi que, si l'on dissèque en déchirant le tissu cellulaire ambiant, on s'expose à rompre les vaisseaux eux-mêmes, et à interrompre leur continuité; et que, si l'on étudie au moyen de tranches minces, pour peu que la tranche soit oblique à la direction du vaisseau, on en perd également la continuité, et l'on peut prendre pour l'une de ses extrémités naturelles le point terminal qui résulte d'une section. Or, si l'on étudie des questions relatives à la marche et à la direction des vaisseaux, on conçoit qu'une erreur d'observation de ce genre, si facile lorsqu'on agit sur des dimensions microscopiques, peut avoir les résultats les plus fàcheux, en donnant à l'observateur le plus consciencieux l'occasion d'une interprétation fondée sur une observation erronée.

Du reste, l'anatomie végétale paraît avoir chez les végétaux une importance plutôt relative qu'absolue. En effet, cette importance ne serait absolue que si elle résidait dans la présence et la situation de certains éléments organiques appartenant invariablement à des organes ou à des appareils déterminés, et devant servir par conséquent de moyen infaillible pour reconnaître la nature de ces organes, lorsqu'ils affectent des formes ou des positions exceptionnelles. Mais il est bien peu d'éléments organiques dont la présence soit ainsi déterminée et localisée : c'est ainsi qu'après avoir regardé pendant longtemps les trachées comme appartenant exclusivement aux feuilles et aux tiges, on les a retrouvées dans les racines des monocotylédones ; d'ailleurs, la classe des vaisseaux mixtes, que l'on est obligé d'admettre, retire à la classification des vaisseaux une partie de son importance. Quant au tissu fibreux, il peut se rencontrer partout ; et quant au tissu cellulaire, il est tellement polymorphe dans les diverses parties d'un même organe, et des formes intermédiaires nuancent si complétement ses formes les plus éloignées, que l'on ne saurait en tirer de conséquences absolues au point de vue de la distinction des organes composés ou appareils végétaux.

Un autre ordre d'organes simples, les vaisseaux laticifères, sont restés jusqu'ici d'une observation tellement incertaine, que, tandis que plusieurs organographes leur reconnaissent, comme aux autres vaisseaux, des parois propres, et en figurent les contours, d'autres assurent qu'ils ne consistent qu'en des sortes de méats intercellulaires.

Tant de causes d'erreurs et de sujets de difficultés ne doivent pas cependant éloigner les observateurs de l'étude de l'anatomie végétale ; ces difficultés sont, au contraire, à ce qu'il me semble, un attrait de plus pour les hommes vraiment laborieux. Mais ce doit être en même temps, pendant longtemps encore, la cause d'une extrême réserve sur le degré de certitude relatif aux résultats obtenus et aux applications à faire de ces résultats.

———

XIII.

De l'organographie végétale.

On désigne par *Organographie* toutes les études qui ont pour objet les organes chez les végétaux. L'étude des formes que chaque organe peut revêtir dans les divers groupes de végétaux a reçu plus particulièrement le nom de *Morphologie*; l'étude du développement d'un organe pendant toutes les phases successives qu'il parcourt, depuis son apparition jusqu'à son état parfait, chez une même plante, ou simultanément chez plusieurs, que l'on compare entre elles, a reçu le nom d'*Organogénie, Organogénésie* ou *Phytogénésie*. Enfin l'étude des fonctions que remplissent ces mêmes organes constitue la *Physiologie*.

La morphologie et l'organogénie se prêtent un mutuel secours et ne sauraient être complétement étudiées l'une sans l'autre; toutes deux doivent être éclairées par des recherches anatomiques.

C'est grâce à la morphologie que l'organographie, qui ne consistait autrefois qu'en des études superficielles et sans liaison entre elles, constitue aujourd'hui une science précise et vraiment philosophique. C'est aussi grâce au principe sur lequel sont basées les études organogéniques, et qui consiste à étudier successivement le même organe à toutes les périodes de son existence, qu'un grand nombre de questions obscures ont pu être éclairées, et que les plus compliquées tendent à se simplifier chaque jour.

L'histoire des déviations accidentelles des formes dans les divers organes constitue la *Tératologie végétale*. Il est peu d'études plus instructives et plus remplies d'intérêt. L'examen des anomalies ou monstruosités facilite singulièrement l'intelligence de la structure des organes à leur état normal; car la nature nous révèle elle-même, par ces sortes d'oublis et d'indiscrétions accidentelles, la solution de problèmes compliqués qu'elle semblait avoir mis tous ses soins à dissimuler. Du reste, quelque désordre qu'il paraisse régner dans certaines déformations ou anomalies, on y retrouve en général les mêmes lois qui président aux organisations et aux dispositions normales. Cela est si vrai, qu'un grand nombre d'anomalies ont des analogues dans la structure normale de plantes, d'un type différent, plus ou moins éloignées dans la série végétale.

XIV.

Des applications pratiques de l'étude des plantes.

Chez un même groupe naturel de végétaux, les principes chimiques renfermés dans les divers organes sont fréquemment les mêmes, ou du moins présentent une grande analogie de nature. C'est ainsi que le périsperme de toutes les Graminées, et les cotylédons de toutes les Légumineuses, renferment une fécule abondante; que toutes les parties herbacées de la plante, chez les Malvacées, renferment un suc mucilagineux, et chez les Solanées un principe plus ou moins narcotique.

La connaissance des familles et des genres peut donc, jusqu'à un certain point, faire présumer, *à priori*, la nature des propriétés des plantes que ces groupes renferment, et permettre par conséquent, souvent avec avantage, de substituer à l'emploi d'une espèce rare, l'emploi d'une autre espèce analogue plus abondante ou d'un rapport plus avantageux; mais ces substitutions doivent, s'il s'agit de plantes médicamenteuses, n'être faites qu'avec les plus grandes précautions et la plus extrême prudence, car il arrive fréquemment qu'un même groupe qui renferme des plantes inoffensives et même alimentaires présente aussi des plantes douées de propriétés énergiques et très vénéneuses : telle est, par exemple, la famille des Ombellifères.

Les applications de la science botanique à la culture peuvent résulter, d'une part, de la connaissance des genres et des espèces qui, en faisant saisir les analogies et les dissemblances entre elles, permet de choisir avec discernement celles qui, dans des circonstances données, promettent le rapport le plus avantageux, et aussi celles qui peuvent être substituées à d'autres, ou être utilement introduites dans la culture. Ces applications peuvent résulter, d'autre part, des connaissances organographiques et physiologiques qui permettent de raisonner les procédés de culture, et par conséquent de les améliorer et d'en essayer de nouveaux.

Les études de physiologie végétale ont encore un puissant intérêt comme moyen d'éclairer certaines questions obscures de la physiologie animale ; l'étude de ces questions, fort difficile dans les deux cas, est néanmoins plus abordable chez les végétaux que chez les animaux, et de puissantes analogies peuvent permettre de conclure, dans certaines limites, du résultat obtenu chez l'une, à l'explication des phénomènes jusque-là inexpliqués chez l'autre.

XV.

Des Monographies de Familles et de Genres.

La monographie d'une famille, et surtout la monographie d'un genre, permet à l'auteur de prendre ses coudées franches pour l'espace qu'il lui convient de donner aux descriptions ; il doit même, dans l'intérêt de la science, présenter l'exposition de tous les faits qui se rattachent au sujet qu'il s'est donné la tâche d'approfondir. Mais, par cela même que le travail est susceptible des développements les plus considérables, il doit être essentiellement méthodique, afin que chaque détail puisse, sans perte de temps, y être trouvé par le lecteur.

Le monographe doit se proposer deux buts distincts dans son travail : faire connaître exactement la structure des organes, les phénomènes de physiologie végétale et les détails de mœurs chez les plantes dont il expose l'histoire ; et, en second lieu, délimiter rigoureusement les espèces et les genres, et les classer dans l'ordre le plus naturel.

La première partie de ce programme ne saurait être complétement exécutée que pour les plantes que l'auteur a pu étudier vivantes ; quant à celles qu'il n'a pu examiner que dans les herbiers, on conçoit que leur étude reste souvent plus ou moins incomplète, faute de renseignements ou de matériaux suffisants.

Pour qu'elles soient vraiment utiles, les descriptions contenues dans une monographie doivent être méthodiques ; toutes les descriptions des espèces d'un même genre, sinon d'une même famille, doivent être en quelque sorte jetées dans un même moule, afin qu'elles puissent être comparées rigoureusement entre elles, et que cette comparaison mette en évidence les similitudes et les dissemblances. La clarté qui résulte de l'adoption de cette forme méthodique en compense largement la sévérité.

Au contraire, les descriptions non comparatives entre elles (qui affectent la forme de dissertations, et dans lesquelles l'auteur, donnant carrière au style pittoresque, insiste chez l'une sur un point qu'il néglige de traiter chez l'autre, selon qu'il se trouve entraîné par son sujet, ou même par les caprices de la rédaction) sont presque toujours incomplètes et souvent obscures; elles laissent le lecteur dans l'incertitude et l'indécision, et il ne tarde pas à renoncer à la recherche de problèmes qui lui paraissent insolubles, attribuant à la nature du sujet, ou à son propre manque d'expérience, les difficultés qui peuvent être en réalité tout entières dans l'insuffisance ou l'obscurité de la description.

XVI.

Des Flores et des Catalogues de plantes.

Les *Flores,* ou tableaux de la végétation d'une région naturelle ou politique, doivent être traitées avec la même précision que les monographies; elles consistent, en effet, en une série de monographies de familles et de genres limitée aux espèces croissant dans les pays qui sont l'objet de ces travaux. Mais comme ces ouvrages ne doivent point, en général, être dispendieux, afin d'être accessibles au plus grand nombre, et qu'ils doivent être portatifs, il faut éviter de les rendre volumineux, et pour arriver à ce résultat, non seulement l'impression doit en être compacte, mais il est souvent nécessaire d'adopter une forme aussi concise que substantielle.

Cependant les flores dont les descriptions ne consistent qu'en des diagnoses, c'est-à-dire des phrases caractéristiques qui n'énumèrent que les caractères différentiels nécessaires pour permettre de distinguer les espèces entre elles, présentent le grave inconvénient d'habituer l'élève à regarder la détermination du nom de la plante comme le seul but qu'il doive se proposer, et à ne se préoccuper de la structure des plantes que pour arriver à ce maigre résultat ; tandis que la connaissance du nom, loin d'être le but de l'étude, ne doit être que le moyen de connaître la place qui a été assignée à la plante dans la série végétale, et par conséquent de pouvoir consulter les auteurs qui l'ont décrite ou mentionnée, afin de profiter de tout ce que les notions acquises peuvent présenter d'intéressant et d'utile.

Dans les flores, ainsi que dans les monographies, les descriptions de genres doivent être parfaitement symétriques entre elles, de manière que la comparaison entre chaque paragraphe soit aussi prompte que facile, les mêmes organes étant constamment énumérés dans le même ordre, et les mêmes expressions étant toujours appliquées à la désignation des mêmes choses.

Les descriptions des espèces ne doivent pas répéter inutilement les caractères invariables décrits d'une manière générale à l'occasion de la description de Famille et de la description de Genre, mais elles doivent être telles qu'elles complètent ces descriptions au point de vue de chaque Espèce, de manière qu'en les réunissant toutes les trois on possède l'histoire complète de chaque plante.

Quant aux observations exceptionnelles, et qui par leur étendue rompraient l'uniformité du cadre des descriptions, elles doivent trouver place dans des notes rejetées à la suite de la description. Les articles consacrés à la synonymie, à la distribution géographique, aux usages et aux propriétés s'il en existe, articles qui complètent le tableau de l'histoire de chaque espèce, doivent être traités dans des paragraphes distincts.

Enfin, l'artifice de typographie qui consiste à imprimer en lettres italiques les phrases qui doivent être mises en évidence est une ressource précieuse, et qui a pour résultat d'isoler et de détacher en quelque sorte une description brève et très substantielle de chaque description complète, et de satisfaire aux exigences des botanistes désireux d'arriver le plus promptement possible à la détermination des plantes. Des sens complets, et non des mots sans liaisons entre eux (et nécessitant la lecture de ce qui précède), doivent être renfermés dans ces phrases écrites en lettres italiques.

Lorsqu'un ouvrage exécuté avec succès sur ce plan existe pour une contrée, on doit le supposer entre les mains de tous les botanistes qui l'habitent; aussi l'auteur qui veut faire connaitre plus spécialement la végétation d'un point restreint de ce même pays, peut-il se borner à un catalogue méthodique des espèces qu'il a observées, en ajoutant des notes aussi étendues que le sujet l'exige, et dans lesquelles il consigne tous les faits remarquables qu'il peut avoir à ajouter à l'histoire de quelques unes, et qui résultent de ses observations personnelles.

―――――――

XVII.

Des Mémoires académiques, des Traités spéciaux et des Traités généraux élémentaires.

On nomme mémoires académiques, les ouvrages, en général peu volumineux, qui ont pour but de présenter l'exposition de recherches spéciales sur un point de la science encore obscur ou en litige.

Ces travaux peuvent avoir pour objet un très petit détail, comme aussi porter sur les questions fondamentales ou les plus complexes de la science, et sont, en général, élaborés aussi complétement que le comportent les facultés de l'auteur.

Ces mémoires sont accueillis avec d'autant plus de faveur qu'ils ont pour objet, et souvent pour résultat, de faire faire un nouveau pas à la science. Mais si ces travaux sont récompensés par l'estime qu'ils peuvent justement mériter, on est en droit de demander à leurs auteurs une méthode rigoureuse dans l'exposition de leurs idées, un style clair et limpide, et surtout la franchise qui ne sait point dissimuler les lacunes et n'insiste point sur des détails superflus aux dépens de points essentiels restés dans le vague et l'obscurité. Le mémoire doit être terminé par un résumé complet, énumérant en quelques lignes les faits essentiels et les déductions que l'auteur en a tirées.

Les traités spéciaux doivent être considérés, s'ils renferment de nombreuses et importantes observations originales, comme la réunion de plusieurs mémoires : aussi les qualités de ces traités sont-elles naturellement celles des mémoires eux-mêmes. Néanmoins les traités spéciaux considérables, qui demandent du temps pour être lus et appréciés, sont proportionnellement moins utiles à la réputation de leurs auteurs que plusieurs mémoires isolés. Telle est, en effet, la pente de l'esprit humain vers un travail facile, que les lecteurs reculent souvent devant l'étude d'un gros livre, tandis qu'ils le liraient volontiers si chaque chapitre leur en était présenté isolément.

D'autres traités spéciaux sont le résultat de compilations, et bien qu'un travail de ce genre, s'il est fait avec discernement et qu'il contienne l'indication des sources auxquelles l'auteur a puisé, puisse avoir une grande utilité, il n'a pas le même degré de mérite que les traités originaux dont il vient d'être question.

Quant aux traités généraux élémentaires, s'ils ont pour auteurs des hommes versés dans la science et capables de l'aborder sous tous ses aspects, ce sont des ouvrages éminemment utiles, et qui peuvent être d'un grand mérite : la botanique française est richement dotée sous ce rapport.

XVIII.

Du style des ouvrages de botanique.

La règle qui me semble la plus utile consiste à ne pas craindre de reproduire indéfiniment la même expression pour indiquer la même chose ; cette fausse élégance qui consiste à chercher des tours de phrase pour éviter des répétitions et à s'entourer d'un arsenal de synonymes, est une cause certaine d'ambiguïté, de vague et d'obscurité. — Le but que l'on a dans la description d'une plante ou dans la rédaction d'une observation est évidemment de bien faire comprendre sa pensée et non de se montrer habile à trouver des périphrases. — La forme dogmatique qui résulte de la répétition fréquente d'une même expression n'est un défaut que dans les ouvrages purement littéraires; dans un ouvrage scientifique, les répétitions étant une des sources de la clarté, ce qui dans le cas précédent était un défaut, devient une véritable qualité.

Mais la clarté, cette qualité qui doit dominer toutes les autres dans le style descriptif, ne tient pas seulement au choix des mots, elle résulte aussi en grande partie de l'ordre logique dans le classement des idées et d'une méthode rigoureuse dans leur exposition. — Une pensée encore obscure ne saurait se traduire par une phrase claire et intelligible.

Un travail dont les idées sont présentées sans ordre, qui renferme des sens incomplets, des passages obscurs et nébuleux, d'inutiles redites et des lacunes non signalées, et qui suppose connus des faits qui ne le sont pas, peut renfermer les éléments d'un bon travail, mais ce n'est qu'une ébauche qui aurait demandé à être encore longuement élaborée.

XIX.

De l'Iconographie végétale.

L'iconographie végétale a déjà rendu et est appelée à rendre d'immenses services à la science. A mérite égal, un travail accompagné de planches est d'une utilité bien plus grande que celui qui en est dépourvu. Il est évident que le dessin doit en être aussi exact que possible, et que plus elles sont claires, complètes et détaillées, plus grande est leur utilité. — Mais on doit éviter, vu les frais considérables qu'entraîne la gravure, de figurer les objets ou même les parties d'objets dont la vue n'est d'aucune utilité pour l'étude du sujet. Il vaut mieux consacrer le temps et les frais qui seraient accordés à cette partie du dessin à figurer un autre objet plus utile.

On doit, par la même raison, simplifier le plus possible l'exécution du travail; et se contenter, par exemple, d'un simple trait toutes les fois que l'ombre n'est point indispensable; les gravures au trait sont même en général les plus avantageuses, en ce que toutes les lignes en sont distinctes, et que rien ne s'y trouve sacrifié aux effets de l'ombre. — S'il s'agit, par exemple, d'un objet composé de plusieurs parties analogues ou semblables, on peut ne figurer avec détail que l'une de ces parties, et n'indiquer les autres qu'accessoirement et pour signaler la situation qu'elles occupent.

De même, il est bon de ne colorier que les dessins qui peuvent gagner à l'être au point de vue de l'étude; et s'il s'agit, par exemple, de dessins d'ensemble de plantes entières, de n'en colorier qu'un rameau en fleur et un rameau en fruit, au lieu de colorier les échantillons en entier. On doit éviter aussi la perte inutile du papier, et se priver du luxe des grandes marges; les planches doivent être remplies, et non présenter au centre d'un format in-folio un dessin de quelques centimètres de hauteur.

Mais s'il est avantageux pour soi-même et pour le lecteur de donner des planches bien remplies, il faut surtout se garder d'entasser en désordre de nombreux dessins dans un étroit espace. La réunion des objets dans l'espace dont le dessinateur dispose doit s'arrêter au point où commencerait la confusion. Les objets ne doivent être rapprochés les uns des autres qu'à la condition d'être classés dans l'ordre où ils sont décrits dans l'ouvrage. Sans cela, non seulement l'effet en est disgracieux à l'œil, mais ils peuvent devenir presque inutiles par la difficulté que l'on éprouve à découvrir celui dont on fait la recherche.

XX.

De la Botanique en France et dans les autres pays.

Parmi les hommes dont le nom et les travaux appartiennent à l'histoire, et qui sont la gloire de notre pays, la France compte des botanistes de génie autant qu'aucun autre pays du monde ;

Tournefort, Adanson, Antoine et Bernard de Jussieu, Desfontaines, Turpin et du Petit-Thouars, mais surtout Antoine-Laurent de Jussieu, L.-Cl. Richard, et A.-P. de Candolle, sont des gloires auxquelles le reste du monde botanique ne peut rien opposer de plus grand, sinon Linné, qui peut partout revendiquer le premier rang; et il est actuellement encore parmi nous des hommes que nos descendants pourront, à juste titre, placer à côté de ces grandes illustrations.

Pourquoi donc la science botanique est-elle généralement si peu cultivée en France? Pourquoi si peu de recueils pour publier nos travaux (1)? Pourquoi pas un journal pour nous tenir au courant des nouvelles intéressantes? Pourquoi les livres les plus utiles et les meilleurs ne trouvent-ils point chez nous un public pour les acheter et pour les lire, et ne rencontrent-ils des acheteurs que hors de France, par conséquent peu d'éditeurs pour les publier? Pourquoi n'existe-t-il plus de Société botanique à Paris?

Pourquoi.... lorsqu'en Angleterre, en Prusse, en Autriche et même en Russie, il existe des journaux botaniques qui trouvent des rédacteurs et des souscripteurs, et il se publie un si grand nombre d'ouvrages d'un prix élevé et qui trouvent des éditeurs et des acheteurs?

Il faut l'avouer, pendant bien longtemps nous n'avons rien fait pour développer parmi nous cet esprit de corps, cette entente de

(1) Le seul recueil purement botanique qui se publie périodiquement en France, est la *partie botanique* des *Annales des sciences naturelles* (12 livraisons par an, prix : 25 fr.; librairie de Masson, 1, place de l'École-de-Médecine).

Un recueil périodique intitulé *Revue botanique*, et qui était principalement consacré à l'analyse des publications nouvelles, était publié sous le patronage de M. B. Delessert. Ce recueil, rédigé par un botaniste distingué, a malheureusement cessé de paraître.

Un journal hebdomadaire, *l'Institut, journal des sciences et des Sociétés savantes*, publie les notes et les mémoires ou extraits de mémoires lus dans les séances des Sociétés savantes les plus importantes de l'Europe ; la botanique y tient par conséquent sa place. (Prix de la section des sciences, par an, 30 fr. Boulevard Poissonnière, 24.)

Des mémoires botaniques sont en outre publiés dans les *Archives du Muséum d'histoire naturelle*, les *Mémoires de l'Académie des sciences*, les *Mémoires des savants étrangers à l'Institut*, et les *Comptes rendus des séances de l'Académie des sciences*.

l'association, qui produisent en Angleterre et en Allemagne de si féconds et si enviables résultats.

Plusieurs associations scientifiques de travailleurs ardens et noblement désintéressés existent cependant parmi nous.—En dehors des académies, qui accomplissent régulièrement leur mission, mais dont l'impulsion pourrait être plus vigoureuse, se maintient avec honneur la Société philomatique, se sont élevées la Société géologique de France, la Société de chirurgie, la Société d'entomologie, la Société de biologie, les Sociétés d'agriculture et d'horticulture, et bien d'autres encore dont les membres rivalisent de zèle pour la science, et se montrent remplis d'une généreuse émulation.—J'aime à voir la Société centrale d'horticulture, composée d'horticulteurs pratiques, inspirer aux jardiniers l'amour et le respect de leur profession, les encourager à l'étude, honorer et récompenser leurs essais heureux et leurs travaux.

Plusieurs Sociétés fondées en province contribuent puissamment à répandre et à entretenir l'amour de l'étude dans les diverses parties de la France, et se sont signalées par l'utilité et l'importance de leurs travaux. L'une de ces institutions les plus fécondes en heureux résultats, est le Congrès scientifique de France, qui, chaque année, et alternativement, dans l'un des centres les plus favorables aux divers travaux scientifiques, littéraires et archéologiques, réunit, pendant plusieurs journées consécutives, des savants de toutes les contrées.

Que toutes ces associations scientifiques aient confiance en leur mission, c'est à elles qu'il appartient dès aujourd'hui de combattre la stérilité qui résulte de l'isolement, et d'encourager les hommes capables qui ne manquent que d'émulation.

Un égoïsme bien mal entendu, et le culte exclusif de l'application de la science et de l'art à des spéculations lucratives, avaient abouti à la pauvreté de l'art dans l'industrie et à l'isolement des artistes et des savants; que l'union de tous nos efforts tende à raviver parmi nous le désintéressement scientifique et tous les instincts généreux, afin que nous n'ayons point à envier l'union qui fait la force de nos voisins.

Cultivons les sciences et les arts, non seulement dans un but de satisfaction matérielle, mais aussi dans un but de satisfaction morale ; nous retrouverons en nous les grandes inspirations de nos devanciers, du jour où la science et l'art s'estimeront eux-mêmes assez haut pour inspirer aux populations le saint enthousiasme du bon et du beau.

Je ne demanderai pas aux gouvernements de prendre l'initiative et de donner l'impulsion ; on ne trouvera, peut-être pendant longtemps encore, dans la plupart des centres administratifs, que tiédeur pour tout ce qui n'est que de la science et de l'art, qu'indifférence pour tout ce qui ne tient pas aux intérêts du jour et n'est une question que pour l'avenir.

En Angleterre, les sociétés savantes, bien que fondées et entretenues aux frais de leurs membres, ont leurs résidences, je pourrais dire leurs palais, leurs galeries, leurs collections, leurs bibliothèques et leurs jardins ; et leur prospérité s'accroît de jour en jour.

Si l'on ne doit pas compter sur l'aide active du gouvernement, il ne faut pas compter actuellement davantage sur l'appui de l'opinion publique, tout entière aux préoccupations politiques et industrielles. — Il s'agit cependant de triompher de l'indifférence de notre génération, et de préparer aux sciences et aux arts une plus active sympathie dans les générations futures : pour arriver à cet important résultat, comptons surtout sur les efforts communs de tous les hommes d'intelligence ; que l'activité des sociétés savantes soit toujours croissante ; que les travaux de ces sociétés soient publiés ; que des journaux scientifiques d'un facile accès soient créés, que ceux qui existent déjà soient encouragés ; et sachons, autour de nous, communiquer notre amour pour l'étude et notre entraînement pour la science et les arts.

XXI.

Des Sociétés botaniques.

Peut-être se demandera-t-on pourquoi, malgré les sentiments de bienveillance mutuelle qui règnent parmi nous, les sociétés botaniques qui ont existé à Paris se sont dissoutes et n'ont point été remplacées. Ce résultat doit être attribué à plusieurs causes, dont la principale est, je crois, le partage des botanistes en deux sections, dont l'une renferme les botanistes explorateurs et descripteurs et les simples amateurs de collections, et dont l'autre se compose des botanistes qui se livrent à l'expérimentation et à la physiologie végétale. Dans une société qui réunissait les deux sections, les descripteurs ne s'intéressaient pas toujours à la lecture des mémoires de physiologie végétale, et les physiologistes, de leur côté, ne donnaient pas toujours une attention soutenue aux caractères différentiels de deux espèces voisines, ou à la diagnose d'une espèce nouvelle; il eût donc fallu d'une société en faire deux, mais le petit nombre de membres qui fût resté pour chacune rendait cette combinaison impossible : plusieurs séances eussent pu se succéder sans qu'il se présentât de communications à faire, et l'on dut renoncer, provisoirement du moins, au bienfait de ces institutions.

S'il n'existe point actuellement à Paris de société purement botanique, les plus dignes représentants de la science trouvent tour à tour une juste récompense de leurs travaux à l'*Académie des sciences* (1).

Une autre société savante dont les séances n'ont point subi d'interruption depuis sa fondation, en 1788, la *Société philomatique*, qui embrasse toutes les sciences physiques et mathéma-

---

(1) Les botanistes actuellement membres de l'Académie des sciences sont MM. de Mirbel, Aug. de Saint-Hilaire, Adr. de Jussieu, Ad. Brongniart, Ach. Richard, J. Gaudichaud et J. Decaisne. — Les mêmes savants sont actuellement membres honoraires de la Société philomatique ou en ont été membres. Sont aussi membres honoraires de la Société philomatique : MM. C. Montagne et Léveillé; les membres résidants sont : MM. L. Tulasne, P. Duchartre, A. Weddell, Germain de Saint-Pierre, et D. Clos.

tiques, réunit également un certain nombre de botanistes, et les plus illustres ont tenu à honneur d'en faire partie.

A la Société philomatique, comme à l'Académie des sciences, non seulement les membres résidants et honoraires, mais aussi les savants étrangers à la société, exposent le résultat de leurs travaux et font lecture de notes et de mémoires inédits. Ces mémoires sont reproduits dans le journal *l'Institut*, et extraits chaque année de ce journal pour constituer un volume (1).

Les botanistes se rencontrent, en outre, aux herborisations publiques ou particulières, et au *Musée botanique* de M. Delessert.

La *Société de biologie*, qui ne compte encore (1851) que deux années d'existence, mais qui, par le zèle et l'activité des membres distingués qui la composent, est déjà haut placée dans l'opinion, et promet de rendre de grands services à la science, a pour but l'étude anatomique, physiologique et pathologique de tous les êtres organisés, et admet par conséquent aussi des botanistes dans son sein (2).

XXII.

Cours publics. — Collections botaniques du Muséum. — Musée botanique de M. Delessert.

Des cours publics de botanique ont lieu chaque année, à Paris, au Muséum d'histoire naturelle, à la Faculté des sciences, à l'École de médecine, etc. Ces cours sont commencés au printemps et se continuent jusqu'à la fin de l'été; plusieurs professeurs font en outre, pendant la belle saison, un certain nombre d'herborisations publiques.

(1) La Société philomatique est partagée en trois sections dont l'une réunit les sciences naturelles et médicales ; chaque section est composée de vingt membres résidants. Les séances de la Société philomatique sont publiques, et ont lieu tous les samedis, à huit heures du soir. Le siége de la Société est rue d'Anjou-Dauphine, 8.

(2) Le nombre des membres de la Société de biologie est fixé à quarante ; les séances sont publiques et ont lieu tous les samedis à trois heures ; le siége de la Société est rue de l'École-de-Médecine, à l'École de Médecine pratique, salle dite *des microscopes.*

Les collections botaniques du Muséum d'histoire naturelle se composent des collections de plantes vivantes des jardins et des serres, de l'herbier général et de plusieurs très riches collections locales, d'une collection de fruits et de bois, d'une collection d'empreintes végétales fossiles, etc. Il s'y trouve, en outre, une bibliothèque générale pour toutes les sciences naturelles (1).

Qu'il me soit permis de rendre ici un hommage public à la mémoire de M. le baron Benjamin Delessert, dont la perte si regrettable a été un sujet de deuil pour tous les amis de la science, et qui a trouvé en M. F. Delessert un digne et généreux continuateur.

Le *Musée botanique* de M. Delessert renferme dans une même suite de galeries un herbier général, des plus importants de l'Europe, et la bibliothèque botanique la plus considérable et la mieux rangée qui existe au monde ; des acquisitions annuelles la complètent sans interruption par l'addition immédiate de toutes les publications botaniques, en quelque langue qu'elles soient écrites et quelle qu'en soit l'importance.

Tous les botanistes de l'Europe se donnent rendez-vous dans ces galeries, qui sont ouvertes à tous les naturalistes connus avec une générosité sans limite, sous la surveillance d'un habile et bienveillant conservateur (2).

Grâce à la réunion, dans le même local, des plantes et de la bibliothèque, le *Musée botanique* présente, pour l'étude, des ressources inappréciables que l'on chercherait vainement ailleurs.

Aujourd'hui surtout que le nombre des publications botaniques est devenu si considérable, il est vrai de dire qu'à l'existence du *Musée botanique* de M. Delessert est attachée, en grande partie du moins, la possibilité de la culture de la science botanique en France.

Après la bibliothèque botanique de M. Delessert, la plus riche et la plus importante en France est celle de M. A. de Jussieu.

(1) Les jardins botaniques de Paris sont ceux du Muséum d'histoire naturelle, de l'École de médecine (rue d'Enfer, 38), et de l'École de pharmacie (rue de l'Arbalète, 13).

(2) M. LASÈGUE, auteur d'un ouvrage plein de recherches intéressantes intitulé : *Notices sur les collections de plantes et la bibliothèque qui composent le Musée botanique de M. Benjamin Delessert*, 1845.

XXIII.

Du dessin appliqué aux études et aux travaux botaniques.

Pour un naturaliste, le dessin est véritablement un sixième sens. Il nous donne moins que la vue de l'objet lui-même, mais plus que l'écriture et la parole. Il n'est pas de description, si exacte et si complète qu'elle soit, qui vaille une bonne figure ; la longueur d'une description fatigue souvent l'attention la plus soutenue ; la vue d'un dessin récrée et délasse, tout en nous enseignant quelquefois davantage et en quelques instants : là, plus d'ambiguïté ni de sens incomplet ; si le dessin est bon, et l'objet figuré dans tous ses détails, non seulement on en saisit le sens et la valeur, mais la figure se grave dans la mémoire d'une manière ineffaçable.

Le dessin n'est pas seulement utile pour vous faire comprendre des autres, il vous servira surtout pour recueillir vos propres observations, sauver de la destruction des objets importants que la délicatesse de leurs tissus ne vous eût point permis de conserver, et surtout pour représenter grossis les infiniment petits qui ne sont visibles qu'au microscope.

Heureux donc si, libéralement doué sous ce rapport, vous avez dès l'enfance commencé une étude non moins utile qu'attrayante, et si vous êtes à même de reproduire exactement les objets naturels soit avec le pinceau, soit avec le crayon. — Avez-vous négligé cette étude, ne vous découragez pas, et essayez avec persévérance de réparer le temps perdu. Pour réussir dans l'étude du dessin, il faut, il est vrai, comme pour les autres arts et pour les sciences, des dispositions que la nature n'a données qu'au plus petit nombre en partage. Mais ne fussiez-vous pas du nombre de ces élus, persévérez encore ; ne dussiez-vous pas parvenir, en dépit d'un travail soutenu, à faire un dessin bien correct, vous arriverez à rendre à peu près la forme de l'objet, et à vous faire comprendre. D'ailleurs, il existe des procédés que je vais passer en revue, et à l'aide desquels vous pourrez suppléer en partie à l'art du dessin ; ces procédés peuvent même en faciliter singulièrement l'étude.

Si vous ne savez pas dessiner, et que vous vouliez apprendre seul, je vous conseille, comme un excellent exercice, de prendre du papier transparent dit *papier végétal*, et, avec un crayon de mine de plomb demi-tendre, de calquer de bonnes planches botaniques ; peut-être serez-vous d'abord dégoûté du peu de régularité de votre calque : ne perdez pas courage, et recommencez plusieurs fois de suite la même figure ; avant la fin de la première journée vous remarquerez déjà du progrès ; or, si vous êtes en progrès dès l'abord, nul doute que vous n'arriviez, avec le temps, à faire bien ; mais ne soyez pas trop ambitieux, et si après huit jours d'étude vous n'avez pas, ainsi qu'il est assez probable, l'habileté de ceux qui dessinent depuis plusieurs années, ne trouvez à cela rien que de naturel, et ne vous dites pas que vous ne parviendrez jamais.

Il ne faut manquer ni de hardiesse ni d'une certaine confiance en soi, mais que cette hardiesse n'exclue pas l'application ; gardez-vous également de dessiner trop vite ou trop lentement : trop vite vous oublierez des lignes et vous ne donnerez pas à chacune l'importance qu'elle doit avoir ; trop lent vous ferez une sorte de travail ponctué qui ne vous apprendra rien. Dessinez le plus légèrement que vous pourrez, mais arrêtez bien vos lignes. Faites un fréquent usage de la gomme élastique, et ne craignez pas d'effacer et de recommencer.

Un très bon procédé pour se familiariser avec la perspective consiste à dessiner sur une vitre, enduite d'une légère couche d'un mélange de dextrine et de gomme arabique, les objets que l'on aperçoit derrière ; vous pouvez y placer des plantes et les dessiner de cette manière. Pour voir l'objet placé derrière la vitre constamment de la même dimension, il ne faut ni avancer ni reculer la tête lorsque le dessin est commencé ; afin de maintenir l'œil au même niveau, on peut regarder à travers un anneau ou oculaire fixé par une tige solide, et à une distance convenable du châssis qui encadre la vitre. L'appareil constitué par la vitre encadrée portant la tige à anneau doit être mobile et susceptible d'être posé à plat, supporté par des montants, au-dessus de la plante que l'on veut dessiner. Cette plante, pour être maintenue fraîche, peut être couchée dans un vase plein d'eau.

Copiez des dessins et ne vous occupez que de l'esquisse, mais n'en négligez aucune partie et ne vous contentez pas d'*à peu près*; vous ombrerez aisément plus tard, quand vous saurez esquisser correctement; vous pouvez d'ailleurs, dès le principe, donner du relief à votre esquisse en indiquant fortement les bords les plus rapprochés de vous, et en traçant les lignes placées sur des plans différents, d'autant plus légèrement qu'elles doivent paraître plus éloignées.

Quand plus tard il s'agira d'ombrer, vous remarquerez que, dans un objet sphérique ou cylindrique, par exemple, l'ombre la plus forte n'est pas tout à fait du côté opposé à la lumière, mais un peu en deçà, et que le point ou la ligne opposée à la lumière est un peu éclairée par reflet.

L'ombre ne doit être que l'accessoire de l'esquisse et souvent n'être que légèrement indiquée, dans la crainte de jeter de la confusion dans les lignes; en un mot, le dessin botanique le meilleur est presque toujours une esquisse mise à l'effet. — Après avoir scrupuleusement terminé mon dessin, je le passe à une légère teinte d'aquarelle, et j'obtiens le double résultat de le rendre inaltérable et d'indiquer la couleur des objets.

Essayez, presque dès l'abord, de dessiner d'après nature; commencez par une forme simple et ne présentant qu'une surface, une feuille vue à plat, par exemple; puis, quand vous aurez dessiné des feuilles isolées, essayez des branches munies de feuilles, essayez des fleurs, et soignez de votre mieux ces premières études.

Si déjà vous dessinez habilement, mais que vous ayez l'habitude des croquis et du paysage, sachez renoncer à ces jolis effets que l'on obtient souvent en laissant les formes vagues et indécises. Un dessin d'histoire naturelle doit toujours être exact, complet, et toutes ses lignes doivent être *arrêtées*; il ne s'agit pas en effet de peindre l'objet par un de ses côtés pittoresques, il s'agit de le représenter tel que la nature le montre à ceux qui le regardent de près. Soyez sans inquiétude, le résultat n'en sera pas moins beau : si vous perdez des effets de lumière et le bénéfice de l'harmonie avec les objets voisins, vous aurez presque toujours des formes d'une grâce et d'une pureté ravissantes.

Évitez le papier mécanique : le papier que j'emploie est très fort et d'un beau grain. Mes crayons de mine de plomb sont assez fermes sans être durs. Les pinceaux de Martre les meilleurs ne sont ni petits ni gros, à pointe fine, mais pas trop longue, élastiques et se redressant d'eux-mêmes ; il est beaucoup plus facile, du reste, de rencontrer un bon pinceau qu'un bon crayon de mine de plomb. Le bon crayon doit pouvoir, au besoin, vous donner des lignes noires et fermes sans s'écraser par sa mollesse ni rayer le papier par sa dureté ; j'en ai quelquefois rencontré de tels parmi les crayons anglais et quelquefois aussi parmi les crayons des diverses fabriques indigènes, en cherchant principalement dans les numéros situés entre le plus tendre et le plus dur, bien que ces numéros donnent rarement d'indications bien précises ; mais vous devez vous estimer heureux si, sur une douzaine, vous en trouvez un de très bon. Quand vous l'avez trouvé, ménagez-le et usez-en le dernier bout dans un porte-crayon, vous ne savez pas quand vous en retrouverez un autre.

Un petit nombre de couleurs suffit ; il va sans dire qu'elles doivent être de première qualité ; du reste, elles durent si long-temps, que cela n'est point une dépense. Je conseille de ne pas employer les couleurs en pastilles fixées à une boîte, ces couleurs ne tardent pas à se salir les unes les autres ; ayez des couleurs en tablettes isolées. Pour vous en servir, vous les frottez par une de leurs extrémités mouillée d'un peu d'eau sur une assiette ou une palette de porcelaine ; les mélanges se font au fur et à mesure du besoin, avec le pinceau. J'obtiens toutes les nuances en combinant les couleurs suivantes : Encre de Chine, Bleu de Prusse, Vermillon, Carmin, Terre de Sienne brûlée, Gomme-gutte, Blanc ; encore cette dernière couleur n'est-elle presque jamais utile. On peut ajouter à cette liste quelques couleurs spéciales, le Safran, par exemple, que l'on vend en godet ; et le Bleu de cobalt ou d'outremer.

J'ai l'habitude de recueillir mes dessins d'observations sur des feuilles simples, libres et de même format, ce qui me permet de les classer et d'en composer des volumes susceptibles de grossir ou de se subdiviser à volonté ; chacun de ces fascicules de dessins est reçu entre deux feuilles de carton libre, de même format, et le tout est serré au moyen de deux courroies de fil terminées par une boucle ; je maintiens ainsi le plus grand ordre dans les matériaux de chaque étude dont aucune feuille ne saurait s'égarer.

Si vous publiez vos dessins (1), je ne saurais trop vous engager à apprendre à graver sur cuivre à l'eau-forte, à graver sur pierre, ou à lithographier ; si vous avez l'habitude du dessin, vous apprendrez vite les procédés de la gravure, et vos figures exprimeront toute votre pensée sans qu'elle ait été traduite, et par conséquent plus ou moins altérée par un graveur étranger rarement bon dessinateur, jamais naturaliste, et qui par conséquent se pénètre difficilement de toutes vos intentions. Les planches dont vous aurez signé le dessin et la gravure auront toujours un plus grand prix. Malheureusement l'exécution de la gravure est quelquefois assez longue, et si vous publiez de nombreux travaux, vous ne pourrez y suffire sans nuire à vos études ; vous ne vous réserverez alors que les planches les plus importantes, et vous aurez, dans tous les cas, l'immense avantage de pouvoir retoucher et corriger vous-même celles qui vous seront rendues incorrectes par les graveurs.

XXIV.

Des collections iconographiques.

Une collection formée d'une série de gravures empruntées aux divers ouvrages ou aux collections de figures qui ont été publiés, et classée dans l'ordre naturel des familles et des genres, constitue un herbier artificiel des plus intéressants, des plus utiles à con-

(1) Je suis heureux de trouver ici l'occasion de rendre hommage au talent éminent de M. Riocreux, dessinateur et peintre de plantes du Muséum d'histoire naturelle (rue Notre-Dame-des-Champs, 82) dont les dessins enrichissent toutes nos publications modernes ; et à l'habileté de mademoiselle E. Taillant (rue Guy-Labrosse, 10), un de nos graveurs les plus distingués.

sulter, et qui complète l'herbier naturel par la reproduction d'un grand nombre de types végétaux difficiles à se procurer ou à conserver dans l'herbier, et par les analyses d'organes qui accompagnent souvent ces figures.

Quelques botanistes n'ont pas craint, pour se procurer une collection de ce genre, de mettre en pièces tous les ouvrages de leur bibliothèque renfermant un certain nombre de planches. Je pense qu'il n'est avantageux d'enlever, pour les classer dans la collection, les planches des ouvrages importants, que lorsque ces planches ont été publiées sans ordre par l'auteur, et qu'elles sont en très grand nombre, de nature à devoir être consultées fréquemment et à fournir d'utiles éléments d'étude : telle est, par exemple, la collection des *Champignons*, de Bulliard. Mais il serait regrettable d'annuler la valeur d'ouvrages importants et souvent rares, en en retranchant les planches qui peuvent les accompagner, pour ajouter ces planches à une collection générale destinée peut-être plus tard à être dispersée sans profit pour personne, ou du moins à ne pas passer dans les mêmes mains que le texte des volumes dans lesquels on a puisé pour la créer.

Un procédé plus long, mais bien utile pour se procurer une collection de dessins de types de genres, consisterait à calquer soigneusement un grand nombre de ces types dans les divers ouvrages où ils se trouvent figurés ; ce travail, fait avec intelligence, serait d'ailleurs un excellent moyen d'étude.—Afin d'éviter d'altérer les gravures précieuses que l'on calque ainsi, on doit se servir d'un crayon de mine de plomb assez tendre pour ne jamais rayer le papier ; du reste, ces calques, pour être utiles et ne point donner de résultats erronés, doivent être faits par une main habile à manier le crayon, et habituée aux soins qu'exige un tel travail. Les dessins au trait obtenus au crayon sur le papier végétal peuvent, selon le temps que l'on peut y consacrer, être repassés à la plume ou seulement terminés au crayon, le modèle sous les yeux. On fixe le carré de papier végétal sur une feuille de papier blanc à dessin d'une force convenable, et on le met à la place que la figure doit occuper dans la collection.

XXV.

De l'utilité du microscope.

Longtemps on contesta l'utilité des microscopes; on insistait sur ce point, que de fréquentes erreurs d'observation sont presque inévitables, et que d'ailleurs on peut trouver dans le champ du microscope, l'imagination aidant, tout ce qu'on veut y voir.

Cependant le microscope, en se perfectionnant, ne tarda pas à se populariser; et, lorsque cet instrument étant combiné à la chambre claire, il fut permis d'en calquer les images grossies; lorsque plus tard, enfin, au moyen des procédés photographiques, il fut possible de recueillir et de conserver l'image elle-même, au doute et à la méfiance succéda une admiration sans réserve.

Que l'on ne croie pas néanmoins qu'il suffise de posséder un bon microscope pour se trouver immédiatement en mesure de faire de bonnes observations; autant vaudrait se croire musicien parce qu'on possède de bons instruments de musique. Ce n'est que par une longue habitude que l'on parvient, non seulement à manœuvrer habilement l'instrument et à profiter de toutes les ressources qu'il peut offrir, mais surtout à éviter les erreurs d'observation qui pourraient résulter d'un examen superficiel ou incomplet. Si, par exemple, on projette verticalement une lumière éclatante sur un objet transparent, toutes les parties en relief disparaissent et tous les détails s'effacent. Les reliefs ne deviennent visibles que lorsqu'ils sont mis en évidence par leurs ombres, et il faut, pour obtenir ce résultat, projeter obliquement la lumière. C'est ainsi encore qu'une ombre portée sur une surface plane ou même sur un corps lenticulaire ou sphérique peut être prise pour une dépression, ou bien un point lumineux être pris pour une ouverture ou une solution de continuité; ce n'est qu'en faisant successivement passer l'objet par tous les degrés d'éclairage, et en l'examinant sous tous ses aspects et à divers grossissements, que l'on évitera de tomber dans ces fâcheuses méprises.

Le microscope est un des instruments d'optique qui peuvent

procurer le plus de jouissances, même aux personnes les moins versées dans l'étude des sciences naturelles ; pour le botaniste, c'est un meuble absolument indispensable. — Si l'on étudie les plantes phanérogames ou même les Mousses et les Fougères, au point de vue de l'examen des caractères des genres et des espèces, une bonne loupe, mais mieux encore un bon microscope simple ou loupe montée, peut suffire ; mais si l'on veut étudier la structure et les caractères des Algues et des Champignons, ou faire des observations d'anatomie végétale, il faut dé toute nécessité posséder un microscope composé.

Lorsqu'il s'agit de se procurer des instruments de cette nature, on doit sans hésiter tâcher d'avoir ce qui existe de plus parfait ; mieux vaudrait renoncer à en posséder que d'en acquérir de médiocres ; alors, en effet, le travail le plus assidu ne saurait aboutir qu'à des résultats erronés, et dont l'inexactitude pourrait être démontrée en quelques instants par quiconque emploierait un meilleur instrument (1).

XXVI.

Des microscopes simples.

Il est commode pour les promenades d'avoir une loupe de poche dite *tri-loupe*. Cet instrument se compose de trois loupes de différents diamètres, et donnant par conséquent des grossis-

---

(1) On consultera avec fruit, pour le maniement du microscope, les ouvrages suivants : — DUJARDIN, *Nouveau manuel complet de l'observateur au microscope*, 1 vol. in-12, avec atlas renfermant des figures d'objets microscopiques. 1843. — CHEVALIER (Charles). *Des microscopes et de leur usage*, in-8; avec atlas. 1839. — MANDL, *Traité pratique du microscope, et de son emploi dans l'étude des corps organisés ; suivi de Recherches sur l'organisation des animaux infusoires*, par D.-C.-G. EHRENBERG. 1 vol. in-8, avec planches. 1839.

D'excellents microscopes sont fabriqués par M. G. Oberhaeuser, place Dauphine, 10 ; M. Ch. Chevalier, galerie de Valois, 163 ; M. G. Froment, rue Ménilmontant, 3, et M. Natchet, rue Serpente, 16.

sements différents, variant depuis 4 diamètres jusqu'à 10 diamètres environ ; en combinant les trois loupes ou deux d'entre elles de manière que les centres des lentilles soient exactement superposés, on obtient un grossissement encore plus considérable (1). — Une autre loupe simple, également portative, et qui donne un assez fort grossissement, est la loupe cylindrique dite *microscope Stanhope*. — Enfin, on peut employer comme loupes à main, les doublets les plus puissants, un manche horizontal étant fixé à leur monture.

Pour se servir de la loupe simple, on doit placer la lentille à quelques lignes seulement de distance de l'œil, et l'objet que l'on veut examiner, sous la lentille, à un pouce de distance environ ; on éloigne ou l'on rapproche légèrement cet objet jusqu'à ce qu'on ait trouvé le point où on le voit le mieux, étant placé de telle sorte que la lumière frappe sur la face de l'objet que l'on examine, s'il est opaque, ou le traverse, s'il est transparent.

Pour l'étude, dans le cabinet, des objets d'un certain diamètre et en général des corps opaques, le microscope simple ou loupe montée doit être en permanence. Cet instrument se compose d'une série de loupes de force différente, enchâssées chacune dans une monture circulaire de cuivre ; l'une de ces loupes se place sur un anneau qui termine une tige horizontale fixée à une tige verticale que l'on visse sur la boîte destinée à renfermer l'instrument, et mieux sur un pied lourd de plomb revêtu de cuivre. — La tige verticale porte, au-dessous de la tige horizontale, une tablette percée au centre ou un anneau destiné à recevoir le porte-objet de verre sur lequel on place l'objet à observer ; cette tablette est munie en dessous de diaphragmes, c'est-à-dire, d'une plaque percée d'ouvertures circulaires de différents diamètres que l'on peut à volonté placer sous le porte-objet de manière (si l'on éclaire l'objet par transparence) à permettre à la lumière d'arriver en dessous par une ouverture plus ou moins étroite, la lumière devant, en général, arriver sur l'objet par une ouverture d'autant plus petite que l'objet lui-même

____

(1) Ces loupes sont du prix de 5 à 15 francs.

est moins volumineux et est étudié à un plus fort grossissement. — Enfin la tige verticale porte, au-dessous de la tablette porte-objet, un miroir circulaire mobile destiné à éclairer l'objet en dessous, à travers le porte-objet de verre, en dirigeant sur lui un faisceau de lumière.

La loupe simple ne renversant pas l'image de l'objet, ainsi que le font les microscopes composés, on a avec cet instrument l'avantage de pouvoir disséquer sans difficulté l'objet sous la lentille, ce qui est fort difficile quand la gauche de l'objet paraît à droite et le haut en bas; mais on doit éviter de se servir de cet instrument plusieurs heures consécutives, sous peine de se fatiguer la vue.

On trouve, dans le commerce, des microscopes simples à bas prix et dont on peut à la rigueur se servir; mais le microscope simple de M. Ch. Chevalier (1) est infiniment préférable. Les lentilles de cet instrument, dites *doublets*, qui se composent de deux verres plans-convexes unis par leur face plane, ont sur les loupes ordinaires une grande supériorité.

Chez cet instrument, des mouvements sont habilement ménagés dans tous les sens pour rapprocher ou éloigner l'objet de la lentille, avancer et reculer la lentille, et la porter à droite et à gauche au-dessus de tous les points du porte-objet.

M. Georges Oberhaeuser a construit un microscope composé, dit *microscope pancratique*, dans lequel l'image renversée de l'objet se trouve redressée, et qui, par conséquent, permet, comme la loupe montée, de disséquer aisément, tout en offrant des grossissements plus considérables. Avec les mêmes jeux de lentilles, cet instrument présente des grossissements de 1 à 150 diamètres, par des écartements divers de l'objectif et de l'oculaire; il offre en outre le précieux avantage de moins fatiguer la vue (2).

Mon ami, M. le docteur E. Cosson, a fait construire pour son usage une loupe montée, très avantageuse pour l'étude des plantes phanérogames. Cet appareil présente une certaine analogie avec les loupes dont se servent les horlogers; mais il offre plus de solidité, et peut se prêter à des combinaisons plus variées. Il se

(1) Prix, 100 francs. — (2) Prix, 250 francs.

compose d'un pied de plomb revêtu de cuivre, pesant, bien que peu volumineux. Ce pied, en forme de disque, donne insertion supérieurement à une tige de cuivre munie d'une articulation à sa base et à sa partie moyenne; articulations qui permettent de donner à la tige tous les degrés d'obliquité désirables. On maintient la tige dans la direction où on l'a placée, au moyen de vis de pression qui serrent les articulations. Le bras supérieur de la tige se termine par un manchon dans lequel entre à frottement le manche d'un anneau sur lequel on peut poser des loupes d'un large diamètre et à grossissement peu considérable. Cet appareil est susceptible d'être placé facilement au-dessus d'une plante d'herbier. On peut ainsi examiner les diverses parties d'un échantillon sans qu'il ait été nécessaire d'en détacher des fragments, ce qui est important lorsqu'il s'agit d'échantillons précieux par leur rareté et dont l'intégrité doit être respectée. La loupe ainsi supportée laisse la liberté des deux mains, et permet par conséquent le maniement de l'échantillon et tous les travaux de dissection. — Le large anneau destiné à recevoir les grandes loupes peut à volonté être remplacé par un anneau plus petit, destiné à recevoir des lentilles de Wollaston ou les meilleurs et les plus forts doublets (que l'on peut se procurer isolément). Cet appareil, très simple et peu dispendieux, peut être complété par une table à dissection faite sur le modèle de celle des microscopes, mais indépendante de l'instrument et assez large pour que l'on puisse y appuyer les deux mains; cette table, percée à son centre, est munie d'un miroir réflecteur et de diaphragmes (1).—Enfin, à la loupe ou au doublet, on peut, si l'on veut, substituer un corps de microscope; de cette manière, le porte-loupe est transformé en un microscope composé, commode et peu volumineux.

(1) Cet instrument est exécuté par M. Natchet (rue Serpente, 16), connu par la perfection de ses lentilles achromatiques, et par plusieurs perfectionnements ingénieux dans la construction des microscopes.

XXVII.

Des microscopes composés.

Un microscope se compose essentiellement d'un tube qui, à son extrémité supérieure, reçoit un système de lentilles que l'on nomme *oculaire* et au-dessus duquel on place l'œil, et à son extrémité inférieure reçoit un système de lentilles que l'on nomme *objectif*, et qui est dirigé vers l'objet que l'on examine. Comme dans la loupe montée, une tablette munie de diaphragmes est destinée à recevoir le porte-objet, et un miroir est disposé pour diriger de bas en haut sur l'objet un faisceau de lumière.

Quant à la forme de l'instrument, elle varie selon les combinaisons imaginées par chaque constructeur, et il serait beaucoup trop long de décrire même les principales.

Celui que j'emploie, et qui est adopté par un grand nombre d'observateurs distingués, est celui de M. Georges Oberhaeuser. Ce microscope, parfaitement achromatique et dont l'éclairage est fort beau, présente des grossissements de 4 diamètres à 600 diamètres, et même au delà ; la base de cet instrument, en forme de tambour et fort lourde, donne plus de fixité et de solidité à l'appareil. Le corps du microscope, y compris la platine destinée à recevoir le porte-objet, tourne sur un pivot, le miroir restant fixé sur le pied, de telle sorte que, sans déranger l'objet et sans le perdre de vue, on peut, tout en maintenant le même éclairage, présenter successivement au côté éclairé toutes les parties que l'on doit observer.

La position courbée que l'on garde ordinairement pour observer au microscope devient promptement très fatigante, et c'est pour obvier à cet inconvénient que M. Amici a imaginé son microscope horizontal. M. Charles Chevalier a perfectionné cet instrument en le rendant susceptible de recevoir toutes les directions. — Je puis indiquer, du reste, un moyen bien simple de se servir sans fatigue des microscopes à tube vertical : j'ai auprès de ma table de travail une petite table basse sur laquelle je place mon microscope, de telle sorte que son oculaire soit élevé exactement au niveau de l'œil, sans qu'il me soit nécessaire de me tenir debout et courbé, le papier sur lequel j'écris où je dessine restant placé sur ma table ordinaire et tout près de l'instrument.

L'opticien, en vous livrant son microscope, vous enseignera la manière de vous en servir; mais ce n'est que par un assez long usage que vous saurez utiliser toutes les ressources que peut présenter l'instrument et que vous l'emploierez avec habileté.

Les observations au microscope doivent se faire dans une chambre éclairée d'une seule fenêtre prenant directement jour sur une certaine étendue du ciel. Le voisinage de maisons élevées et de grands arbres qui cachent le ciel ou projettent des reflets colorés, non seulement est toujours nuisible, mais peut rendre l'observation toutàfait impossible; si, par conséquent, vous habitez un appartement dans une rue dont les maisons situées en face dominent vos fenêtres, établissez votre cabinet d'observation dans une mansarde. — Les rayons du soleil sont loin d'être nécessaires; on ne doit s'en servir que rarement; la lumière blanche est la plus avantageuse pour l'observation et celle qui fatigue le moins la vue. Les heures de la matinée, du milieu du jour, lorsque le ciel est sans nuage, sont les plus favorables; la lumière d'une lampe peut, jusqu'à un certain point, remplacer la lumière du jour; mais on fera bien, pour ménager sa vue, d'éviter d'y avoir recours: le résultat obtenu est d'ailleurs moins satisfaisant. — Pour les objets de très petites dimensions, on augmente l'intensité de l'éclairage par l'emploi de diaphragmes à ouverture étroite; on diminue l'éclairage en employant un diaphragme à ouverture large ou même en le supprimant, en variant l'inclinaison du miroir, en plaçant l'objet sur un porte-objet en verre coloré d'une teinte plus ou moins foncée, ou enfin en plaçant devant l'instrument un écran de carton noir présentant une ouverture par laquelle la lumière arrive sur le miroir, et devant laquelle ouverture on peut fixer, avec de la cire molle, un verre coloré.

Pour éclairer en dessus les objets opaques, on se sert d'une large loupe fixée par une tige sur un pied solide, et au moyen de laquelle on dirige un cône de lumière sur la face supérieure de l'objet; si cet objet est blanc, on doit le placer sur un porte-objet de verre noir, et, s'il est noir, sur un porte-objet d'ivoire, ou mieux, composé d'un disque de verre sous lequel on a collé du papier blanc d'un grain très fin. Pour observer un même objet complétement et pour que l'observation présente un plus haut degré de certitude, on doit examiner cet objet non seulement avec une série de grossissements allant du plus faible au plus fort; mais on doit aussi l'étudier avec tous les degrés de lumière possible et en ménageant insensiblement les transitions de la lumière à l'ombre; il va sans dire que l'on doit présenter l'objet à l'observation sous toutes ses faces.

Si l'objet doit être disséqué afin que les parties en soient isolées, on fait la dissection à un faible grossissement sous la loupe montée ou sous le microscope pancratique, puis on transporte sous la lentille du microscope l'objet dont on a fait la dissection. —Jamais on ne doit placer l'objet d'un très petit volume que l'on veut étudier, soit sous la loupe montée, soit sous le microscope, sans l'avoir préalablement détaché avec un scalpel ou des ciseaux fins des parties environnantes, et l'avoir complétement isolé.

Les objets doivent presque toujours être placés dans une goutte d'eau pure, soit pour en faire la dissection, soit pour les soumettre à l'observation; sans cette précaution, les tissus mous se déforment, ils deviennent en quelques instants méconnaissables, et leur aspect peut donner lieu à de graves erreurs. — Néanmoins les objets opaques chargés de poils, certaines graines velues, par exemple, doivent être étudiés hors de l'eau, et après avoir été complétement privés d'humidité, afin que les poils en s'étalant deviennent visibles.

Dans la plupart des microscopes, ce n'est pas le porte-objet qui s'éloigne ou se rapproche de l'objectif, c'est l'objectif que l'on éloigne ou que l'on rapproche de l'objet; en général, on fait pour cela glisser à frottement, dans un tube-gaîne, le tube du microscope, en l'éloignant ou le rapprochant jusqu'à ce qu'on aperçoive l'objet; quant aux très petits mouvements qui restent à faire pour obtenir exactement la distance la plus convenable, on les opère au moyen d'une vis de rappel. — On change à volonté l'oculaire et l'objectif qui se vissent aux deux extrémités.

du tube ; on sera prévenu par l'opticien des oculaires qui peuvent être associés à chaque objectif. — Il est dangereux, pour certains instruments, de dévisser les pièces qui composent un même objectif, car si l'on en intervertit l'ordre, ou si l'on ajoute à l'un une pièce appartenant à l'autre, on ne saura probablement pas rétablir l'ordre sans le secours de l'opticien ; on devra par conséquent éviter soigneusement, en dévissant un objectif de l'extrémité du tube, d'en laisser une partie après le tube en ne dévissant pas au point convenable : pour éviter cet inconvénient, il est utile de faire graver un double numéro d'ordre sur les diverses pièces de chaque objectif, l'un de ces numéros étant celui de l'objectif lui-même, l'autre étant différent pour chaque pièce du même objectif.

Je dois faire remarquer que, dans le microscope, c'est l'objectif qui grossit réellement l'image ; l'oculaire amplifie l'image grossie sans la détailler davantage ni lui donner plus de précision ; il y a donc peu d'avantage à augmenter le grossissement au moyen de forts oculaires. On n'obtient de cette manière qu'une image dilatée analogue à celle qui est produite par le microscope solaire, image qui, malgré ses dimensions immenses, montre souvent l'objet d'une manière moins nette qu'on ne le voit à un grossissement peu considérable.

Pour les études des objets les plus petits, un grossissement de 300 à 400 diamètres est tout à fait suffisant ; il n'est jamais utile d'aller au delà de 600 diamètres. L'image des grossissements supérieurs est tellement obscure, qu'elle cesse d'être utile, et peut même être une cause d'erreur.

Évitez surtout, à moins que ce ne soit comme objet de fantaisie et non d'étude, d'acheter d'anciens microscopes (1) ; les meilleurs de ceux qui étaient construits il y a un petit nombre d'années seu-

----

(1) Le prix d'un bon microscope à plusieurs grossissements et muni des accessoires indispensables, mais à monture légère, s'élève à 150 ou 200 fr. — Le prix d'un microscope très complet peut monter beaucoup plus haut, mais on ne peut l'indiquer même approximativement, car il dépend, en grande partie, des objets accessoires qu'on ajoute à l'instrument lui-même, et qui sont plus ou moins nécessaires, selon le genre d'études auxquelles on veut se livrer. Ces divers objets peuvent d'ailleurs être achetés isolément, au fur et à mesure du besoin que l'on peut en avoir.

lement, sont inférieurs à ceux que l'on obtient aujourd'hui; quant à ceux qui sont très anciens, on doit, à plus forte raison, n'en faire aucun usage.

XXVIII.

Des instruments de dissection et autres objets accessoires du microscope.

Gardez-vous de croire que les outils de dissection qui, en général, accompagnent les microscopes, soient des instruments bons à quelque chose; empressez-vous de retirer de votre boîte ces aiguilles flexibles et ces mauvais scalpels, et de les remplacer par de bons outils à monture solide et à fins tranchants. Le temps n'est plus où l'on disséquait à l'aide d'un canif et d'une aiguille à coudre plus ou moins mal emmanchée. Rendez-vous chez un habile fabricant d'instruments de chirurgie (1); vous y choisirez:

Une paire de ciseaux à branches longues, à lames courtes mais effilées;

Un scalpel à lame triangulaire, dit *couteau à cataracte*;

Deux autres scalpels dont l'un à double tranchant : les lames doivent être petites et de première qualité;

Deux aiguilles emmanchées comme les scalpels, l'une de ces aiguilles droite, l'autre à pointe un peu courbée: ces aiguilles doivent être très robustes dans leur partie inférieure, et aller insensiblement en s'atténuant vers la pointe; il faut qu'elles soient assez fortes pour ne pouvoir fléchir;

Deux aiguilles-scalpels : ce sont des aiguilles robustes comme les précédentes, mais dont l'extrémité se termine en une petite lame triangulaire tranchante et effilée, à dos droit;

Un rasoir de bonne trempe;

(1) Charrière, rue de l'École-de-Médecine; Lüer, place de l'École-de-Médecine, etc.

Enfin une petite pince à dissection d'acier, à mors fins et allongés.

Je renferme tous ces instruments dans une boîte de poche de gainerie, à compartiments; cette boîte n'a que 15 centimètres de longueur, 6 de largeur et 3 d'épaisseur. — Ayez un morceau de peau fine et souple pour essuyer vos scalpels.

Procurez-vous de la moelle de sureau pour essuyer en les frottant légèrement les verres de votre microscope, sur lesquels vous éviterez de poser les doigts et que vous ne frotterez jamais avec un linge, pour ne pas les rayer. — On se sert de cire molle pour fixer sur le porte-objet les objets d'un certain volume que l'on veut étudier dans diverses positions. — Ayez enfin une petite tablette de liége fin, assez épaisse et encadrée d'un cercle de cuivre, pour placer les corps durs que vous voulez couper en appuyant dessus le scalpel; sans cette précaution, le corps glissera sous la lame et sera lancé au loin.

Les porte-objet sont des bandes et des disques de verre parfaitement transparents et d'une certaine épaisseur. Il faut en avoir un certain nombre, plans sur les deux faces. On doit en outre posséder plusieurs porte-objet à cuvette de diverses dimensions. Ces cuvettes sont des cavités peu profondes creusées dans le verre : on peut y faire nager les objets dans une goutte d'eau et les y conserver indéfiniment, pourvu qu'en interrompant l'observation on ait soin de recouvrir la cuvette d'une lame de verre mince qui empêche toute évaporation. On doit avoir pour cet usage un certain nombre de verres dits *à couvrir* : ce sont de petits carrés de verre extrêmement minces et dont la surface est de 15 millimètres carrés. Ces verres sont, en outre, très utiles pour recouvrir les objets minces et transparents, les maintenir en place et éviter l'évaporation de l'eau pendant la durée de l'observation.

Parmi les autres objets qu'il peut être utile d'avoir, je mentionnerai : le *système d'éclairage* de M. Dujardin.

Le *compresseur* n'est pas indispensable. Cet instrument se compose de deux disques de verre entre lesquels on place l'objet que l'on comprime plus ou moins, au moyen d'un levier, pour l'aplatir ou le rendre plus transparent, ce qui peut aider à son étude, quand on l'a déjà examiné sans le comprimer. On obtient presque

ɢ aussi aisément le même résultat avec un simple verre à couvrir
ɛ sur lequel on appuie légèrement avec l'extrémité aplatie d'un
ɪ manche de scalpel.

Le *microtome* est un instrument composé d'une lame courbe
ɔ qui tourne horizontalement sur une platine présentant une ca-
ʳ vité dans laquelle on fixe un corps, un fragment de tige, par
ɔ exemple. Cette lame affleure légèrement la platine en parcourant
ɪ son cercle, et enlève de l'objet une tranche d'une épaisseur mi-
ɔ croscopique. Ces tranches, infiniment minces, et qu'il est diffi-
ᵈ cile de se procurer avec le secours d'un rasoir ordinaire, sont
indispensables à obtenir pour l'étude des tissus. Les microtomes
sont malheureusement fort rares à Paris; ils sont généralement
construits en Angleterre.

Il est commode de posséder un certain nombre d'objets microscopiques préparés avec soin et conservés dans des porte-
objet (1); ils servent de points de repère pour s'assurer, en commençant une observation, que le microscope est éclairé convenablement, et que l'on a atteint le point de la vision nette (2).

XXIX.

Du micromètre.

Le micromètre est un instrument des plus précieux; il sert à
mesurer avec précision les dimensions réelles des objets soumis
au microscope. Le plus parfait et le plus commode des micromètres est celui qui consiste en une échelle micrométrique tracée
sur verre avec une pointe de diamant.

Lebaillif paraît être le premier qui ait fait de ces micromètres.
MM. G. Oberhaeuser et Richer en ont fait ensuite de plus parfaits

(1) Ces objets, empruntés tant au règne végétal qu'au règne animal, sont
préparés avec une rare perfection par M. Bourgogne, rue d'Arcole, 2 *bis*.

(2) On doit avoir soin de maintenir autant que possible le microscope
et les objets accessoires à l'abri de la poussière, sous un globe de verre; on
doit épousseter les verres à l'aide d'un pinceau propre et sec.

et à divisions plus fines : ils sont arrivés à diviser le millimètre en cinq cents parties. Enfin, après eux, M. G. Froment, au moyen d'une machine créée par lui (mise en jeu par l'électricité, et assez complète pour remplir ses fonctions délicates sans l'intervention de la main de l'opérateur), est parvenu à atteindre un résultat plus parfait encore pour la régularité, la beauté des traits, et la finesse des divisions qu'il est arrivé à pousser jusqu'au *millième de millimètre* (1). — L'échelle entière occupe si peu d'espace sur le verre, qu'on ne la découvre que difficilement à l'œil nu, et que si elle n'était pas entourée d'une ligne tracée plus fortement, il serait difficile de la placer sans tâtonnements sous le microscope. Le millimètre est divisé par des lignes longues en dixièmes de millimètre ; chacun de ces dixièmes est divisé par des lignes plus courtes en dix parties ou centièmes de millimètre. On se contente ordinairement de cette division ; cependant, ainsi que je l'ai dit, ces centièmes de millimètre peuvent être eux-mêmes divisés en dix parties ou millièmes de millimètre.

Deux de ces échelles micrométriques sont simultanément nécessaires pour mesurer les objets : l'une, dont les divisions sont grandes relativement à celles de l'autre, consiste, par exemple, en un demi-centimètre divisé en cinquante parties ou dixièmes de millimètre ; l'autre se compose d'un millimètre divisé en centièmes, en cinq-centièmes, ou même en millièmes de millimètre.

L'échelle micrométrique à larges divisions est placée dans l'oculaire du microscope ; elle se dessine par conséquent (un peu grossie par cet oculaire) sur l'objet que l'on soumet à l'observation, et qui est grossi par l'objectif combiné à l'oculaire. Supposons que cet objet soit un cheveu, et que son diamètre occupe, dans le champ du microscope, douze divisions de l'échelle de l'oculaire, en remplaçant le cheveu par le micromètre à divisions fines, celui qui donne des centièmes de millimètre, cette échelle se trouve grossie par le microscope de la même quantité que l'était

(1) Les machines micrographiques de M. G. Froment ont une telle délicatesse de tracé, qu'elles gravent son nom dans un espace moindre qu'un dixième de millimètre, non pas seulement lisible, mais en caractères calligraphiques ayant des pleins et des déliés proportionnés. — Les ateliers de cet habile constructeur d'instruments de précision sont situés rue Ménilmontant, 3.

le cheveu lui-même; or, si pour couvrir le même espace du champ, c'est-à-dire, douze de ses divisions, il faut sept divisions du micromètre, c'est-à-dire, sept centièmes de millimètre, il est vrai de dire que le diamètre du cheveu est lui-même de sept centièmes de millimètre.

L'échelle micrométrique placée dans l'oculaire n'est, ainsi qu'on vient de le voir, qu'un point de repère qui permet de substituer à l'objet observé un certain nombre de divisions du micromètre.

Cette échelle de l'oculaire peut être remplacée par deux petites pointes qui apparaissent dans le champ du microscope, et que l'on fait marcher à la rencontre l'une de l'autre en tournant deux vis, jusqu'à ce qu'elles soient en contact : — un objet étant soumis à l'observation microscopique, un cheveu, par exemple, on rapproche les deux pointes placées dans l'oculaire jusqu'à ce qu'elles paraissent en contact avec les deux bords opposés du cheveu, qu'on retire alors, et qu'on remplace comme précédemment par le micromètre.

On conçoit combien il est facile d'apprécier la grandeur relative d'un dessin qui représente grossi un objet dont le volume réel a été déterminé; il suffit, pour cela, de poser sur le dessin un décimètre gradué, et d'établir les proportions entre la taille connue de l'objet et la grandeur de son image.

Dans la plupart des microscopes, un même jeu de lentilles ne donne qu'un même grossissement; il suffit donc de mesurer ce grossissement une seule fois pour connaître le degré d'amplification des divers objets dont on grossit l'image au moyen de ce même jeu de lentilles.

Le procédé employé pour déterminer la puissance d'amplification d'un jeu de lentilles est des plus simples; il s'agit seulement de regarder en même temps, d'un œil, l'échelle micrométrique grossie par le microscope, et, de l'autre œil, un double décimètre gradué, placé parallèlement à l'image. — Il est évident, par exemple, que si le millimètre grossi par l'instrument occupe sur le double décimètre l'espace d'un décimètre, le grossissement du jeu de lentilles est de cent fois le diamètre de l'objet. — Mais on conçoit que, selon que l'on rapproche ou qu'on éloigne de l'œil le double décimètre, ce double décimètre paraissant plus grand ou plus petit, il peut, pour un même objet grossi, donner les mesures les plus différentes. Il faut, pour cette évaluation, convenir d'une distance déterminée à maintenir entre l'œil et le double décimètre : soit, par exemple, que l'on place le double décimètre sur la platine ou table à dissection de l'instrument, c'est-à-dire, au même niveau que l'objet observé ; soit, et mieux encore (car la longueur du tube du microscope varie dans divers instruments pour un même grossissement), que l'on place le double décimètre à la distance de la vision nette pour les petits objets, celle, par exemple, à laquelle on place un livre pour le lire, distance qui, du reste, varie pour chaque observateur.

L'image paraissant d'autant plus amplifiée qu'elle est reçue sur une surface plus éloignée de l'œil de l'observateur ; le degré d'amplification est en réalité plus considérable pour les observateurs presbytes (à vue longue) que pour les observateurs à vue plus courte, qui sont obligés, pour bien voir, de placer l'objet à une plus faible distance. Du reste, si les premiers voient l'image plus grande que les seconds, ces derniers ne la voient pas moins nettement.

Je dois ajouter que, comme caractère botanique, la dimension des objets est d'une valeur très secondaire relativement à l'importance de la forme ; car, entre les individus d'une même espèce microscopique, comme entre les individus des espèces de grande taille, et dans leurs divers organes, la taille varie souvent dans des limites assez étendues. Aussi l'observateur doit-il, pour être exact autant que possible, indiquer les chiffres extrêmes qui résultent de l'observation d'un grand nombre d'objets de même nature, ou la moyenne de ces chiffres, et non la mesure d'un objet isolé. La précision de cette mesure, prise isolément, peut même induire en erreur relativement à la taille possible des autres objets de la même nature ou des autres individus de la même espèce. Quant aux fractions infiniment petites relativement au nombre lui-même, et qui semblent témoigner d'une grande exactitude dans l'observation, elles peuvent être négligées sans qu'il y ait à cela le moindre inconvénient.

XXX.

Du Camera lucida.

Le *camera lucida*, ou chambre claire, mérite un chapitre à part ; c'est un des plus précieux instruments qui puissent venir en aide au dessinateur. Il se compose essentiellement d'un prisme de verre à trois faces ; ce prisme est soutenu horizontalement au moyen d'une tige que l'on fixe à la table de travail par une vis de pression, et qui, au moyen de coulisses et d'articulations, peut s'allonger ou se raccourcir à volonté, et prendre toutes les directions. Le meilleur *camera* est celui de M. Charles Chevalier (1). Cet habile opticien a singulièrement perfectionné cet instrument.

Ayant fixé, au bord de la table de travail, la tige de votre *camera*, vous élevez le prisme au-dessus de la table, au niveau auquel sont vos yeux lorsque vous dessinez, c'est-à-dire, à une hauteur telle que vous puissiez, de là, voir très bien la pointe de votre crayon, ce dont vous vous assurez en plaçant immédiatement sur la table et sous l'instrument votre feuille de papier et en y traçant des lignes. — Puis vous placez vis-à-vis du prisme, et à la même hauteur, l'objet que vous voulez dessiner. Ayez pour cet usage un support composé d'une tige de cuivre fixée à un pied lourd, comme le sont les tiges des lampes portatives ; à cette tige verticale doit être adaptée une tige horizontale mobile, glissant à frottement sur la tige verticale, et terminée par un plateau sur lequel vous placez à la hauteur convenable l'objet que vous voulez dessiner, je pourrais dire calquer.

Tout étant ainsi disposé, et le prisme étant placé horizontalement, vous dirigez celle de ses faces qui est découverte vis-à-vis de l'objet que vous vous proposez de copier, cette face étant dirigée perpendiculairement au sol (la face supérieure du prisme se trouve horizontale et l'un des angles se présente à vous).

Si vous placez votre œil au-dessus et près de cet angle, vous voyez l'image de l'objet portée sur le papier que vous avez placé

(1) Le prix du *camera lucida* est environ de 100 francs.

sous l'instrument. Prenant alors votre crayon et le posant sur le papier, vous avez l'agréable surprise d'en voir la pointe en même temps que l'image de l'objet, dont vous pouvez par conséquent suivre tous les contours comme vous le feriez en calquant une gravure. Je n'ai vu personne, se servant pour la première fois de cet instrument, ne pas être en extase en présence du résultat obtenu, comme devant un prodige.

Vous éprouverez cependant d'abord une certaine difficulté à bien voir en même temps l'image portée et la pointe de votre crayon, voyant alternativement l'une sans l'autre : cela tient à l'intensité relative de l'éclairage de l'objet copié, et du papier sur lequel est portée l'image. Il faut, pour bien voir, que l'objet soit le plus éclairé possible, et le papier le moins possible ; vous aurez donc un écran en carton que vous placerez entre le côté d'où vient la lumière et votre papier, pour y porter de l'ombre, et vous chercherez le point le plus convenable entre l'excès d'ombre et l'excès de lumière. Ne vous attendez pas, du reste, à voir l'image et votre crayon avec le même éclat et la même netteté que vous voyez l'un sans l'autre : il ne faut pas vouloir trop bien voir, c'est-à-dire obtenir plus que l'instrument ne peut donner ; contentez-vous de voir l'image dans un demi-jour, c'est tout ce qu'il faut pour en suivre aisément les contours. Quelquefois vous perdrez l'image de vue ; cherchez alors, par de petits mouvements de tête, en avançant et en reculant, à retrouver le point d'où vous pouvez la voir.

Une autre difficulté, que vous aurez d'ailleurs complétement vaincue après quelques jours d'exercice, consiste à conduire le crayon ; l'illusion de l'image est telle que l'on s'imagine dessiner sur l'objet lui-même, et qu'on perd la notion de la distance à laquelle se trouve le crayon ; de telle sorte que l'on hésite d'abord, et que l'on appuie trop ou trop peu.

Ayez bien soin surtout de fixer solidement, d'une part, le prisme, et, d'autre part, l'objet que vous voulez dessiner ; si l'un ou l'autre se dérange avant l'achèvement du dessin, il vous est impossible de le replacer exactement dans sa situation première, et vous vous trouvez dans la nécessité de recommencer. Il va sans dire que vous placez l'objet dans la position qui vous convient, en regardant l'image portée sur le papier et non en regardant l'objet sur son support.

Quant au papier, il peut indifféremment être dérangé pendant le travail ; vous le replacez aisément dans sa première situation, en plaçant les lignes tracées sur l'image correspondante.

Si vous voulez dessiner l'objet de sa grandeur naturelle, placez-le à une distance du prisme, égale à la distance qui sépare le prisme du papier qui reçoit l'image ; si vous voulez grossir l'image, rapprochez l'objet du prisme ; éloignez au contraire l'objet (toujours en ligne droite et en face du prisme) si vous voulez avoir l'image rapetissée. Enfin, si c'est un objet très peu volumineux et que vous désiriez en grossir assez fortement l'image, placez devant le prisme une loupe disposée à cet effet.

Vous pouvez prendre pour premier sujet de vos études de dessin au *camera* des groupes de Champignons ; aucun autre modèle ne produit un plus agréable résultat.

XXXI.

Du Camera lucida appliqué au microscope.

Une combinaison vraiment merveilleuse est celle du *camera lucida* et du microscope ; cette alliance des deux instruments dépose sur le papier l'image amplifiée à un degré quelconque, et il ne vous reste qu'à en suivre les contours avec le crayon.

Il serait beaucoup trop long de décrire ici la forme et la structure des divers *camera lucida* appliqués au microscope ; celui qui s'applique à la loupe montée, et qui est dit *miroir de Wollaston*, a été perfectionné par M. Ch. Chevalier. Celui que M. Georges Oberhaeuser a imaginé pour être adapté à son microscope composé est d'un usage assez facile. On peut encore appliquer aux microscopes composés le *camera* de M. Doyère.

Le *camera lucida*, appliqué au microscope, augmente malheureusement l'amplification de l'image, sans pour cela rendre l'image plus nette ; au contraire, elle perd de la lumière. Du

6.

reste, plus le papier sur lequel l'image se dépose est rapproché du prisme, moins l'image est amplifiée, et *vice versâ*, les rayons qui la constituent allant en divergeant. On peut d'ailleurs calquer en les réduisant, ces images trop fortement amplifiées, au moyen de l'instrument nommé *pantographe*.

Pour connaître la grandeur relative du dessin et de l'objet, on doit placer le verre où est tracée l'échelle micrométrique à la place de l'objet dont la figure est dessinée; l'image grossie de cette échelle se trouvant alors portée par le *camera* sur le calque de l'objet lui-même, et les deux images se trouvant grossies dans la même proportion, il suffit d'appliquer sur le dessin un décimètre gradué, pour voir à quelle division correspond un des centièmes de millimètre grossi. S'il correspond à un millimètre, le diamètre de l'image est cent fois le diamètre réel de l'objet; s'il correspond à un centimètre, le diamètre de l'image est mille fois le diamètre réel de l'objet, etc.

L'objectif du microscope, qui avant le placement du *camera* se trouvait au point exact pour la vision de l'objet, cesse d'être à la distance convenable de l'objet lorsqu'on retire l'oculaire pour le remplacer par le *camera* (qui renferme un autre oculaire); c'est en tâtonnant et par l'habitude, qu'on retrouve le point convenable: on y est arrivé lorsque l'image apparaît nettement sur le papier qui a dû être placé, ainsi qu'il a déjà été dit, plus ou moins dans l'ombre au moyen d'un écran.

XXXII.

De la dissection des plantes.

Il est beaucoup plus avantageux d'avoir à étudier et à disséquer une plante vivante qu'une plante sèche ramollie; car non seulement l'étude des organes, lorsqu'ils sont à l'état frais, est plus facile, mais cette étude présente des chances bien plus nombreuses d'une rigoureuse exactitude.

Aussi, lorsque l'on peut recueillir soi-même la plante qui est l'objet d'une étude, doit-on faire en sorte de la soumettre à l'observation sans différer. Si l'on ne peut en trouver le temps, il faut non seulement dessécher l'échantillon, mais en conserver les parties qui doivent être soumises aux recherches analytiques ou devenir l'objet d'une description (des fleurs, des fruits, etc.) en les mettant dans un flacon plein d'alcool.

Malheureusement il est impossible, dans un grand nombre de cas, de se procurer vivante la plante dont on a besoin, et l'on doit s'estimer très heureux lorsque l'on peut s'en procurer des échantillons secs. Pour pouvoir soumettre à l'étude ces plantes sèches, on en détache des ramuscules de fleurs, des fruits, ou tout autre organe, et on les soumet à quelques minutes d'ébullition dans l'eau, ou bien, si les tissus sont très délicats, on se contente de les plonger dans de l'eau chaude et de les y laisser séjourner pendant qu'elle se refroidit; on est surpris de voir avec quelle rapidité, sous l'influence de l'eau chaude, les organes déformés par la compression, desséchés, plissés, chiffonnés et racornis depuis de longues années, reprennent leur forme et presque leur consistance primitive: les fruits redeviennent pulpeux, les graines se ramollissent, les corolles retrouvent leur forme primitive, et les diverses parties reprennent leurs dispositions respectives et leurs rapports naturels.

Un appareil très commode pour faire ramollir des fragments de plantes consiste en la tige de métal fixée à un pied solide, et que j'ai décrite comme porte-objet pour le *camera* ordinaire, le plateau du porte-objet étant remplacé par un anneau sur lequel on pose une capsule que l'on remplit d'eau et dans laquelle on place le fragment à ramollir, puis on chauffe la capsule en maintenant au-dessous la flamme d'une lampe à alcool.

Un autre appareil encore plus simple et plus portatif existe dans le commerce (1): il consiste en une lampe de cristal à alcool, d'un certain poids, et terminée par un goulot cylindrique qui donne passage à la mèche; c'est à ce goulot qu'est adaptée, au

(1) Quincaillier pour les horlogers, rue Saint-Honoré, 156. — Fabrique de produits chimiques, maison Robiquet, rue des Francs-Bourgeois-Saint-Michel, 8.

moyen d'un anneau qui s'enfonce à frottement, la tige métallique qui porte l'anneau horizontal sur lequel on dépose la capsule pleine d'eau destinée à faire bouillir le fragment de plante.

Lorsque les organes sont tellement ramollis par l'ébullition qu'ils manquent complétement de consistance, on les retire de l'eau et on les place dans de l'alcool concentré où on les laisse séjourner quelque temps; l'alcool, en absorbant l'eau qui les pénètre, les dessèche sans les déformer et leur rend une consistance assez ferme pour que l'étude en soit possible.

Lorsqu'il s'agit, au contraire, de plantes conservées dans l'alcool, les tissus sont tellement fermes qu'ils n'ont plus d'élasticité et sont très cassants; on remédie à cet inconvénient en les retirant de l'alcool et en les plongeant dans l'eau, où on les laisse séjourner plus ou moins longtemps.

La dissection est dite *organique* lorsqu'elle a pour but d'isoler les parties de la fleur, du fruit et de la graine les unes des autres, afin d'en étudier les formes, la situation et les rapports.

La dissection est dite *anatomique* lorsqu'elle a pour but la connaissance exacte de la nature des organes et l'examen des tissus qui les constituent.

Une loupe ou un microscope simple peut suffire dans presque tous les cas pour les dissections organiques, et pour les études analytiques dont le but est la distinction des espèces phanérogames, et même de la plupart des espèces cryptogames entre elles. Pour les dissections anatomiques, au contraire, on doit avoir à sa disposition les microscopes les meilleurs et les plus puissants, les scalpels les plus fins et les pointes les plus effilées.

Bien que l'observation des détails anatomiques demande souvent des grossissements considérables, on tenterait vainement de disséquer à l'aide de ces grossissements; non seulement, en effet, le microscope composé, en renversant l'image, rend les mouvements des scalpels et des aiguilles très difficiles à diriger, mais le peu de distance qui sépare l'objectif de l'objet rend la dissection presque impossible.

C'est donc sous la loupe montée, ou le microscope pancratique, que les dissections, même anatomiques, doivent être préparées à un grossissement peu considérable, pour être de là transportées

ε sous les lentilles les plus puissantes du microscope. On voit
ι alors si la dissection est suffisante : si elle est incomplète, on
ʏ reporte l'objet sous la loupe pour l'achever, ou bien on recom-
ʍ mence la dissection sur une autre pièce, jusqu'à ce que l'on soit
ɪ parvenu à obtenir un résultat satisfaisant.

Je rappellerai encore ici que la plupart des dissections, tant des
ɪ organes pris sur une plante vivante que sur une plante ramollie
ɪ dans l'eau, doivent être faites dans une goutte d'eau. L'eau em-
ɪ pêche les objets de fuir sous le scalpel, en facilite la séparation,
ɪ en empêche le desséchement, et enfin ajoute à la transparence, et,
ɪ par conséquent, facilite l'observation.

Certains organes sont doués d'une propriété hygrométrique en
vertu de laquelle leurs appendices s'enroulent ou se replient sur
eux-mêmes sous l'influence de l'humidité, et ne s'étalent que sous
l'influence de la sécheresse : tels sont les dents du péristome de
l'urne des *Mousses*, les poils des aigrettes des *Composées*, etc.
Lors donc que ces organes ont été soumis au ramollissement dans
l'eau, leur état de contraction en rend l'étude presque impossible ; on remédie à cet inconvénient en les plaçant sur une lame
de verre, ou mieux sur une bande de papier fort que l'on fait
chauffer légèrement, et le plus rapidement possible, au-dessus de
la flamme de la lampe à alcool. Immédiatement les divisions des
péristomes s'étalent, et les faisceaux de soies des aigrettes s'épa-
nouissent ; seulement alors ces organes peuvent, avec utilité,
être soumis à l'observation.

XXXIII.

Du jardin du Botaniste.

A l'exception des directeurs d'un jardin public de botanique, il
est assez rare que les botanistes aient un jardin qu'ils consacrent
à des études sur la nature vivante.

La possession d'un jardin peut cependant fournir aux botanistes amis de l'étude, ou même désireux seulement de compléter à certains points de vue leurs collections, d'amples dédommagements du temps qu'ils pourraient consacrer à la culture.

Il n'est pas toujours nécessaire que ce jardin soit d'une vaste étendue, mais il est indispensable qu'il soit bien aéré, et puisse recevoir de toutes parts les rayons du soleil. Un cours d'eau naturel traversant le jardin est une circonstance précieuse dont on peut obtenir les plus utiles résultats; mais cette disposition est exceptionnelle, et ce n'est guère le plus souvent qu'au moyen d'une conduite artificielle que l'eau peut y être amenée. Un bassin doit être destiné à recevoir les pots où sont plantées les espèces aquatiques et qui doivent être maintenus submergés; l'eau doit se renouveler incessamment dans ce bassin, et de là être conduite dans un ou plusieurs tonneaux ou bassins destinés aux arrosages.

Une plantation d'arbrisseaux touffus doit être établie pour servir d'abri aux plantes des forêts. Des amas de pierres meulières et même de gravois doivent être disposés pour recevoir les plantes des rochers et des murailles. Selon l'extension que l'on doit donner aux cultures, et selon la nature des plantes que l'on veut cultiver, on peut se contenter d'établir une ou plusieurs bâches recouvertes de châssis vitrés, ou une serre vitrée susceptible, au moyen d'un poêle ou d'un calorifère, d'être maintenue pendant l'hiver à la température chaude ou tempérée.

Le sol du jardin doit être substantiel et léger, et chaque année on doit entretenir sa fertilité par des engrais, afin de le rendre propre aux cultures qui doivent être faites en pleine terre. Mais je recommande la culture en pots pour le plus grand nombre des plantes qui doivent servir à l'étude. Ce mode de culture permet de transporter au besoin les plantes cultivées dans les lieux ombragés ou exposés au soleil, de les désherber aisément, de renouveler au besoin la terre qui les nourrit quand elle est épuisée, et de les rentrer sous la bâche, s'il le faut en hiver; enfin, par la culture en pots on est moins exposé à perdre, comme cela arrive souvent en pleine terre, les bulbes et les tubercules, souvent détruits par les insectes ou par une humidité trop prolongée. Les pots doivent être disposés en lignes dans des plates-bandes et enfoncés dans la serre jusqu'au bord, afin qu'ils soient constamment à l'abri de la sécheresse.

Pour les cultures soignées des plantes en pots, on doit en général se servir de terre de bruyère ; presque toutes les plantes y réussissent parfaitement. Celle qui convient aux plantes bulbeuses, et au plus grand nombre d'espèces annuelles ou vivaces, est la terre de bruyère dite à gros grains ; cette terre est légère, bien que substantielle, et contient une assez forte proportion de sable siliceux très fin. La terre de bruyère noire, de consistance grasse et compacte, et qui serait mieux nommée terre tourbeuse, convient aux plantes des tourbières et aussi à certains arbrisseaux (tels que les *Azalea* et les *Camelia*), qui sont cultivés par les horticulteurs plutôt que par les botanistes.

Il est donc nécessaire d'avoir toujours un ample approvisionnement de pots de diverses grandeurs, de terre de bruyère et de terre tourbeuse, de terre argileuse, de terreau, de fumier, et même de sable fin, etc., pour être en mesure de placer les diverses espèces dans des conditions aussi analogues que possible à celles où elles se trouvent dans la nature, et aussi dans des conditions dissemblables, si l'on se livre aux études d'expérimentation.

Les pots doivent être soigneusement étiquetés : on trouve dans le commerce des étiquettes de plomb, ou de porcelaine, portant des numéros, et qui sont d'un usage précieux en ce qu'elles sont inaltérables ; un catalogue soigneusement tenu doit présenter la même série de numéros, suivis du nom des espèces et des observations relatives à la culture ou à l'expérimentation qui peuvent s'y rattacher, ainsi que la date du semis ou de la plantation, etc. Mais ce système a l'inconvénient d'obliger à des recherches continuelles dans le catalogue, qu'il faut modifier et recommencer à mesure que les espèces cultivées sont remplacées par d'autres.

Il est plus commode de pouvoir écrire sur l'étiquette elle-même le nom de la plante et tous les renseignements qui peuvent y être relatifs ; ces étiquettes détaillées dispensent en effet de la tenue rigoureuse d'un catalogue. On peut se servir, pour cet usage, de petites palettes de bois, larges de 3 centimètres et effilées en pointe à la base, revêtues d'une couche de blanc de céruse, et sur lesquelles on peut écrire avec un crayon de mine de plomb ; mais la pluie et l'humidité ne tardent pas à en effacer l'écriture. Je trouve préférable, pour mon usage particulier, l'emploi d'étiquettes coupées dans une feuille de zinc. Pour avoir un nombre suffisant de ces coupures de même taille et de même forme, on se procure chez un plombier une ou plusieurs feuilles de zinc, qu'on lave avec un mélange d'eau et d'acide hydrochlorique, et que l'on fait couper en bandes de 10 centimètres de largeur ; puis on fait subdiviser ces bandes en carrés ou parallélogrammes de 4 centimètres de largeur ; enfin, on fait couper diagonalement chacun de ces parallélogrammes, de manière à obtenir avec chacun deux étiquettes en forme de triangle allongé, et qui sont destinées à être enfoncées dans la terre du pot par leur pointe. Pour écrire sur ces étiquettes le nom de la plante et autres renseignements, on se sert d'une encre dont la préparation est facile. En voici la composition :

Vert-de-gris (acétate de cuivre)	15 grammes.
Sel ammoniac (hydrochlorate d'amm.). .	15 grammes.
Noir de fumée.	8 grammes.
Eau distillée.	75 grammes.

Faites, avec les trois premières substances, une pâte homogène, puis délayez en ajoutant l'eau peu à peu. — Pour se servir de cette encre, on doit préalablement agiter le flacon qui la contient, et écrire avec une plume d'oie.

La culture d'un jardin peut rendre de grands services au botaniste qui se livre à l'étude des espèces ; il peut, par des semis successifs, s'assurer si telle plante doit être considérée comme espèce ou comme variété, selon qu'elle se reproduit avec des caractères constants ou qu'elle retourne au type duquel elle était dérivée. Que de questions difficiles à résoudre sur la plante sèche, sont simplifiées par l'étude sur la plante vivante que l'on peut souvent obtenir, par des semis, dans un assez court intervalle de temps ! C'est encore le moyen de compléter les échantillons d'herbier, que l'on peut ainsi se procurer à toutes les périodes de la végétation. Mais un des résultats les plus précieux est de pouvoir étudier complétement, et à loisir, les divers modes de végétation, au point de vue des souches et des racines ; les collections sèches ne pouvant en général fournir que des renseignements insuffisants sur ces importantes questions.

Le cabinet d'un botaniste physiologiste ne doit être en quelque sorte qu'une dépendance de son jardin; c'est dans son jardin qu'il doit épier les secrets de la nature, à laquelle il s'efforce de surprendre, à l'aide des procédés de la culture, les secrets qu'elle ne laisse ravir qu'à de constantes sollicitations.

C'est dans ce laboratoire agreste et fleuri qu'il lui est réservé d'étudier les limites dans lesquelles les unions entre espèces différentes peuvent s'effectuer, ainsi que les curieux résultats de ces hybridations; c'est là que, par mille ingénieuses tentatives et de fréquentes méditations, il prépare l'explication des phénomènes obscurs, et fait l'application des lois de la physiologie végétale au perfectionnement des procédés de la culture.

XXXIV.

De la bibliothèque du Botaniste.

Ne pouvant indiquer ici qu'un nombre très restreint d'ouvrages, relativement au nombre de ceux qui existent, je ne mentionnerai que quelques-uns des plus utiles, en les choisissant presque exclusivement parmi ceux qui sont écrits dans les langues française ou latine.

La collection dont je donne le catalogue, bien qu'ainsi restreinte, serait non-seulement très dispendieuse à se procurer, mais presque impossible à compléter pour certains ouvrages, déjà anciens, ou devenus très rares; ces ouvrages rares ou dispendieux peuvent être consultés dans les grandes bibliothèques. — Il me serait difficile d'indiquer d'une manière précise ceux d'entre les ouvrages cités dont je conseille l'acquisition aux personnes désireuses de se livrer à l'étude des plantes, puisque l'importance de la bibliothèque est relative au temps que l'on peut consacrer à l'étude.

Si l'on ne veut acquérir que des notions élémentaires mais

exactes de la science, on se contentera d'un ou plusieurs des traités généraux énumérés, en donnant, si le choix est restreint, la préférence à l'un des plus récents. — Si l'on désire se livrer à l'étude des espèces, on ajoutera au traité général une Flore de la contrée que l'on habite, et même des contrées les plus voisines. — Si l'on veut acquérir des idées générales sur la structure des familles et des genres de toutes les plantes connues, on devra posséder les *Genera*, et particulièrement celui d'A. L. de Jussieu, et celui d'Endlicher. — Enfin si on se livre d'une manière spéciale à l'étude de la botanique, on pourra avoir besoin non seulement de tous les livres que j'ai indiqués, mais de beaucoup d'autres. La fréquentation des bibliothèques, les citations des auteurs, et l'ouvrage de bibliographie de M. Pritzel révèleront l'existence de ces divers ouvrages et mettront le botaniste à même de les chercher et de les consulter.

Un grand nombre de publications botaniques importantes sont publiées sous la forme de mémoires et de brochures souvent tirés à un nombre d'exemplaires des plus limités, et dont la rareté augmente la valeur, puisqu'il est souvent impossible de se les procurer ou de remplacer ceux qui seraient égarés. Ces précieux documents doivent donc être mis en ordre et conservés avec le plus grand soin, afin qu'ils puissent aisément être consultés au besoin. Ils doivent être classés par ordre d'auteurs, et les auteurs classés par ordre alphabétique. La série de fascicules qui résulte de cette classification est placée dans des cartons analogues à ceux de l'herbier, c'est-à-dire à dos extensible au moyen de courroies qui unissent les deux feuilles libres de carton qui les composent.

Ouvrages élémentaires et traités généraux d'Organographie et de Physiologie végétale.

Linné. *Philosophia botanica* in qua explicantur fundamenta botanica ; cui accedit Critica botanica. 1 vol. in-8, editio quarta, 1787. — Traduction française (A. Quesné) 1788. Ouvrages devenus rares.

De Candolle (A. Pyr.). *Théorie élémentaire de la botanique*, ou exposition des principes de la classification naturelle et de l'art de décrire et d'étudier les végétaux. 1 vol. in-8, dernière édition, 1844. Cette édition a été publiée par *M. Alphonse De Candolle.*

De Candolle (A. Pyr.). *Organographie végétale*, ou description raisonnée des organes des plantes. 2 vol. in-8, 1827-1844. (Accompagné de 60 planches.)

— *Physiologie végétale*, ou exposition des forces et des fonctions vitales des végétaux. 3 vol. in-8, 1832.

De Candolle (Alph.). *Introduction à l'étude de la Botanique*, ou traité élémentaire de cette science. 2 vol. in-8, 1835.

De Saint-Hilaire (Auguste). *Leçons de botanique* comprenant principalement la *Morphologie végétale.* 1 vol. in-8, 1840, avec gravures.

Richard (Achille). *Nouveaux éléments de botanique* et de physiologie végétale. 1 fort vol. in-8, avec gravures intercalées dans le texte ; septième édition, 1846.

De Jussieu (Adrien). *Cours élémentaire de botanique*, à l'usage des collèges et des maisons d'éducation. 2 vol. grand in-18, avec gravures intercalées dans le texte.
Une nouvelle édition est imprimée presque chaque année.

Le Maout (Emm.). *Leçons élémentaires de botanique*, fondées sur l'analyse de cinquante plantes vulgaires , et formant un traité complet d'organographie et de physiologie végétale. 1 vol. in-8 , en deux parties, avec gravures intercalées dans le texte.

— *Atlas élémentaire de botanique*, avec le texte en regard , comprenant l'organographie, l'anatomie , et l'iconographie des familles d'Europe. 2340 fig. intercalées dans le texte, 1 vol. in-4, 1846.

Gaudichaud (Charles). *Recherches sur l'organographie*, la physiologie et l'organogénie des végétaux. 1 vol. in-4, 1841, avec planches coloriées.

Lindley (J.). *An introduction to botany.* 4ᵉ édit. 2 vol. avec fig. 1848.

Schleiden (M.-J.). *Grundzüge der wissenschaftlichen Botanik.* 2ᵉ édit., 1845 ; 3ᵉ édit., 1ʳᵉ partie, 1849.

Ouvrages généraux sur la classification des plantes.
Genera et Species

Pitton de Tournefort. *Institutiones rei herbariæ.* 1 vol. de texte et 2 vol. de planches. In-4, 1717-1719.

LINNÉ. *Genera plantarum eorumque characteres naturales.* 1 vol. in-8, 1737. Sixième édit., 1764.

— *Species plantarum.* édit. 3ᵉ, 2 vol. in-8, 1764.

— *Systema naturæ.* Édit. 12, 3 vol. in-8, 1766-1768. (Vegetabilia, vol. 2.)

MURRAY. *Caroli a Linné Systema vegetabilium.* edit. 14. In-8, 1784.

WILLDENOW, C. L. *Linnæi Species plantarum.* 5 vol. in-8, 1797-1810.

DE JUSSIEU (Antoine-Laurent). *Genera plantarum secundum ordines naturales disposita.* 1 vol. in-8, 1789.

C'est dans cet important ouvrage que l'illustre botaniste a fondé la classification naturelle des plantes.

ENDLICHER (Steph.). *Genera plantarum secundum ordines naturales disposita.* 1 vol. in-4, 1836-1840.

Cet ouvrage, malheureusement assez dispendieux en raison de son volume considérable, est le plus indispensable pour l'étude de la classification et de l'organisation des familles et des genres des plantes du monde entier.

— *Enchiridion botanicum exhibens classes et ordines plantarum.* 1 vol. in-4, 1841.

Cet ouvrage, abrégé du précédent, donne la description de toutes les familles et l'énumération méthodique et alphabétique de tous les genres connus, ainsi que de précieuses indications sur la distribution géographique et les propriétés médicales et usages des plantes dans les principaux groupes végétaux.

MEISNER (C.-F.). *Plantarum vascularium genera.... tabulis diagnosticis exposita.* Deux parties; 1 vol. in-fol., 1836-1843.

SCHNIZLEIN (Adalbert). *Iconographia familiarum naturalium regni vegetabilis delineata,* atque adjectis familiarum characteribus adnotationibusque variis tum scientiam tum usum spectantibus exornata. Commencé en 1843; en voie de publication. Les familles Cryptogames, Monocotylédonées et la première partie des Dicotylédonées ont déjà paru.

NEES AB ESENBECK (Fr.-Lud.). *Genera plantarum Floræ germanicæ iconibus et descriptionibus illustrata.* 1833-1835; en voie de publication.

Après la mort de l'auteur, l'ouvrage a déjà eu plusieurs continuateurs : Spenner Putterlick, et Stéph. Endlicher; ces trois botanistes ayant succombé dans un court intervalle de temps, de nouveaux auteurs se sont unis pour l'achèvement de cet important et utile travail. — Tous les genres de l'embranchement des monocotylédonés, tous les genres de la classe des Apétales et une partie de ceux de la classe des Gamopétales sont actuellement publiés. L'ouvrage paraît par livraisons de 20 planches in-8, accompagnées chacune d'un texte explicatif.

PERSOON. *Synopsis plantarum, seu Enchiridion botanicon.* 2 vol. in-18, 1805-1807; assez rare.

ROEMER ET SCHULTES. *Systema vegetabilium.* 7 tomes en 8 volumes in-8, 1817-1830; resté incomplet.

— *Mantissa.* 3 vol. in-8.

SPRENGEL. *C. Linnæi Systema vegetabilium.* 5 vol. in-8, 1825-1828.

DE CANDOLLE (A.-P.). *Prodromus systematis naturalis regni vegetabilis.* In-8, vol. 1-7, 1824-1838. Continué : vol. 8-12, 1844-1850, par M. Alph. De Candolle et plusieurs autres botanistes ; en voie de publication.

Toutes les familles de la classe des Dialypétales, presque toutes celles de la classe des Gamopétales, et quelques unes de la classe des Apétales sont actuellement publiées.

KUNTH. *Enumeratio plantarum omnium hucusque cognitarum secundum familias naturales disposita.* 5 vol. in-8, 1833-1850.

Cet ouvrage a été interrompu par la mort de l'auteur. Les deux premiers volumes contiennent les Graminées et les Cypéracées, et les trois volumes suivants plusieurs autres familles de l'embranchement des Monocotylédonées.

WALPERS (G.). *Repertorium botanices systematicæ.* 6 vol. in-18, 1842-1848.

— *Annales botanices systematicæ.* In-8. 1848-1849. Doit être continué.

Ces deux ouvrages contiennent les descriptions des plantes qui n'ont pas été comprises dans le *prodromus* de De Candolle et les autres grands traités généraux.

Flores locales.

DE LAMARCK et DE CANDOLLE. *Flore française.* 3e édition, 4 vol. in-8 en 5 parties. Un 6e vol. supplémentaire, entièrement de De Candolle, contient de nombreuses additions à la Flore française.

Ouvrage toujours justement recherché, devenu rare.

DE CANDOLLE et DUBY. *Botanicon Gallicum.* 2 vol in-8, 1828-1830.

KOCH (J.). *Synopsis floræ Germanicæ et Helveticæ.* 1 vol. in-8, 1837; 2e édition, 1844.

Cet ouvrage est un des plus utiles à consulter pour l'étude des plantes du centre, du nord et de l'est de la France.

REICHENBACH. *Flora Germanica excursoria.* 2 vol. in-18, 1830-1832.

— *Icones floræ Germanicæ et Helveticæ* 10 vol. in-4, 1834-1848.

Les familles des Graminées, des Renonculacées, Caryophyllées, Crucifères et plusieurs autres familles Dialypétales ont été publiées.

— *Iconographia botanica seu plantæ criticæ*, in-4. Centuriæ 1-10, 1823-1832.

Smith (J.). *English botany.* 20 vol. de planches. In-8, 1790-1814.
— *Flora Britannica.* 3 vol. in-8, 1800-1804. 2e édit., 6 vol , 1828-1834.

Hooker (W.-J.) et Arnott (W.). *British flora.* 6e édit., 1 vol. in-8, 1850.

R. Brown et Aiton. *Hortus Kewensis* 2e édit., 5 vol. in-8, 1810-1813.

Kunth. *Flora Berolinensis.* 2 vol. in-12, 1838.

Cet ouvrage, l'un des mieux traités au point de vue descriptif, est des plus riches en observations organographiques.

Cosson et Germain (de Saint-Pierre). *Flore descriptive et analytique des environs de Paris.* 1 vol. grand in-18, de plus de 800 pages, en deux parties, texte compacte , avec une carte. 1845.

— *Atlas de la Flore des environs de Paris*, ou Illustration de la plupart des Espèces litigieuses de cette région, avec des notes descriptives et un texte explicatif en regard. 1 vol. grand in-18, contenant 42 planches présentant la figure ou les caractères de 200 espèces.

Au nombre des genres dont toutes les espèces de la Flore sont figurées, nous citerons les genres *Ranunculus* (sect. *Batrachium*), *Adonis, Fumaria, Cerastium, Geranium, Polygala, Drosera, Epilobium, Cuscuta, Myosotis, Veronica, Euphrasia, Utricularia, Orobanche* et *Phelipœa, Mentha, Marrubium, Galium, Valerianella, Filago* et *Logfia, Salix, Ophris, Platanthera, Carex* (sect. *Distans*), *Chara* et *Nitella.*

— *Synopsis* analytique de la Flore des environs de Paris, ou Tableaux dichotomiques destinés à faire parvenir aisément au nom des genres et des espèces. 1 vol. grand in-18.

Grenier et Godron. *Flore de France*, ou description des plantes qui croissent naturellement en France et en Corse. Grand in-18. Formera 3 vol. de 808 pages, en voie de publication.

Boreau (A.). *Flore du centre de la France* et du bassin de la Loire. 2 vol. in-8, 1re édit., 1840 ; 2e édit., 1849.

Lloyd. *Flore de la Loire-Inférieure.* 1 vol. in-12, 1844.

Godron. *Flore de Lorraine.* 3 vol. grand in-18, 1843.

De Brébisson. *Flore de la Normandie.* 2e édit.; 1 vol. in-12, 1849.

Soyer-Villemet. *Observations sur quelques plantes de France,* etc. 1 vol in 8, 1828.

Kirschleger. *Flore d'Alsace.* In-12 ; en voie de publication.

Villars. *Histoire des plantes du Dauphiné.* 3 vol. in-8, 1796-1789.

Mutel. *Flore du Dauphiné.* 2 vol. grand in-18, 1830. — Le même auteur a publié une *Flore française destinée aux herborisations.* 4 vol. in-12, avec planches, 1834-1837.

I Picot de Lapeyrouse. *Histoire abrégée des plantes indigènes des Pyrénées.* 1 vol. in-8, 1813.

I Bentham. *Catalogue des plantes indigènes des Pyrénées.* 1 vol. in-8, 1826.

I H. Lecoq et M. Lamotte. *Catalogue raisonné des plantes vasculaires du plateau central de la France.* 1 vol. in-8, 1848.

I Cosson. *Notes sur quelques plantes critiques rares ou nouvelles.* 1848 ; en voie de publication.

Ces notes comprennent spécialement l'étude des plantes nouvelles pour la Flore française, des notices sur les plantes de la région méditerranéenne et particulièrement l'Espagne, dont l'auteur étudie actuelleme t la végétation.

Thurmann. *Essai de phytostatique appliquée à la chaîne du Jura et aux contrées voisines.* 2 vol. in-8 avec planches.

L'espace me manque pour ajouter à cette liste de Flores locales plusieurs autres ouvrages estimables ; je ferai remarquer néanmoins qu'il n'existe pas de Flore spéciale moderne pour la partie méridionale de la France. Les plantes de la région méditerranéenne doivent être étudiées dans les ouvrages suivants :

Bertoloni (A.). *Flora Italica.* 7 vol. in-8, 1833-1851.
La fin de l'ouvrage est en voie de publication.

Gussone (J.). *Floræ Siculæ synopsis.* 2 vol. in-8, 1843.

Moris. *Flora Sardoa.* 2 vol. in-4, avec planches ; en voie de publication.

Boissier (E.). *Voyage botanique dans le midi de l'Espagne,* etc. 2 vol. grand in-4, 1839-1845 ; avec planches.

Desfontaines. *Flora Atlantica.* 2 vol. in-4, 1778-1799 ; avec planches.

Durieu de Maisonneuve. Partie botanique de l'*Exploration scientifique de l'Algérie* pendant les années 1840-1842. In-4, avec planches ; en voie de publication.

Webb et Berthelot. *Histoire naturelle des îles Canaries.* 8 vol. in-4 avec atlas de planches in-fol., 1836-1843.

Ouvrages sur la Cryptogamie.

Bauer et Hooker (W. J.). *Genera filicum ; or illustrations of the genera of ferns.* in-4. Fig. coloriées.

Martius (C.-S.-P.). *Flora cryptogamica Erlangensis*, etc. 1 vol. in-8, avec planches, 1817.

Hedwig. *Descriptio et adumbratio muscorum frondosorum*, etc. 4 vol. in fol., 1787 1797, avec planches.

Hooker (W.-J.). and Taylor (Th.) *Muscologia Britannica*. 1 vol. in-8, avec planches; 2ᵉ édition.

Bridel-Brideri. *Bryologia universa*; avec planches. 2 vol. in-8. 1826.

Bruch, W.-P. Schimper et Th. Gumbel. *Bryologia Europæa, seu genera muscorum europæanum monographice illustrata*. In-4.
Quarante-trois fascicules sont actuellement publiés, renfermant la plupart des genres (le genre *Hypnum* n'est point encore publié.)— Cet excellent et magnifique ouvrage renferme la figure et l'analyse grossie, admirablement dessinées, de toutes les mousses de l'Europe.

Muller (C.). *Synopsis muscorum frondosorum*. 2 vol. in-8 ; le deuxième volume est en voie de publication. 1849.

Webber (F.) et Mohr. *Filices, Musci et Hepatici*. In-12, fig., 1807.

Gottsche, Lindenberg et Nees. *Synopsis Hepaticarum* ; in-8, 1844-1847.

Ekart (T.-Ph.). *Synopsis Jungermanniorum in Germania*... In-4, 1832.
Toutes les espèces sont figurées grossies.

Fries (Elias). *Lichenographia Europæa reformata*. 1831.

Acharius. *Lichenographia universalis... adjectis figuris*. 1 vol. in-4, 1810.

— *Methodus qua omnes detectos Lichenes, ad genera, species*, etc., *redigere tentavit*. 2 vol. in-8, fig. col., 1803.

Kützing (Fried.). *Species Algarum*. 1 vol. in-8 de 922 pages ; 1849.

Persoon (C.-H.). *Mycologia Europæa, seu completa omnium fungorum in variis Europæa regionibus detectorum enumeratio, methodo naturali disposita. Cum tabulis coloratis, sectio prima, secunda et tertia, pars prima*. 1822-1828. (Resté incomplet.)

Agardh (J.-G.). *Species, Genera et Ordines Algarum*. 1848.

Bulliard. *Herbier de la France* (Champignons). 600 planches coloriées et 3 vol. de texte, petit in-folio ; 1793.

Harvey (W.-H.). *Phycologia Britannica*, or a History of british sea-weeds, containing coloured figures, generic and specific characters, synonymes, and descriptions of all the species of algæ inhabiting the shores of the british islands. In-4. 1846-1850. 318 planches coloriées sont déjà publiées.

Corda (A.-C.-J.). *Anleitung zum Studium der Mycologie.* 1 vol. in-8, 1842, avec planches.

Fries. *Systema mycologicum, sistens Fungorum ordines genera et species.* 1831-1838; 3 tomes et 2 suppl. en 7 vol. in-8. — *Elenchus Fungorum.*

Payer (J.). *Botanique cryptogamique*, ou Histoire des familles naturelles des plantes inférieures. 1850. 1 vol. grand in-8, avec 1105 figures représentant les principaux caractères des genres.

On devra consulter les articles importants publiés par M. le docteur Léveillé, dans le *Dictionnaire universel d'histoire naturelle*, sur la famille des Champignons, et particulièrement l'article *Mycologie*, où il expose sa classification, et l'article *Agaricus*. J'engage aussi à étudier les excellents articles généraux publiés par M. C. Montagne dans le même ouvrage, et particulièrement les articles *Mousses*, *Lichens*, *Hépatiques* et *Phycées* (Algues).

Dictionnaires.

Dictionnaire des sciences naturelles. 60 vol. in-8, 1816-1830.

Dictionnaire classique d'histoire naturelle. 16 vol. in-8, 1822-1830.

Dictionnaire universel d'histoire naturelle. 13 vol. grand in-8, 1841-1849.

Cet important ouvrage est le dictionnaire le plus complet qui ait encore été publié; il renferme, sur les différentes parties de la science, des articles d'une grande étendue et du premier mérite. On peut acquérir le texte sans les planches.

Steudel (E.). *Nomenclator botanicus* enumerans ordine alphabetico nomina atque synonyma tum generica tum specifica. 1re édit., 2 vol. grand in-8; le premier, consacré à la phanérogamie; le second à la cryptogamie. 1821-1824 ; 2e édit., 1 vol. in-4 de 800 pages, contenant seulement la phanérogamie ; 1841.

Cet ouvrage, qui était d'une grande difficulté d'exécution, est indispensable pour les recherches synonymiques approfondies; son volume considérable le rend d'un prix assez élevé.

Pritzel. *Thesaurus litteraturæ botanicæ.* In-4, 1847-1850; en voie de publication.

Cet ouvrage est le seul qui donne la liste complète et alphabétique des ouvrages botaniques publiés jusqu'à ce jour, avec toutes les indications utiles pour les recherches; dans la deuxième partie du livre, l'auteur donne la classification des ouvrages par ordre de matières. Les amis de la science font des vœux pour que le savant et consciencieux auteur complète cet utile ouvrage par la liste des mémoires et articles divers publiés dans les différents recueils où il est souvent difficile de les découvrir.

Collections de mémoires ou publications périodiques.

Collections françaises de mémoires en voie de publication : *Annales des sciences naturelles* (1re série, 1824-1833 ; 2e série, 1834-1843 ; 3e série, 1843-1851). — *Archives du Muséum d'histoire naturelle.* — *Comptes rendus de l'Académie des sciences.* — *Mémoires présentés à l'Académie des sciences.* — *L'Institut, journal universel des sciences et des sociétés savantes.* — *Bulletin des séances de la Société philomatique de Paris.* — *Comptes rendus des séances de la Société de biologie.* — *Congrès scientifiques de France,* etc.

Collections françaises de mémoires terminés ou ayant cessé de paraître : *Annales du Muséum d'histoire naturelle.* 20 vol. in-4, 1800-1813. — *Mémoires du Muséum d'histoire naturelle.* 20 vol. in-4. — *Nouvelles annales de la Société linnéenne de Paris.* 6 vol. in-8. — *Mémoires de la Société d'histoire naturelle de Paris.* 4 vol. in-4. — *Bulletin général des nouvelles scientifiques,* sciences naturelles. 1824-1830, 21 vol. in-8, par Férussac. — *Revue botanique.* 2 vol. in-8, 1846-1847, par P. Duchartre, etc.

Collections étrangères de mémoires : *Mémoires de l'Académie de Bruxelles. Nouveaux mémoires de l'Académie de Bruxelles. Mémoires couronnés par l'Académie de Bruxelles.* — *Mémoires de l'Académie impériale des sciences de Saint-Pétersbourg.* — *Transactions of the Linnæan Society of London.* In-4. — *Journal of Botany,* par M. Hooker. — *Botanische Zeitung.* In-4, 1844-1851, par MM. Hugo Mohl et Schlechtendal. — *Flora, oder algemeine Botanische Zeitung.* In-8, 1800-1851. — *Linnœa, ein Journal für die Botanik.* In-8, 1826-1851. Plusieurs mémoires renfermés dans cette importante collection sont écrits en latin.

Ouvrages d'horticulture.

Le bon Jardinier, par MM. Poiteau, Vilmorin, Decaisne, Neumann et Pepin. 1 vol. in-12 de 1500 pages. Une nouvelle édition est publiée chaque année. — *Maison rustique du XIXe siècle.* 5 vol. in-4, avec gravures dans le texte ; le Ve volume (*Encyclopédie d'horticulture*), constitue un ouvrage distinct. — *Art de faire les boutures,* par Neumann. 1 vol. in-12. — *Traité des plantes fourragères,* par Lecoq. 1 vol. in-12. — *Cours élémentaire d'arboriculture.* 1 vol. grand in-18, avec figures intercalées dans le texte, par Dubreuil. — *Pomologie française,* recueil des plus beaux fruits cultivés en France (publié par genres) ; gravures noires ou coloriées, avec un texte descriptif par Poiteau. Il est à désirer que cet utile ouvrage trouve une suite dans la publication de la belle collection de légumes et de plantes potagères que M. Vilmorin a fait exécuter à l'aquarelle. — *Flore des serres et des jardins de l'Europe.* In-8. Publication mensuelle d'une livraison de texte accompagnée de 10 planches coloriées ; 6 volumes, de 12 livraisons chaque, sont publiés. — *Arboretum et fructicetum Britannicum,* par Loudon. 4 vol. in-8, 352 planches, plus 2,546 figures intercalées dans le texte. — *Revue horticole,* journal d'horticulture pratique, par les rédacteurs du *Bon Jardinier.* In-12. Une livraison avec planche coloriée paraît le 1er et le 15 de chaque mois. — *Annales de la Société centrale d'horticulture de France,* journal des progrès du jardinage. In-8. 12 livraisons par an.

Collections de figures coloriées de plantes d'ornement.

Herbier général de l'amateur, description, histoire, etc., des végétaux utiles et agréables, par Lemaire. 195 livraisons in-4 de 2 à 4 gravures coloriées.

Botanical Magazine. In-8. De 1797 à 1799, par Curtis ; continué jusqu'en 1826 par J. Sims ; continué jusqu'à nos jours par Sir W. Hooker. 4,500 figures de plantes coloriées sont actuellement publiées.

Botanical Register. In-8. Fondé en 1815 par J.-B. Ker ; dirigé par M. J. Lindley jusqu'à la fin de 1847, époque où cet ouvrage a cessé de paraître. 3,000 figures de plantes coloriées ont été publiées.

Botanical Cabinet. Fondé en 1818 par MM. Loddiges ; renferme la figure de 2,000 espèces.

British Flower-garden. Dirigé par R. Sweet. 1823-1838. Renferme 712 figures.

Magazine of botany and register of flowering plants. Dirigé par J. Paxton. 1re série, 16 volumes. — Une deuxième série est commencée par M. Lindley

Ces magniques collections sont d'un prix très élevé.

Collections de plantes publiées ou en voie de publication.

Fries *Herbarium normale* (plantes de Norvége, Suède, Laponie, etc.). 13 centuries. (Cette publication a été commencée en 1834.)

Hochstetter et Steudel. *Unio itineraria Esslengensis* (publication de plantes recueillies par des botanistes voyageurs attachés à la société dite *Unio itineraria :* plantes du Portugal, des Açores, de Sardaigne, des Pyrénées, d'Alger, d'Égypte, d'Arabie, de Nubie, d'Abyssinie, du Cap, des États-Unis, etc.). Un grand nombre de centuries ont été publiées.

REICHENBACH. *Flora Germanica exsiccata*. 26 centuries; la dernière a paru en 1846.

SCHULTZ (F.-G.), à Bitche. *Flora Galliæ et Germaniæ exsiccata*. Herbier des plantes rares et critiques de la France et de l'Allemagne.

Ces plantes sont nommées et préparées avec le plus grand soin. Douze centuries ont été déjà publiées; se continue. Prix : 20 fr. la centurie par abonnement, 25 fr. chez le libraire.

BILLOT (à Haguenau). *Herbier servant de complément aux plantes du Dr F. Schultz*, en voie de publication.

Plusieurs centuries ont déjà paru : les échantillons sont complets et bien préparés. On peut aussi obtenir les plantes de M. Billot par échange. Prix : 10 fr. la centurie.

BUCHINGER. *Comptoir botanique d'échanges* (à Strasbourg).

M. Buchinger a publié des catalogues comprenant un nombre considérable d'espèces intéressantes, qu'il offre au choix en échange de plantes rares recueillies en échantillons plus ou moins nombreux.

Société française d'exploration botanique, fondée et entretenue par les souscriptions annuelles de nombreux botanistes (à Paris).

Il a déjà été publié des collections de plantes des Pyrénées espagnoles, de Corse, des environs de Toulon, de Savoie, des collections recueillies pendant deux voyages en Espagne, et une centurie de plantes de l'Algérie. La Société fera poursuivre l'exploration de l'Espagne, du Portugal, d'autres parties de l'Europe et de l'Algérie. Les plantes sont déterminées avec soin par des botanistes connus. Pour les souscriptions, s'adresser à M. Bourgeau, rue des Blancs-Manteaux, 11, à Paris.

PUEL et MAILLE (à Paris). *Herbier des flores locales de France*.

Cinquante espèces de cette collection sont publiées. Les mêmes botanistes annoncent d'autres collections sous les titres de : *Herbier de la Flore Française*, et *Herbier des Flores européennes*. — Les conditions de la souscription ont pour base un système d'échanges.

DESMAZIÈRES. *Plantes cryptogames de France*. 1re et 2e éditions.

La deuxième édition, commencée en 1836, et en voie de publication, se compose actuellement de 1550 plantes des diverses familles Cryptogames.

MOUGEOT (J.-B.) et NESTLER (C.). *Stirpes cryptogamæ Vogeso-renana*. 1200 espèces ; 1843.

La collection est suivie d'un *Index alphabeticus*.

KNEIFF et MÆRCKER. *Musci frondosi quos in Alsatia, Helvetia et Germania collegerunt*. Strasbourg, 1825-1832. (250 espèces réparties en 10 fascicules).

DE BRÉBISSON. *Mousses de la Normandie*. Falaise, 1826-1839. (200 espèces réparties en 8 fascicules.

LLOYD (J.). *Algues de l'ouest de la France*. Fascicules de 20 plantes chacun; quatorze fascicules sont publiés.

Cette collection est une des plus précieuses par la beauté et la belle préparation des échantillons, le nombre des espèces et leur exacte détermination. Prix de chaque fascicule : 6 fr. 25 c.

S'adresser, pour les acquisitions de livres, à la librairie médicale et scientifique de V. MASSON, *place de l'École-de-Médecine*, 17.

LIVRE DEUXIÈME.

DE LA RECHERCHE DES PLANTES.

I.

De l'Espèce, de la Variété et des Hybrides.

Tous les individus végétaux qui offrent les mêmes caractères, et dont les graines semées pendant plusieurs générations consécutives reproduisent des individus présentant ces mêmes caractères, constituent une *Espèce* botanique.

On sait que les groupes formés d'espèces voisines par leurs caractères ont reçu le nom de *Genres*; — que les genres qui présentent entre eux certaines analogies dans les organes de la floraison ou de la fructification constituent, par leur agglomération, des groupes qui ont reçu le nom de *Familles* (en latin *Ordines*); — et que les familles sont à leur tour groupées, selon les analogies qu'elles présentent entre elles, en agglomérations plus générales nommées *Divisions*, *Classes* et *Embranchements*; embranchements au nombre de trois, et qui sont désignés généralement par les noms de *Dicotylédones*, *Monocotylédones*, et *Acotylédones* (ou *Cryptogames*).

Un très petit nombre de botanistes étudient les plantes à un point de vue assez général pour avoir à se préoccuper de leur disposition en *Familles*; relativement aux plantes de l'Europe, l'arrangement auquel on est déjà parvenu ne paraît pas d'ailleurs avoir des modifications bien importantes à subir. Il est beaucoup plus fréquent que l'on puisse avoir à modifier la délimitation des caractères qui circonscrivent le plus naturellement un *Genre*.

Mais c'est la délimitation des espèces qui exerce surtout la sagacité des botanistes descripteurs. Il semblerait cependant, d'après la définition que nous avons donnée de l'*espèce*, que cette délimitation étant faite par la Nature elle-même, il ne puisse y avoir entre les botanistes de graves dissidences à cet égard ; les difficultés et les dissidences tiennent à ce que les individus obtenus de graines d'une même espèce sont susceptibles de varier dans certaines limites, et affectent des formes générales souvent assez différentes entre elles, selon que la plante s'est développée dans un terrain maigre ou riche, à l'ombre ou au soleil, tardivement ou de bonne heure, par la sécheresse ou pendant une saison pluvieuse.

Mais si l'on resème les graines de cette seconde génération ou de l'une des générations suivantes, dans les circonstances où l'espèce se développe librement à l'état sauvage, on peut être certain de voir reparaître le *type primitif* ou *espèce normale* dont l'essence est d'être variable dans ses caractères secondaires, mais invariable dans ses caractères essentiels, et qui doit seul, par conséquent, recevoir un nom spécifique. Si, à chacune des *Formes* ou *Variétés* accidentelles et présentant souvent toutes les nuances ou dégradations possibles entre elles, on attribuait un nom différent, la nomenclature tomberait dans un dédale dans lequel les auteurs mêmes de tous ces noms seraient les premiers à s'égarer.

Rien ne s'oppose, cependant, à ce que l'on donne des noms particuliers à chaque variété d'une même espèce, pourvu que l'on considère ces noms de variétés comme des dépendances du nom spécifique réel qui doit toujours les précéder. Les noms propres, en permettant de désigner les principales variétés de chaque espèce, facilitent même à l'étude de ces formes souvent si multipliées.

C'est surtout chez les espèces cultivées dans les jardins que le nombre des *variétés* et des *variations* est considérable ; chez quelques unes il peut, pour ainsi dire, être augmenté à l'infini ; mais quelque éloignées d'aspect que ces variétés puissent être du type primitif, si pour ces plantes comme pour toutes les autres on sème les graines dans les lieux où l'espèce-type est susceptible de croître spontanément et sans culture, et qu'on les y abandonne, on verra les types primitifs reparaître après une ou plusieurs générations.

Du reste, les variétés et les variations que l'on obtient dans les jardins par la culture sont si multipliées et l'on reproduit si rarement la même par les semis, que les amateurs d'horticulture ont dû renoncer à donner des noms particuliers aux variétés des plantes annuelles. Ils n'ont donné de noms particuliers qu'aux variétés des plantes vivaces qui peuvent se reproduire par éclats, par caïeux, de bouture, ou par greffe, et dont un même individu peut fournir une postérité nombreuse et aussi prolongée qu'il convient aux besoins de l'horticulture.

Telles sont les variétés d'*Œillet* obtenues de graines, et qui se perpétuent et se multiplient indéfiniment par les éclats de la souche ; ces éclats constituant bientôt chacun une nouvelle touffe que l'on divise à son tour. Telles sont encore les variétés d'arbres, des *Poiriers* ou des *Rosiers*, par exemple, obtenues d'un semis, et qui peuvent être répandues dans le monde entier et être reproduites indéfiniment au moyen de la greffe ou par bouture. Dans ces différents cas, c'est un même individu que l'on fractionne à l'infini et dont chaque fragment devenu individu complet est susceptible d'être fractionné à son tour. Mais à partir du jour où les horticulteurs cesseraient de diviser, de bouturer et de greffer, toutes les variétés de plantes vivaces et d'arbres fruitiers ou autres cesseraient d'exister avec les individus qui les représenteraient alors ; les graines de ces individus ne reproduisant pas nécessairement la même variété, et tendant, ainsi que je l'ai déjà dit, à reproduire la forme primitive, sinon immédiatement, du moins après une suite plus ou moins nombreuse de générations.

Il en est de ces variétés comme de certaines espèces d'arbres dioïques, dont un sexe seulement a été naturalisé dans une contrée éloignée du pays où elles sont indigènes, et qui, par conséquent, ne sauraient y être propagées que par bouture. Tels sont le *Saule pleureur* (*Salix Babylonica*), originaire de l'Asie, et duquel nous ne possédons que des individus femelles ; et le *Peuplier pyramidal* (*Populus fastigiata*), indigène en Italie, et dont nous ne possédons en France que des individus mâles ; tous nos *Saules pleureurs* et tous nos *Peupliers d'Italie* proviennent, en effet, de boutures recueillies originairement pour chaque espèce sur des arbres d'un même sexe.

Une cause de variation dont je n'ai point encore parlé est l'*hy-*

bridation : il paraît constant, qu'une plante dont la fleur est fécondée par la fleur d'une autre espèce appartenant au même genre produit des graines qui, étant semées, donnent naissance à des individus dont les formes sont intermédiaires entre les formes des deux parents, et que ces hybrides se reproduisent de graine une ou plusieurs fois consécutivement; mais si l'on sème les graines dans les conditions dans lesquelles les plantes mères se développent spontanément, on verra la plante résultant du semis revenir à l'un des deux types primitifs après un certain nombre de générations.

Linné, dans l'immense travail de délimitation et de classification qu'il avait à faire de toutes les espèces du règne végétal connues à l'époque où il vivait, ne pouvant trouver le temps d'étudier à fond toutes les espèces de chaque genre, dut quelquefois se résoudre à réunir provisoirement un groupe d'espèces voisines, bien que distinctes, sous une seule et même désignation d'espèce. C'est ainsi qu'il avait réuni sous le nom de *Valeriana Locusta* plusieurs espèces de Valerianelles, dont il avait, du reste, distingué la plupart, comme variétés, avec les botanistes antérieurs, et que, faute de temps pour une étude approfondie, il considérait comme des formes d'un même type. — Les botanistes qui ont succédé à Linné ont eu par conséquent à subdiviser ces espèces multiples, et à dénommer les espèces distinctes qu'elles pouvaient renfermer.

Mais il est arrivé une époque où (la plupart des plantes de l'Europe, ou du moins les plus faciles à se procurer, étant connues, classées et nommées), des botanistes désireux de perfectionner la science et d'attacher leur nom à la découverte de nouvelles espèces, ne trouvant plus de types véritablement distincts à isoler, se sont plu à séparer les variétés et les plus légères variations des types auxquels elles appartiennent, pour les élever nominativement au rang d'espèce.

C'est alors qu'à la confusion qui était résultée, à une époque antérieure, d'un nombre de noms plus petit que le nombre des espèces, a succédé la confusion inverse et bien plus préjudiciable résultant d'un nombre de noms supérieur de beaucoup, dans certains genres, au nombre des espèces. — Une espèce du genre *Rubus* fut divisée en plus de vingt espèces ; plus tard ce fut le tour des *Rosa*, et successivement enfin de toutes les plantes dites *polymorphes* et sujettes à varier.

Ces jeux faciles ne présentent aucun inconvénient, toutes les fois qu'ils restent renfermés dans les monographies où ils sont exposés par leurs auteurs ; dans ces conditions ils peuvent même être utiles en appelant l'attention sur des variétés intéressantes jusqu'alors négligées, pourvu toutefois que les auteurs qui ont adopté ce système donnent des descriptions claires et méthodiques des variétés qu'ils ont élevées au rang d'espèce, et qu'ils n'augmentent pas la difficulté de les reconnaître en les éloignant, dans leurs livres, des espèces auxquelles elles doivent être rattachées.

Mais dans les traités généraux et les Flores, on doit se garder soigneusement de cette tendance à la *pulvérisation de l'espèce*, qui aurait pour résultat de rendre impossible d'appliquer un nom incontestable aux plantes les plus vulgaires et jusque-là les mieux connues.

II.

Des plantes communes et des plantes rares.

Lorsque l'on commence à étudier et à recueillir des plantes, il semblerait que l'on dût immédiatement s'intéresser surtout à celles que l'on est susceptible de rencontrer partout, et qui constituent la masse de la végétation du pays que l'on habite, ou à celles auxquelles on attribue des propriétés médicinales, ou même qui sont du domaine de la culture.

Le plus généralement, il n'en est point ainsi : un fâcheux préjugé fait au contraire que toute l'attention se porte d'abord sur les plantes regardées comme rares, et que l'on appelle de *bonnes plantes*, quelle que soit, du reste, le genre de beauté de ces espèces, et abstraction faite de l'intérêt qu'elles peuvent présenter.

Cela tient en partie à l'habitude que l'on a de considérer comme précieux les objets rares, et de les désirer par cela même que tous ne peuvent les posséder; une autre raison, en apparence plus plausible, est que l'on a toujours le temps et la facilité de recueillir les espèces que l'on a sous la main, et que d'ailleurs on peut au besoin les voir vivantes et les consulter; mais le plus ordinairement on se contente de cette possibilité, et il est bon nombre d'herbiers dans lesquels les plantes dites *rares* se trouvent en abondance, tandis que les plantes vulgaires y manquent complétement ou y sont à peine représentées.

Qu'est-ce, en définitive, qu'une plante rare ? C'est une plante qui se trouve accidentellement ou en très petit nombre dans la contrée que l'on habite, mais qui est presque toujours commune dans une contrée plus ou moins éloignée. Il en résulte que si tous les botanistes suivaient le même principe, les plantes ne seraient jamais cherchées que là où on a le moins de chances de les trouver, et seraient négligées dans tous les lieux que la Nature leur a réellement assignés pour domicile; une plante rare n'est réellement meilleure qu'une autre que par la difficulté de se la procurer ou l'impossibilité où l'on pourrait être de la remplacer si l'on venait à la perdre. Mais lorsqu'on se livre à l'étude de la végétation d'un pays, ce sont celles dont on doit le moins se préoccuper dès l'abord, et ce sont au contraire les plantes communes que l'on doit les premières bien connaître et posséder.

Ce sont en effet les plantes abondantes qu'il est commode d'étudier, en raison de la facilité que l'on a de se les procurer à tous les états et en quantité suffisante; ce sont aussi ces plantes dont il est facile de préparer des spécimens complets à toutes les périodes de leur végétation et qu'on peut recueillir, tant en fleurs qu'en fruits, dans toutes leurs variétés.

C'est seulement lorsqu'on possède et que l'on connaît bien toutes les plantes qui constituent le fond de la végétation du pays que l'on habite, que celles qui s'y trouvent rarement peuvent devenir l'objet d'un véritable intérêt, et qu'on doit attacher de l'importance à leur recherche, non pas seulement pour compléter la collection, mais aussi pour se rendre compte des circonstances qui déterminent leur présence. C'est ainsi que telle espèce peut caractériser une veine ou un ilot de terrain isolé dans la contrée, et dont le terrain analogue n'occupe une grande étendue que beaucoup plus loin ; et que tel échantillon isolé peut indiquer l'extrême limite géographique septentrionale ou méridionale d'une plante abondante dans une région voisine.

Une question intéressante à étudier est aussi la naturalisation d'une espèce introduite accidentellement dans le pays avec des graines de céréales ou de toute autre manière; et il importe de s'assurer si cette espèce dépaysée cesse au bout d'un certain temps de se reproduire, ou si elle persiste et se naturalise; et dans ce cas, si elle présente quelques différences d'aspect avec l'état qui lui est habituel dans le pays d'où elle est originaire.

Commencez donc par bien connaître les arbres de vos forêts, les Graminées de vos prairies, les Cypéracées de vos étangs et de vos tourbières, toutes les plantes, en un mot, qui vous entourent ou que vous foulez constamment sous vos pieds ; et lorsque vous connaîtrez les plantes communes assez à fond pour qu'en en recueillant un fragment au hasard, vous puissiez avec certitude reconnaître l'espèce à laquelle ce fragment appartient (autant que l'état de l'objet peut le permettre), vous chercherez avec d'autant plus d'intérêt et de plaisir les plantes rares, que vous vous les serez réservées pour l'instant où vous n'en aurez plus d'autres à recueillir.

III.

Des diverses Stations des plantes.

Le Créateur, en variant à l'infini les forces et les conditions d'existence, je pourrais dire les mœurs et les tempéraments de tous les êtres vivants, a rendu les végétaux susceptibles d'être répartis dans les contrées du globe les plus dissemblables par le climat et la température, et d'être propres, les uns ou les autres, à peupler tous les points de chacune de ces contrées.

Aussi les différences les plus grandes existent-elles, non seulement entre les flores des pays situés sous des latitudes très diverses, mais, dans un même pays d'une certaine étendue, de la France, par exemple, entre la flore des montagnes, celle des plaines des climats tempérés, et celle des plaines des contrées méridionales.

En effet, le climat normal qui, pour une zone donnée, résulte de la latitude, est le plus souvent modifié par de nombreuses circonstances locales. Quelques unes de ces circonstances déterminent, pour certains points, un climat en réalité septentrional au centre d'une contrée tempérée ; la principale de ces causes locales consiste dans l'altitude des montagnes. C'est ainsi que, les sommets de ces montagnes sont couverts de glace et de neige dans le même temps qu'une température élevée règne dans les plaines qui s'étendent à leur base ; et que ces points élevés présentent la végétation de la Norvége au centre de pays méridionaux occupés, à un niveau moins élevé, par les plantes des latitudes tropicales.

D'autres circonstances agissent en sens inverse et déterminent dans des pays sinon froids, du moins tempérés, un climat qui les assimile aux contrées véritablement méridionales : c'est ainsi que certaines gorges exposées au midi, et dont les terrains, d'un blanc éclatant, réfléchissent et concentrent les rayons du soleil, élèvent la température à un degré bien supérieur à celui qu'elle peut atteindre en dehors de ces circonstances locales. Le climat de la région méditerranéenne en France, qui donne lieu, presque sans transition, à une végétation si caractérisée, n'est pas seulement le résultat de la latitude méridionale : les vents chauds qui arrivent sur les côtes de la Provence, après avoir traversé les plaines brûlantes de l'Afrique ; et surtout l'exposition en espalier tourné vers le midi et abrité des vents du nord par la chaîne des Alpes, en sont en grande partie les causes déterminantes.

Un exemple frappant des différences qui existent dans la distribution des végétaux pour des points peu éloignés d'une même contrée, selon les circonstances locales qui peuvent en modifier le climat, peut être puisé dans la circonscription même de la flore des environs de Paris : en effet, tandis qu'à Étampes, sur des coteaux exposés au midi, et dont le terrain de couleur blanche réfléchit sur les plantes les rayons du soleil, nous rencontrons des plantes méridionales, telles que le *Tragus racemosus*, tandis que nous trouvons à Malesherbes le *Carduncellus mitissimus*, et dans les rochers de Fontainebleau l'*Allium flavum* et le *Phalangium Liliago* ; dans des localités éloignées seulement de quelques lieues vers le nord, nous rencontrons des plantes des contrées septentrionales ou des montagnes élevées, telles que : l'*Aconitum Napellus*, l'*Actæa spicata*, le *Senecio Fuchsii*, les *Vaccinium Myrtilus* et *Vitis-idæa*, et même le *Swertia perennis*. Il y a plus, à deux lieues de distance à peine, on trouve : à Versailles, le *Ranunculus parviflorus*, et à Louveciennes, l'*Impatiens Nolitangere*.

D'autres flores doivent leur caractère non plus au climat, mais à la nature chimique et surtout à l'état physique du terrain ; c'est sur la connaissance de ces propriétés du sol qu'est, en grande partie, fondée la théorie des engrais. Il est incontestable, par exemple, que les terrains baignés par les eaux salées de la mer possèdent une végétation spéciale, et qui ne saurait s'établir ailleurs, sinon dans les pays qui possèdent des sources ou des lacs d'eau salée, ou qui sont, de plus ou moins loin, exposés par les vents, à l'influence maritime.

Certaines plantes ne se rencontrent guère ailleurs que dans les terrains sablonneux, par exemple : *Alsine setacea*, *Corrigiola littoralis*, *Silene Otites* et *S. conica*, *Plantago arenaria*, *Jasione montana*, *Scleranthus perennis*, *Herniaria glabra*, *Myosotis stricta*, *Digitalis purpurea*, *Linaria supina*, *Spergula pentandra*, *Vicia lathyroides*, *Helianthemum guttatum*, *Veronica verna*, *Aira præcox*, *Aira canescens*, et *Mibora minima*, etc.

D'autres végétaux paraissent appartenir spécialement aux terrains argileux ou aux terrains calcaires ; je citerai entre autres : *Tussilago Farfara*, *Diplotaxis tenuifolia* et *D. viminea*, *Calendula arvensis*, *Helianthemum pulverulentum*, *Libanotis montana*, *Teucrium montanum*, *T. Chamædrys* et *Digitalis lutea*, etc.

Néanmoins la plupart des végétaux sont bien moins influencés par les différences géologiques du sol qu'ils ne sont sensibles aux différences de latitude, à l'exposition chaude ou froide sous une même latitude, et au degré de sécheresse ou d'humidité. — Je suis même porté à croire que les terrains sablonneux non inondés ne conservant pas les eaux pluviales, qui les traversent comme un filtre, agissent surtout comme terrains secs, et que les terrains calcaires ou argileux, conservant l'eau qui ne peut les traverser, agissent surtout comme terrains humides.

Un savant distingué comme botaniste et comme géologue, et qui a étudié assidûment pendant de longues années la distribution des espèces végétales dans les montagnes de la chaîne du Jura, est arrivé à des conclusions (1) qui viennent à l'appui de cette dernière considération. Il insiste sur le peu d'influence de la nature chimique des roches relativement à la distribution des espèces végétales, et sur l'extrême importance au contraire des propriétés physiques des roches selon leur état plus ou moins complet de désagrégation.

En effet, on trouve quelquefois certaines plantes des terrains sablonneux dans les terrains calcaires ou argileux élevés qui sont très arides, et sur lesquels les eaux pluviales coulent sans y sé-

(1) THURMANN, *Essai de phylostatique appliquée à la chaîne du Jura et aux contrées voisines.* M. Thurmann classe les roches de la contrée qu'il a étudiée en trois sections, savoir : 1° les *roches siliceuses* ou silico-alumineuses ; 2° les *roches calcaires* ; 3° les *roches mélangées*, telles que les dépôts de graviers, de galets, de poudingues, etc., les mollasses, les grès à ciment calcaire, les lehms, les tufs, etc. — L'auteur fait remarquer : premièrement, que les *roches siliceuses* n'atteignent qu'à un certain état de division, et forment du sable plus ou moins fin : il nomme ces roches *psammogènes* et leur détritus *psammique* ; secondement, que les *roches calcaires* tendent au contraire, dans leur désagrégation, à une subdivision indéfinie qui produit la forme pulvérulente ou terreuse : il les nomme *pélogènes* et leur détritus *pélique* ; et troisièmement, enfin, que les *roches mélangées* donnent lieu, par leur désagrégation, à un détritus mixte participant de la nature sableuse et de la nature terreuse : il les nomme *pelopsammogènes* et leur détritus *pelopsammique*. Il nomme d'une manière générale *dysgéogènes* toutes les roches à désagrégation faible, et *eugéogènes*, celles dont la désagrégation est facile et atteint le maximum d'intensité ; — mais il insiste sur la nécessité de tenir compte du *diluvium* qui peut recouvrir ces roches et qui constitue souvent le véritable sol.

Dans les terrains eugéogènes du Jura, l'auteur a remarqué : « 1° une plus » grande diversité d'espèces, une plus facile mobilisation, une aire plus dé » veloppée pour les espèces sociales, une plus large dispersion des espèces » communes, une moindre abondance des plantes saxicoles ; 2° une plus » grande aptitude d'extension vers le nord ; 3° une prédominance particu » lière des familles inférieures ; 4° une prédominance marquée des plantes » à racines profondes et divisées ; 5° une supériorité générale de taille, » excepté pour certains végétaux ligneux ; 6° une prédominance notable des

journer. — Et d'autre part, les plantes des prairies sablonneuses basses et constamment mouillées sont souvent les mêmes que celles des prairies argileuses. — Il y a plus : les sables humides présentent souvent une partie des plantes des terrains tourbeux qui sont composés seulement de terreau ou de débris organiques, et cependant ces deux sortes de terrains sont de la composition la plus dissemblable possible.

Enfin, l'ensemble de la végétation spontanée est très différent, suivant que le sol, quelles que soient, du reste, sa nature et son exposition, est couvert de forêts ou de prairies, ou qu'il est fréquemment remué par les labours, et soumis à l'influence de la culture. Le botaniste le moins expérimenté sait qu'un même terrain, qui est successivement occupé par un bois, des céréales ou une prairie, présente, pendant ces diverses périodes, des plantes spontanées d'espèces complétement différentes. Il est aisé de se rendre compte des causes de ces différences : les plantes des forêts sont celles qui demandent de l'ombre ou de l'humidité, et un terrain amendé par le terreau végétal ; les prairies sont occupées

» espèces chez lesquelles domine le développement des feuilles caulinaires
» aux dépens des radicales ; 7° un développement plus vertical de l'axe gé-
» néral des formes ; 8° une plus grande ampleur de ramification ; 9° un plus
» grand développement herbacé, mais un moindre développement ligneux
» et une moindre longévité chez certaines espèces arborescentes. » L'ensemble de ces caractères dérivant de certaines conditions relatives à l'*eau*, à la *chaleur*, à la *lumière* et au *sol*, et qui sont déterminées par la faculté absorbante ou non absorbante des roches, l'accidentation de leur surface, leur couleur, leur degré de conductibilité du calorique, etc.

M. Thurmann regarde, en outre, le *climat* comme une des causes déterminantes les plus actives de la station et de la dispersion des espèces. Il divise la région qu'il étudie en cinq climats : le climat *boréal*, le *froid*, le *moyen*, le *chaud*, l'*austral*. Pour une même contrée, l'*altitude* est une des causes principales qui influent sur le climat ; mais l'altitude est, dit l'auteur, modifiée dans ses résultats par l'exposition générale, la situation par rapport aux grands reliefs, l'exposition particulière, la connexion des grands reliefs, la dispersion de proche en proche, la diversité des terrains, et la température exceptionnelle de certaines sources.

J'ai cité, sans les discuter, les plus importantes opinions de M. Thurmann ; je crois cependant devoir faire observer que si, comme cela paraît incontestable, la constitution physique du sol influe puissamment sur la végétation d'une contrée, les qualités chimiques du terrain ont, d'autre part, une influence réelle qu'il n'est pas moins nécessaire d'examiner.

Voyez, pour l'étude de la géographie botanique, le chapitre important qui termine le *Cours élémentaire de botanique* de M. Adr. de Jussieu.

par des plantes vivaces dont les souches compactes ou traçantes laissent peu de place aux plantes annuelles; enfin, les terrains consacrés à la culture des céréales étant remués chaque année, on conçoit qu'à l'exception de plantes vivaces presque indéstruc-tibles (qu'elles soient bulbeuses comme certaines Liliacées : *Allium vineale*, *Muscari comosum*, etc., ou traçantes comme certaines Graminées : *Triticum repens*, etc.), ils conviennent surtout aux espèces spontanées annuelles, qui fructifient dans un court espace de temps, et dont la végétation rapide demande de l'air et du soleil.

C'est ainsi, en général, que si un terrain labouré est abandonné à lui-même, les plantes annuelles qui le recouvrent les premières années sont la plupart, au bout d'un certain temps, étouffées par les plantes vivaces qui les empêchent de se reproduire en s'emparant complétement de la surface du sol.

On s'est étonné quelquefois que les plantes des hautes montagnes, qui semblent exposées dans ces régions à des froids rigoureux, ne résistent pas aux gelées de nos hivers lorsqu'elles sont transportées dans la plaine : on a reconnu la cause de cette apparente singularité dans l'épaisse couche de neige qui, en recouvrant ces végétaux sur la montagne pendant toute la durée de l'hiver, et en leur servant d'abri, empêche le rayonnement du calorique, les préserve par conséquent d'un froid trop rigoureux, et ne les laisse à découvert que lorsque la température est arrivée à un degré de chaleur assez considérable, tandis que dans les plaines ils sont exposés accidentellement et sans abri à des froids assez intenses pour les faire périr.

S'il est des plantes qui ne peuvent végéter et prospérer que dans des conditions déterminées, les Orchidées, par exemple, qui semblent pour la plupart redouter le voisinage de l'homme, il en est d'autres qui craignent peu les accidents, et qui s'accommodent volontiers de tous les terrains et des expositions les plus différentes. Ces plantes, qu'elles soient de grande ou de petite taille, sont robustes et peuvent être impunément broutées et foulées aux pieds par les hommes et les bestiaux. Tels sont : *Saponaria officinalis*, *Lychnis dioica*, *Arenaria rubra*, *Sagina procumbens*, plusieurs *Geranium* et *Erodium*, *Malva sylvestris* et *rotundifolia*, *Reseda lutea* et *Luteola*, *Sisymbrium officinale* et *Sophia*, *Marrubium vulgare*, plusieurs *Atriplex* et *Chenopodium*, etc.

IV.

Du voisinage des habitations, considéré comme Station.

Certaines plantes paraissant, au premier coup d'œil, appartenir exclusivement à cette station, qui est le résultat des modifications apportées aux divers terrains par la présence de l'homme et les produits de son industrie, on est conduit naturellement à se demander dans quels lieux vivaient, avant l'apparition de l'homme sur la terre, ces plantes qui semblent ne se développer que sous son influence. Voici la réponse à cette question : Le *voisinage des habitations* se compose de deux sortes de terrains : 1° de murailles en débris renfermant du nitrate de soude et de potasse, des sels calcaires, etc., mêlés à du sable siliceux et à de la terre végétale ; 2° de terreau très riche en détritus de matières animales, provenant des fumiers et des immondices de tout genre. — Or on rencontre çà et là, dans la nature, des terrains qui renferment les éléments de ce sol, et dans lesquels on observe les mêmes plantes. Ces plantes n'appartiennent donc pas exclusivement au voisinage des habitations, bien que ce soit là qu'elles se plaisent le plus ; et l'on pourrait affirmer qu'elles existaient, comme leurs congénères, avant l'apparition de l'homme sur la terre : seulement elles étaient probablement alors moins abondantes qu'elles ne le sont aujourd'hui. Tels sont : *Geranium pusillum, Malva rotundifolia, Sisymbrium officinale, Capsella Bursa-pastoris, Sempervivum tectorum, Plantago major, Echium vulgare, Solanum nigrum, Hyoscyamus niger, Marrubium vulgare, Leonurus Cardiaca, Pyrethrum inodorum, Senecio vulgaris, Sonchus oleraceus, Lapsana communis Chenopodium Bonus-Henricus, Polygonum aviculare, Urtica urens* et *U. dioica, Parietaria officinalis, Mercurialis annua, Poa annua*, etc.

9

Nous avons suivi avec intérêt, dans les Alpes, ces plantes amies de la présence de l'homme et des animaux domestiques. Le *Chenopodium Bonus-Henricus*, le *Polygonum aviculare*, l'*Urtica dioica*, le *Taraxacum Dens-Leonis*, l'*Alsine media*, les *Malva* et les *Rumex*, plantes des plaines et des vallées, s'élèvent et foisonnent jusqu'aux derniers chalets, puis s'arrêtent brusquement à quelques pas au delà de l'enceinte où séjournent les troupeaux pendant la nuit. La présence de quelques autres espèces, dans le voisinage des habitations, est le résultat d'une *naturalisation* provoquée volontairement ou involontairement par le séjour de l'homme; leurs graines sont transportées, par les habitants, d'une contrée à une autre, accidentellement ou pour leur utilité, et des plantes propres à un pays plus ou moins éloigné se développent près des cultures où on les a introduites, ou des habitations où on les a transportées, soit que les graines aient été emportées par le vent, perdues dans le transport, ou rejetées avec des immondices. Les *Helleborus viridis*, *Papaver somniferum*, *Lepidium sativum*, *Coriandrum sativum*, *Anthriscus Cerefolium*, *Nicotiana rustica*, *Datura Stramonium*, *Salvia Sclarea*, *Silybum Marianum*, *Pyrethrum Parthenium*, *Erigeron Canadense*, *Inula graveolens*, *Artemisia Absinthium*, *Blitum virgatum*, *Atriplex hortensis*, *Rumex Patientia* et *sanguineus*, *Fagopyrum vulgare* et *Tataricum*, *Euphorbia Lathyris*, etc., n'existent probablement aux environs de Paris que parce qu'ils y ont été ainsi transportés volontairement, comme le *Salvia Sclarea*, l'*Artemisia Absinthium*, l'*Euphorbia Lathyris*, etc., plantes médicinales naturalisées çà et là depuis longues années, ou accidentellement, comme l'*Erigeron Canadense*, plante actuellement vulgaire dans toute l'Europe, mais originaire d'Amérique.

C'est encore ainsi que le *Jussiœa grandiflóra* (fam. des Onagrariées), plante originaire de l'Amérique septentrionale, s'est naturalisé dans certaines localités aquatiques de la Provence, et que le *Galinsoga parviflora* (fam. des Composées), plante de l'Amérique australe, s'est répandu en abondance aux environs de Berlin.

En revanche, d'autres espèces originaires de l'Europe ne sont pas moins communes aujourd'hui autour des villes du Brésil qu'aux environs de Paris. Tels sont : *Alsine media*, *Geranium robertianum, Conium maculatum, Urtica dioica, Echium vulgare, Marrubium vulgare*, etc. Quelques unes ont été ainsi naturalisées dans la plupart des contrées du globe : tel est l'*Ambrina ambrosioides*. Il ne faut pas confondre cette dispersion accidentelle, due à la présence de l'homme, avec la dispersion si curieuse des plantes dites *sporadiques*, et qui croissent spontanément dans les contrées du globe les plus éloignées. Tels sont : l'*Osmunda regalis*, qui croît également en Europe et dans l'Amérique septentrionale; le *Samolus Valerandi*, et surtout le *Scirpus maritimus*, si commun en Europe dans les lieux marécageux, tant d'eau douce que d'eau salée, et qui a été retrouvé dans l'Amérique du Nord, aux Indes occidentales, au Sénégal, au Cap, et à la Nouvelle-Hollande.

D'autres plantes, dont les graines sont apportées accidentellement d'une contrée dans une autre, après s'être développées et avoir végété pendant quelque temps, ne persistent pas les années suivantes, faute de rencontrer le climat et le terrain qui leur conviennent : tels sont le *Trifolium resupinatum*, plante de l'Ouest et du Midi, dont la graine avait été apportée à Paris dans la cour du palais des Beaux-Arts, avec des fragments de monuments, et le *Chenopodium maritimum*, trouvé sur le port du Louvre, dont la graine était arrivée des bords de la mer avec des marchandises, par les bateaux qui remontent le cours de la Seine. Enfin, la présence de certaines espèces a quelquefois pour cause le voisinage des jardins botaniques : c'est ainsi que l'*Atriplex nitens*, le *Xanthium spinosum* et le *Sisymbrium Lœselii* se trouvaient abondamment aux environs du Muséum d'histoire naturelle de Paris, dans des terrains vagues où s'est élevé depuis un nouveau quartier.

D'autres sont quelquefois semées ou plantées çà et là par des naturalistes amateurs. Telle est sans doute l'origine du *Veronica peregrina* et du *Senebiera pinnatifida*, à Versailles (cette dernière plante est presque cosmopolite dans la région tropicale, elle est fréquente dans la région méditerranéenne de l'Europe, et remonte les côtes de l'ouest en raison de la douceur du climat). Telle est l'origine de l'*Acorus Calamus*, du *Stratiotes aloides* et du *Calla palustris* dans certaines mares de la forêt de Marly, (cette dernière espèce s'y est naturalisée dans un marécage, au point de l'envahir complétement dans l'intervalle de six années). Il serait difficile de remonter à l'origine, aux environs de Paris, du *Glaucium flavum*, déjà observé par Cornuti, au bois de Boulogne, et que l'on y a rencontré encore de nos jours. Quant aux *Potentilla recta* et *Pensylvanica*, ils ont été évidemment plantés dans cette localité; il en est de même du *Lathyrus latifolius*, du *Scutellaria Columnæ* et de plusieurs autres espèces naturalisées dans le bois de Meudon et le bois de Vincennes.

Je dois ajouter que certaines plantes communes çà et là, dans le voisinage des habitations, s'y rencontrent en raison de la latitude, ou en raison de la nature du sol abstraction faite des modifications que la présence de l'homme a pu lui faire subir. C'est ainsi que les *Sisymbrium Irio* et *Sophia*, si vulgaires dans les terrains calcaires des environs de Paris, ne se rencontrent dans le département de la Loire-Inférieure, où les terrains calcaires sont rares, que dans deux ou trois localités où ces terrains existent; je citerai encore le *Carduus tenuiflorus* qui, à Paris, recouvre tous les décombres de sa vigoureuse végétation, et qui manque dans les départements de la Nièvre, de l'Allier; ainsi que dans la France orientale; il s'agit, dans ce cas, non pas de la nature du terrain, mais de la latitude (1).

———

V.

Des rochers, des vieux murs et des murailles des vieux châteaux.

Les rochers et les murailles en ruine, dans lesquelles le travail de l'homme tend à disparaître à mesure que la nature reprend ses droits, peuvent donner lieu à des observations identiques et présenter une même végétation.

(1) M. Boreau (*Flore du centre de la France*) fait observer que cette espèce manque complétement à l'est de la Loire. — Le même auteur a fait une observation analogue relativement au *Calendula arvensis*, si commun dans les vignes aux environs de Paris, et qu'il n'a rencontré nulle part dans le département de la Nièvre, sinon une seule fois sur les bords de la Loire.

Il y a une distinction importante à établir entre les roches calcaires qui se désagrégent en une poussière impalpable d'où résulte une terre très divisée et que l'auteur de la *Phytostatique du Jura* nomme *Roches pélogènes*, et entre les roches siliceuses qui se désagrégent en un sable plus ou moins fin, mais beaucoup moins divisé que dans le cas précédent, et que le même auteur nomme *Roches psammogènes*. Que l'on partage ou non l'opinion du savant botaniste-géologue qui admet une influence presque exclusive de l'état physique de ces diverses roches sur la distribution des espèces, et qui regarde comme presque sans influence leur composition chimique, on ne saurait contester que les roches de ces divers terrains ou leurs détritus constituant le sol (et n'étant mélangés d'aucun détritus de nature différente venant d'ailleurs), n'aient chacun une végétation parfaitement caractérisée et qui leur est propre. C'est ainsi que dans la contrée qui s'étend aux environs de Paris (et que je cite plus volontiers parce que c'est celle que j'ai le plus assidûment étudiée) la végétation des rochers calcaires est représentée par des espèces la plupart différentes de celles qui habitent les rochers siliceux.

Les plantes propres à nos roches calcaires sont les suivantes : *Linum tenuifolium*, *Cheiranthus Cheiri*, *Arabis arenosa*, *Erysimum cheiriflorum*, *Eruca sativa*, *Erucastrum obtusangulum*, *Biscutella lævigata*, *Helianthemum œlandicum*, *H. pulverulentum*, *Viola Rothomagensis*, *Astragalus Monspessulanus*, *Libanotis montana*, *Seseli montanum*, *Fœniculum officinale*, *Digitalis lutea*, *Linaria striata*, *Teucrium montanum*, *Phyteuma orbiculare*, *Rubia peregrina*, *Leontodon hastile*, *Cirsium Eriophorum*, *Carduncellus mitissimus*, *Lactuca perennis*, *Buxus sempervirens*, *Melica ciliata*, *Sesleria cœrulea*, *Poa compressa*, etc.

Voici maintenant la liste des plantes propres aux roches siliceuses des environs de Paris : *Alsine setacea*, *Arenaria grandiflora*, *Sinapis Cheiranthus*, *Hutchinsia petræa*, *Helianthemum guttatum*, *H. Fumana*, *H. umbellatum*, *Scleranthus perennis*, *Tillœa muscosa*, *Sedum hirsutum*, *Cerasus Mahaleb*, *Rosa pimpinellifolia*, *Amelanchier vulgaris*, *Peucedanum Oreoselinum*, *Laserpitium latifolium*, *Veronica spicata*, *Digitalis purpurea*, *Linaria Pelisseriana*, *Inula hirta*, *Betula, alba Phalangium ramosum*,

P. Liliago, Tragus racemosus, Corynephorus (Aira) canescens, Aira Caryophyllea, A. præcox, A. flexuosa, Festuca bromoides, F. sciuroides, F. Pseudo-myuros, Asplenium Adianthum nigrum, A. Ruta-muraria, A. Trichomanes, A. Germanicum, A. septentrionale, etc.

Parmi les pierres peu susceptibles de se désagréger, les porphyres et les pierres volcaniques n'existent pas naturellement aux environs de Paris, et y ont été, ainsi que la brique, peu employées pour les constructions; le grès, la pierre meulière (calcaire siliceux), et le calcaire grossier abondent au contraire dans cette région.

Les roches susceptibles de se convertir au bout d'un certain nombre d'années en sable ou en terre végétale sont naturellement les plus riches en plantes; néanmoins, il est des plantes qui trouvent un aliment suffisant dans les fissures de roches qui résistent le plus complétement à la désagrégation : c'est qu'un véritable terrain a été, à l'aide du vent, transporté à l'état de poussière dans ces fentes; ce terrain est arrosé par des pluies, et la profondeur des fissures lui conserve son humidité et sa fraîcheur; en outre, les Lichens et les Mousses qui s'y établissent d'abord constituent, par leurs détritus successifs, un terreau qui, à la longue, est susceptible de former une couche assez considérable.

Les principaux agents de la désagrégation des roches sont d'abord les eaux pluviales qui, par le fait de leur séjour, et surtout de leur écoulement sans cesse renouvelé, dissolvent les parties solubles (qui servaient de pâte pour réunir des parties moins solubles et qui dès lors deviennent libres); et ensuite la gelée qui fait éclater ou s'exfolier les roches poreuses imbibées d'eau, ou qui présentent des fissures pleines d'eau (1).

Les éléments de terrain qui sont le résultat de la désagrégation des roches sont assez variés : c'est, selon la nature des roches,

(1) Personne n'ignore que l'eau présente un volume plus considérable à l'état de glace qu'à l'état liquide, et que, par conséquent, la même quantité qui était librement contenue dans un vase à l'état liquide, augmentant brusquement de volume, en passant à l'état solide par le fait de la cristallisation, joue le rôle d'un coin et fait briser le vase aux parois duquel elle adhère.

du sable siliceux, des terres calcaires, etc., etc. Si nous y ajoutons le terreau qui s'accumule à la longue par suite de la décomposition des plantes des années précédentes, on comprendra que les rochers ou les vieilles murailles sont des terrains assez riches et d'une nature souvent très complexe ; les longues sécheresses et l'ardeur du soleil pendant l'été ne permettent cependant de s'y établir qu'à un certain nombre de plantes qui trouvent en elles-mêmes les éléments d'une résistance prolongée à la sécheresse du terrain. Les plantes grasses, dont toutes les parties sont gorgées d'un suc qu'elles cèdent difficilement, sont de ce nombre. On ne doit pas oublier non plus que la fraîcheur de la nuit et la rosée compensent en partie l'ardeur du soleil pendant le jour ; néanmoins on est quelquefois surpris du peu de terrain nécessaire à la végétation de certaines plantes vigoureuses qui croissent entre les fissures des pierres, et de la résistance qu'elles opposent aux sécheresses les plus prolongées.

La cathédrale de Chartres est désherbée chaque année ; on la *nettoie* des pauvres herbes bien inoffensives qui trouvent un maigre aliment dans les fissures de ses vénérables et solides murailles. J'ai cependant trouvé en abondance sur les combles : le *Galium Anglicum*, le *Linaria minor*, le *Galeopsis Ladanum*, le *Carduus tenuiflorus*, et plusieurs autres espèces ; les graines sans aigrette du *Galium*, du *Linaria* et du *Galeopsis*, ont sans doute été portées à cette hauteur considérable dans quelques tourbillons de poussière.

Les plantes qui habitent les anciennes murailles sont celles qui aiment la sécheresse, et éprouvent le besoin de s'assimiler les sels minéraux qu'elles y rencontrent ; les mêmes plantes habitaient les rochers avant qu'il y eût d'anciennes murailles, mais elles ne trouvaient peut-être pas de terrains à leur convenance dans toutes les contrées dont elles peuplent aujourd'hui les vieux murs : tel est, par exemple, le *Parietaria officinalis*.

Les toits de chaume, considérés comme terrain, sont une annexe des vieilles murailles : ils deviennent terrain lorsque leur surface pourrie et décomposée est réduite en terreau par les alternatives d'humidité et de sécheresse de l'atmosphère ; les plantes qui s'y établissent augmentent rapidement, en se décomposant chaque année, la couche de terre végétale , et le toit de chaume se trouve ainsi converti en un véritable parterre. Les habitants de la campagne concourent aussi quelquefois directement à l'ornementation des toits de chaume, en plantant sur le faîte l'*Iris pumila* et la Joubarbe (*Sempervivum tectorum*). La végétation des toits de chaume est naturellement moins variée que celle des murailles et des rochers, puisque le terrain manque des éléments qui résultent de la désagrégation des pierres ; mais la cause qui contribue surtout à restreindre le nombre des espèces susceptibles de croître sur les toits de chaume, est la sécheresse considérable et prolongée à laquelle ils sont exposés pendant l'été.

En effet, les racines des plantes qui s'y développent sont plongées dans un terreau spongieux qui est loin de les abriter de l'ardeur du soleil comme peuvent le faire les fissures profondes des murailles. Aussi remarquera-t-on que la *flore* des toits de chaume se compose de plantes printanières annuelles qui ont le temps de croître et de fructifier avant les chaleurs de l'été : tels sont le *Saxifraga tridactilites*, et l'*Holosteum umbellatum* ; ou bien de plantes grasses très riches en sucs aqueux, comme les *Sedum* et les *Sempervivum* ; et enfin de *Mousses* et de *Lichens*, plantes dont la vie paraît être interrompue pendant la sécheresse, et qui recommencent à vivre et à végéter aussitôt qu'elles sont humectées par l'humidité de l'air, la pluie ou la rosée.

————

VI.

Aperçu géologique sur les environs de Paris (1).

Les terrains les plus anciens ou les plus profondément situés qui fassent saillie aux environs de Paris, à la surface du sol mo-

(1) Consulter la *Carte géognostique du plateau tertiaire parisien*, par M. V. Raulin.

« Comme c'est dans les couches superficielles et à une petite profondeur « (dit M. Adr. de Jussieu, *Cours élémentaire de botanique*, § 900), que la

derne, ou qui constituent le sol comme dernier dépôt ou par suite d'érosions, appartiennent aux étages supérieurs des terrains secondaires (couche supérieure du terrain jurassique et terrains crétacés), aux terrains tertiaires (couches alternatives d'argile, de sable, de calcaire siliceux et de calcaire grossier), et aux terrains d'alluvion (terre végétale et tourbières). En aucun lieu de cette contrée, les terrains secondaires anciens (terrains jurassiques profonds, grès vosgien, terrains houillers), et moins encore les terrains ignés anciens (terrains granitiques, terrains primitifs et de transition), n'ont été mis à découvert ni naturellement ni même par le sondage. Quant aux terrains ignés modernes (terrains volcaniques), ils n'y existent pas.

Le puits de Grenelle, qui a 535 mètres de profondeur (500 mètres au-dessous du niveau de la mer), ne pénètre pas jusqu'à la première couche de terrain jurassique que nous venons d'assigner, comme limite de profondeur, au terrain parisien (limite fixée à notre point de vue, puisque nous n'avons à nous occuper que de l'état de la surface du sol).

Sur un point assez restreint du département de l'Oise, les couches inférieures de ce terrain ont été relevées avant que les couches supérieures se soient formées : telle est l'inclinaison ascendante de ces terrains à Lanlu et Ville-en-Bray, que l'argile de Kimmeridge et le terrain wealdien situés au-dessous de la

» végétation se prépare et s'élabore, la géologie, en nous apprenant quelles
» sont l'origine de cette couche, sa nature et celle de l'inférieure sur laquelle
» elle repose, nous donne sans doute des indications précieuses dans beau-
» coup de cas ; mais elle ne peut et ne doit pas, en général, entrer dans des
» détails purement locaux qui viennent changer souvent les circonstances
» physiques. Ainsi, par exemple, les cartes géologiques désignent par la
» même couleur plusieurs des plateaux des environs de Paris sur lesquels
» s'étend une couche de meulière. Cependant, qu'on compare celui de
» Montmorency, couvert de moissons, avec celui de Sannois, couvert d'un
» gazon court et stérile, ou avec celui de Meudon couvert de bois secs, de
» Châtaigniers principalement, au milieu desquels pullulent l'*Aira flexuosa*,
» le *Melampyrum pratense*, le *Pteris aquilina*, on sera frappé de la diffé-
» rence complète de ces végétations, différence qui résulte de ce que tantôt
» la meulière est accompagnée de glaise, et que tantôt sa couche très mince
» repose immédiatement sur le sable, souvent lui-même à découvert. Il n'est
» pas douteux néanmoins que les cartes géologiques puissent être d'un très
» utile usage dans les herborisations, et aident à constater un jour des rap-
» ports qu'on n'aperçoit encore que trop vaguement. »

craie chloritée, qui, à Paris, constitue le fond du puits de Grenelle, occupent la surface du sol dont la hauteur est, sur ce point, de 214 mètres au-dessus du niveau de la mer; les couches qui dans les autres parties de la région sont superposées à cette couche ancienne ont été, à ce niveau, détruites par érosion, et entraînées à l'état de détritus dans les plaines situées à la base du plan incliné.

De ces phénomènes de dépôt et d'érosion, il résulte que, selon les lieux, c'est telle ou telle couche des terrains secondaires supérieurs, ou des terrains tertiaires, qui constitue le sol des environs de Paris; mais on ne devra pas oublier que la couche superficielle d'un terrain, quelle que soit d'ailleurs sa nature primitive, est souvent recouverte par les alluvions modernes (détritus de divers terrains entraînés par les eaux, mélangés de terreau provenant de la décomposition des végétaux), et modifiée dans sa constitution par les travaux de l'agriculture.

Ces alluvions (ou dépôts modernes) peuvent constituer pour les végétaux le véritable sol, suivant l'épaisseur de la couche qu'elles forment, et suivant la profondeur à laquelle s'enfoncent normalement les racines des plantes qui s'y établissent. —Quant au terrain sous-jacent, il n'a d'influence sur la végétation des plantes herbacées à racines peu allongées, que selon son degré plus ou moins grand de perméabilité et selon son inclinaison; ces diverses circonstances pouvant déterminer la sécheresse ou l'humidité habituelle du terrain d'alluvion qui le recouvre.

Les terrains superposés à la craie, et qui constituent presque entièrement le sol des environs de Paris, ont été nommés *terrains parisiens*; ils appartiennent aux périodes *éocène* et *miocène*. Ce sont des couches alternatives d'argile, de calcaire siliceux, de pierre meulière, de grès de Fontainebleau, de sables et de calcaire grossier.

Le grès et le sable pur n'occupent nulle part une surface très considérable, mais ces terrains constituent les plus hautes collines du pays de Hurepoix et du Gâtinais (Versailles, Rambouillet, Chevreuse, Palaiseau, Orsay, Étrechy, Étampes, Laferté-Aleps, Milly, Malesherbes, Fontainebleau et Nemours); ce terrain constitue en outre un grand nombre des plateaux de la Brie (pays situé entre la Marne et la Seine, jusqu'au voisinage du confluent des deux rivières (presqu'île de Saint-Maur). Ces terrains sablonneux forment aussi un grand nombre de chaînes de collines du département de l'Oise dans le Valois et le Soissonnais.

De vastes terrains argilo-sablonneux s'étendent à l'ouest et constituent le Perche et le pays d'Ouche (Bonneval, Chartres, Châteauneuf, Dreux, Évreux, jusqu'à Rouen); ce terrain, dont les plaines sont assez insignifiantes à notre point de vue, est relevé de collines de craie (à Chârtres, Courville, Dreux, Anet, Nonancourt, forêt d'Ivry, etc.), localités qui en recèlent les richesses botaniques.

Le terrain le plus récent (à part les terrains d'alluvions), le *calcaire de la Beauce*, constitue de vastes plaines à l'est et au sud de notre région. La Beauce proprement dite est, comme toutes les plaines fertiles, un pays tellement cultivé, qu'il ne laisse qu'une place bien restreinte à la nature spontanée; les environs de Pithiviers présentent cependant un assez grand nombre de plantes intéressantes.

Le sol des plaines de la Brie, région située à l'est de Paris, est constitué par un calcaire siliceux dit *calcaire de la Brie*, et par des marnes gypsifères. (Les environs de Melun, le Châtelet, Brie-Comte-Robert, Tournan, Lagny, une partie des environs de Provins appartiennent à ce terrain.)

Immédiatement au nord de Paris, sur la rive droite de la Seine, on rencontre un terrain calcaire siliceux nommé *calcaire de Saint-Ouen*, dominé çà et là par le calcaire siliceux de la Brie, et rehaussé de meulière et de sables siliceux. (Les points les plus importants de cette étendue sont Saint-Denis, Montmorency, Dammartin, Meaux, etc.)

La zone de terrain située au nord de la précédente (le Soissonnais), est constituée par des calcaires grossiers mêlés de sables dont nous avons déjà parlé. (Au nord-est: Hez, Liancourt, Creil, Senlis, Chantilly, forêt de Hallate, forêt d'Ermenonville, Crespy en Valois, Villers-Cotterets, la Ferté-Milon; et à l'ouest: forêt de Saint-Germain, Pontoise, Marines, Magny, Chaumont, etc.)

Ce terrain laisse à découvert sur certains points les calcaires de la Beauce et est recouvert çà et là de calcaires de la Brie.

Enfin, au nord de la zone précédente, se trouvent des terrains tertiaires de la plus ancienne époque (argiles sableuses, argile plastique et calcaire pisolithique). Ce terrain se divise en deux sections, dont la première comprend le pays de Thelle, et plus loin le Vexin normand. Nous avons déjà vu que ce pays est relevé de nombreuses chaînes de collines de craie (Méru, Etrépagny, forêt de Thelle, etc.). La seconde section de ce terrain tertiaire ancien (basse Picardie), est relevé comme celui de la première section par des chaînes de collines calcaires (Pont-Sainte-Maxence, Verberie, forêt de Compiègne, Clermont, Beauvais, Songeons, Crèvecœur, Breteuil, Montdidier, etc.).

C'est entre les deux sections de ce terrain tertiaire ancien que se trouve la contrée géologique la plus curieuse des environs de Paris. Je veux parler de ce pays élevé que j'ai mentionné déjà au commencement de ce chapitre, dont la circonférence est formée de terrains crétacés anciens et dont le point culminant appartient aux terrains jurassiques ; de cette *île*, en un mot, qui dominait la contrée où devait s'élever Paris, à une époque où cette vaste plaine était encore ensevelie sous les eaux de la mer. Le pays qui fut cette île a environ 4 lieues et demie dans sa plus grande largeur (18 kilomètres), sur 12 à 15 lieues de longueur ; il est à peu près parallèle à la direction du cours de la Seine, et commence à partir de Hodenc-l'Évêque (non loin de Beauvais). Le terrain crétacé inférieur qui occupe la circonférence de l'île nous offre les villages de Saint-Léger-en-Bray, le Bequet, Héricourt, la Chapelle-aux-Pots, Gournay, et plus loin la forêt de Bray ; la partie culminante de l'île, formée par le terrain jurassique, renferme les villages de Ville-en-Bray, Lanlu, Villers-sur-Anchy, Bois-Aubert, Hacourt, Doudeauville, Villers et Saint-Michel ; au delà de ce point, quelques crêtes formaient d'étroits îlots qui dépassaient çà et là seulement le niveau de la mer.

Ce point culminant, cultivé depuis longues années en terres labourées, n'a présenté à M. Graves, qui l'a soigneusement exploré, qu'une végétation peu intéressante. Une plante toute spéciale, le

Potamogeton acutifolium, a cependant couronné nos recherches dans le pays de Bray, où il remplit un marécage.

On nomme *terrain d'alluvion* la couche superficielle formée de débris entrainés, par les courants d'eau, des parties hautes dans les parties basses; ces terrains, qui proviennent de débris de roches à l'état de cailloux, de sable fin, ou de pâte, mêlés de détritus végétaux, sont composés de particules très fines libres entre elles; ils sont très perméables à l'eau et sont les plus fertiles et les plus favorables pour la culture. Les agriculteurs tendent d'ailleurs à les modifier de plus en plus par les engrais de toute sorte dont ils les mélangent continuellement. Toutes les vallées présentent une couche superficielle plus ou moins profonde, composée de ce terrain d'alluvion. En outre, la surface de tous les terrains cultivés par l'homme, quelle que soit leur nature primitive, tend de plus en plus à passer, par suite des amendements artificiels, à l'état de terre végétale.

La surface des terrains occupés par les forêts s'accroît chaque année d'une couche de terreau végétal due à la décomposition des feuilles mortes et des plantes herbacées qui périssent sur le sol. Ce terreau et les Mousses qui se développent à sa surface retiennent les eaux pluviales comme le ferait une éponge, et deviennent une cause inépuisable de fertilité, dont on tarit bien imprudemment la source par les desséchements que l'on décore du nom de travaux d'assainissement.

Les *tourbières* sont des terrains que nous voyons se former encore aujourd'hui sous nos yeux dans le fond des vallées et des bassins où l'eau séjourne habituellement. Si le niveau de l'eau est élevé notablement au-dessus de la surface du sol, cette eau forme d'abord un lac, mais à la longue les plantes aquatiques qui s'y développent en abondance finissent quelquefois par combler le bassin des débris qui résultent de leurs générations successives; ces débris, macérés dans l'eau stagnante, constituent un terreau auquel on donne le nom de tourbe, et qui remplit, dans certaines localités, des bassins d'une grande étendue et d'une profondeur considérable.

Toutes nos plantes aquatiques contribuent, par leurs débris, à l'accroissement des terrains tourbeux; mais certaines Graminées, et particulièrement l'*Arundo Donax*, un grand nombre de Cype-racées (*Carex*, *Scirpus*, etc.), des *Joncs*, des souches de *Nymphœa*, en constituent en quelque sorte la charpente. Cette charpente inextricable forme un réseau dont les mailles sont remplies par des masses spongieuses de *Sphagnum*, mousses aquatiques qui végètent à la surface de ces terrains végétaux déposés sur le véritable sol ou flottant à la surface d'une nappe d'eau souvent profonde, et sur lesquels il ne faut alors s'engager qu'avec précaution.

Un grand nombre de tourbières, dont l'origine remonte à une haute antiquité, existent aux environs de Paris, et sont aujourd'hui desséchées, soit que l'accumulation des détritus végétaux ait suffi pour combler leurs bassins, ou que l'eau de ces bassins ait trouvé une pente pour son écoulement, par suite d'accidents naturels ou par l'effet des travaux de l'homme; ces tourbières anciennes ne produisent pas un grand nombre de plantes spéciales. Je citerai comme exemple les anciennes tourbières de Brèles.

Les tourbières les plus intéressantes au point de vue de la végétation qui s'y développe actuellement, sont les tourbières récentes dont la formation continue sous nos yeux. Saint-Léger nous en offrait de curieux exemples avant les desséchements récents qu'on y a pratiqués, et les vallées de Malesherbes ainsi que les environs de Nemours nous en présentent encore de riches et intéressants spécimens : c'est là que l'on rencontre en abondance les *Drosera* et le *Parnassia*, de nombreuses espèces de *Scirpus* et de *Carex*, les *Utricularia*, *Pinguicula*, *Chara* et *Nitella*, d'intéressantes Orchidées, et une foule d'autres plantes remarquables et que l'on chercherait vainement ailleurs. Ces tourbières récentes sont caractérisées par la présence des *Sphagnum* qui vivent à leur surface.

On est quelquefois surpris de rencontrer les plantes des tourbières sur le penchant d'une colline; on est alors certain de trouver, dans le voisinage, une source qui, par son écoulement continu, détermine au-dessous d'elle une véritable petite tourbière ne différant des tourbières ordinaires que par son peu d'étendue et de profondeur.

En résumé, pour le botaniste, les terrains des environs de Paris importants, par leur composition physique et chimique, sont : les argiles, les calcaires, les calcaires siliceux, les sables et grès siliceux, les meulières, et enfin les terrains d'alluvion, les tourbières et l'eau elle-même, soit courante, soit surtout stagnante ou traversée par un faible courant.

Une grande partie des environs de Paris et toute la Picardie sont couvertes d'un limon argileux très fertile, reconnaissable à sa teinte rougeâtre, et que les géologues ont désigné sous le nom de *Lehm*.

Dans le fond des vallées de la Seine, de l'Oise et de la Marne, il existe un *diluvium* composé de cailloux roulés empruntés aux roches situées en amont du point que l'on étudie; on trouve même aux environs de Paris des cailloux de granit provenant des collines du Morvan.

VII.

Des herborisations publiques, — en petit comité, — à deux, — solitaires.

Les herborisations publiques sont dirigées par un professeur qui, à des jours déterminés, guide dans la campagne les personnes qui désirent le suivre, les conduit aux localités les plus riches en plantes intéressantes, et indique le nom de chacune des espèces que l'on rencontre, aux élèves qui en font la demande. A Paris, M. Adr. de Jussieu, professeur de botanique rurale du Muséum (1), dirige de nombreux élèves chaque dimanche, tantôt aux environs immédiats de la ville, tantôt, grâce à la rapidité des chemins de fer, à des distances plus éloignées ; quelquefois même la durée de l'herborisation est de deux jours.

Les herborisations publiques commencent au mois de mai et

---

(1) A M. Decaisne, actuellement professeur de culture au Muséum, a succédé, comme aide-naturaliste de M. A. de Jussieu, M. Weddell, l'intrépide explorateur de l'Amérique du Sud, auteur d'un ouvrage sur les Quinquinas d'un rare mérite et d'une magnifique exécution.

cessent à la fin d'août (1). Ces promenades, fort agréables pour tous, sont éminemment utiles à ceux qui sont encore peu versés dans la connaissance des espèces, et qui, après avoir reçu du professeur le nom des plantes qu'ils ont recueillies et avoir attaché une étiquette à chacune d'elles, puis l'avoir placée avec soin dans la boîte d'herborisation, peuvent, de retour chez eux, en lisant de bonnes descriptions de leurs plantes nommées, apprendre facilement (la plante sous les yeux), les caractères des familles, des genres et des espèces, et parvenir assez promptement à se familiariser avec le langage botanique. Après avoir étudié la plante, on doit la préparer avec soin pour l'herbier ; ces échantillons sont des types précieux qui aident à déterminer les espèces voisines.

Des réunions de botanistes font en outre, à Paris, de fréquentes promenades en petit comité ; ces herborisations, où chacun apporte sa part de renseignements et de lumières, sont toujours fructueuses, et non moins pleines de gaîté que d'intérêt et de charmes (2).

Les herborisations à deux ont aussi leurs avantages; ce sont, en général, des explorations faites par de laborieux travailleurs. Telles sont les excursions que les deux auteurs de la *Flore des environs de Paris* ont faites assidûment, pendant plusieurs années, dans la circonscription de leur domaine de cinquante lieues de diamètre.

(1) Des herborisations non moins intéressantes que pratiques sont également dirigées aux environs de Paris par M. Ach. Richard, professeur d'histoire naturelle médicale à la Faculté de médecine, et par M. Chatin, professeur de botanique à l'École de Pharmacie.

— Des affiches placées à l'École de botanique du Muséum d'histoire naturelle et dans la cour de la Sorbonne indiquent le lieu du rendez-vous, le jour et l'heure du départ, et le trajet que l'on doit parcourir.

(2) Il n'est pas rare que ces réunions soient favorisées de la présence d'habiles cryptogamistes, parmi lesquels il faut citer en première ligne le docteur Léveillé, l'un des botanistes de France qui connaît le mieux les espèces de l'importante famille des Champignons, M. Durieu de Maisonneuve, si versé dans l'étude des Mousses, et M. G. Thuret, dont le beau travail sur la famille des Algues vient d'être couronné par l'Académie. La phanérogamie s'y trouve souvent représentée par les deux auteurs de la *Flore des environs de Paris*, et non moins utilement aussi par M. Graves, botaniste habile et géologue distingué, M. le comte Jaubert, M. de Schœnefeld, M. C. de Chambine, M. Ramond, et M. Maire.

C'est dans ces excursions laborieuses que l'on peut interroger chaque buisson, sonder les mares et les étangs, suivre le cours des ruisseaux, s'égarer dans les bois, gravir les falaises et les rochers, en un mot, parcourir le pays, non pas à la hâte, mais lentement et l'attention toujours en éveil, tantôt travaillant de la pioche et de la serpette, tantôt étudiant le scalpel et la loupe à la main. Aussi les journées d'herborisation les plus longues sont-elles vite passées, et faut-il, pour n'en rien perdre, se lever avec le soleil et ne s'occuper de trouver un gîte que lorsque le jour vous a abandonné. Quant aux repas, on les prend quand on peut et comme on les trouve; quels qu'ils soient on les accueille avec le même appétit. Le soir venu, je l'avouerai, il faut quelquefois du courage pour préparer, séance tenante, toutes les plantes récoltées, et résister à la fatigue et au sommeil; mais on dormirait mal si les plantes étaient négligées, et deux heures se passent à les mettre dans le papier et à les munir d'étiquettes. Quel bonheur alors alors d'avoir acquis le droit de se reposer! Le lendemain la course ne sera pas moins longue, et la journée ne sera pas moins heureuse ni moins bonne (1).

Les herborisations solitaires ne peuvent présenter les mêmes plaisirs que les précédentes; ces longues excursions dans les bois ont toujours quelque chose de triste ou du moins de sérieux et de mélancolique; point d'ami à qui faire partager ses impres-

(1) « La Botanique, dit Fontenelle (Éloge de Tournefort), n'est pas une » science sédentaire et paresseuse, qui se puisse acquérir dans le repos et » dans l'ombre d'un cabinet, comme la Géométrie et l'Histoire; qui tout » au plus, comme la Chimie, l'Anatomie et l'Astronomie, ne demande que » des opérations d'assez peu de mouvement. Elle veut que l'on coure les » Montagnes et les Forests, que l'on gravisse contre les Rochers escarpés, » que l'on s'expose au bord des Précipices. Les seuls livres qui peuvent » nous instruire à fond dans cette matière ont été jettez au hasard sur toute » la surface de la Terre, et il faut se résoudre à la fatigue et au péril de les » chercher et de les ramasser. De là vient aussi qu'il est si rare d'exceller » dans cette science; le degré de passion qui suffit à faire un Savant d'une » autre espèce, ne suffit pas pour faire un grand Botaniste, et avec cette » passion même, il faut encore une santé qui puisse la suivre, une force » de corps qui y réponde. M. de Tournefort était d'un tempérament vif, la-» borieux, robuste, un grand fond de gayeté naturelle le soutenait dans le » travail, et son corps aussi bien que son esprit avait été fait pour la » Botanique. »

10,

sions en face des spectacles si variés de la nature, faire part de ses remarques, soumettre ses doutes, et avec qui discuter les points difficiles ; quel dommage surtout d'être réduit à concentrer en soi son bonheur, lorsque l'on vient à s'emparer de quelque plante depuis longtemps cherchée, ou dont la découverte est bien inattendue ! Cependant, si vous vous occupez moins de la recherche des espèces que des mœurs et de la structure des plantes, si, en un mot, vous étudiez la physiologie végétale, faites souvent des promenades solitaires, cherchez, observez et méditez ; et, seul, en face de la nature, à force d'interroger ses mystères, vous parviendrez peut-être à en pénétrer les secrets.

Mais, jamais, n'herborisez avec les personnes étrangères à vos études ; vous les fatigueriez bien vite par vos allures irrégulières, vos temps d'arrêt ou votre marche précipitée ; tandis que, d'autre part, l'air contrarié de votre compagnon, privé d'un auditeur et s'étonnant que vous regardiez une plante commune ou vous demandant si vous ne l'avez pas déjà récoltée, vous serait à vous-même une insupportable gêne. Gardez-vous surtout d'entreprendre, dans de telles conditions, un long voyage : son but serait absolument manqué.

Ne vous associez pas davantage à un naturaliste cultivant une autre branche de la science que vous-même, à un géologue, par exemple, ou à un entomologiste, quel que soit l'agrément que vous puissiez trouver dans leur société. Vous ne tarderiez pas à vous gêner l'un l'autre, car où l'un devra longtemps s'arrêter, l'autre ne trouvera rien à faire, et devra continuer seul ou perdre sa journée.

VIII.

Excursions botaniques dans les pays de plaines.

Il est peu de contrées, en France, qui soient absolument dénuées d'intérêt au point de vue de la distribution naturelle des plantes, et aucune, évidemment, ne devait en être dépourvue à une époque antérieure à la culture.

Mais, dans l'état actuel des choses (1), les pays de plaines, surtout si le terrain en est fertile, se trouvent généralement transformés en vastes jardins potagers soigneusement sarclés, en vertes prairies de *Raigrass* nivelées et tirées au cordeau, ou enfin en champs de blé non moins bien alignés, et surtout bien *propres*, c'est-à-dire *nettoyés* du plus imperceptible Bleuet et du dernier des Coquelicots.

A Dieu ne plaise que je regrette les temps où ces fertiles terrains étaient en friche; je suis heureux de ces utiles richesses; mais aussi, qu'il me soit permis de distinguer le *beau* du *bon*, la nourriture de l'esprit de la pâture du corps. Personne ne s'est jamais, je pense, avisé d'admirer un sac d'argent; je n'admire pas davantage un sac de blé, tout en rendant justice à l'utilité de l'un et de l'autre.

(1) « L'homme civilisé, auquel ne suffisent plus les productions spontanées que lui offre la terre, et qui cherche à multiplier autour de lui les animaux et les végétaux qui peuvent lui servir ou lui plaire, à détruire ceux qui lui déplaisent ou lui nuisent, tend nécessairement à modifier de plus en plus la distribution de ces êtres et la physionomie de la nature primitive. Nous ne la voyons qu'ainsi altérée dans la plus grande partie de l'Europe, où il faut qu'un lieu soit bien inaccessible ou irrévocablement stérile pour rester abandonné à lui-même. — Les forêts, dans l'état de la nature, tendent à s'emparer du sol, ainsi qu'on peut le voir encore dans le sud du Chili, où les bosquets de bois, une fois établis sur le bord ou au milieu des prairies, empiètent sur elle chaque année, en s'avançant sur toute la ligne de leurs lisières, comme en colonne serrée, finissent en opérant leur jonction, et rétrécissant de plus en plus le cercle des graminées, par les remplacer complétement. — C'est le contraire dans les pays cultivés, les forêts qui en couvraient primitivement la plus grande étendue, s'éclaircissent et disparaissent graduellement sous les coups de l'homme; et celles qu'on conserve, soumises pour la plupart à des coupes réglées, n'ont plus ni le même aspect ni la même influence sur la nature environnante. — Les conditions du climat ont été ainsi modifiées; celles du sol le sont sans cesse par la culture, qui règle d'ailleurs les espèces peu nombreuses qui doivent le couvrir. Beaucoup de celles qui formaient la flore spontanée sont ainsi détruites, au moins par places; quelques autres au contraire sont introduites, et ce sont en général des plantes annuelles dont les graines se sont mêlées à celles des céréales venues de pays plus ou moins lointains... — La géographie botanique et la géographie agricole s'éclairent mutuellement. La première empruntera à la seconde des points de repère bien définis, et, une fois qu'on aura vu certains végétaux spontanés accompagner telle ou telle culture, en les rencontrant autre part, on en conclura la probabilité que cette même culture pourrait y réussir aussi. » Adr. de Jussieu, *Cours élémentaire de botanique*, § 904.

Si donc vous habitez un pays de plaines cultivées, vous y trouverez une assez pauvre végétation spontanée; les plantes communes ailleurs y sont presque des raretés, et les espèces facilement destructibles en ont été extirpées depuis de longues années. — Ce n'est pas que ces pays ne puissent avoir certains genres de beauté; quoi de plus séduisant, par exemple, que les fermes de la Normandie, si coquettement parées de leurs prairies et de leurs vergers, et perdues au milieu de bouquets de grands arbres, comme un nid dans un buisson bien fourré! Ce sont des oasis tous également pourvus de calme, de fraîcheur et de propreté; mais aussi tous empreints de tristesse et d'uniformité. Le botaniste, on le comprendra, ne saurait trouver une plus grande variété que le promeneur, dans un pays si régulièrement cultivé, et dans lequel des *chénaies*, c'est-à-dire quelques douzaines de chênes plantés en quinconce, remplacent les vraies forêts de chênes.

Mais il s'en faut que les pays entrecoupés de plaines, de collines et de vallées, présentent la même monotonie d'aspect, et le même dénuement de végétation spontanée. — Quoi de plus riche, et en même temps de plus varié, que cette vaste et belle contrée qui entoure Paris, et comprend le pays qui s'étend de Rambouillet à Compiègne et de Beauvais à Fontainebleau! Comme nos coteaux sont pittoresques et boisés, nos forêts accidentées, nos terrains variés, nos cours d'eau multipliés! Aussi, tous les botanistes sont-ils d'accord sur ce point, qu'aucune flore de l'Europe n'est en même temps ni plus riche, ni plus intéressante à explorer. — Quelles tourbières présentent une plus belle collection de *Potamogeton* et de *Characées?* Quels coteaux peuvent offrir une plus riche famille de Graminées? Et cependant, où la culture est-elle plus éclairée, entourée de plus de considération, et plus favorisée par la richesse du sol, sous un climat si tempéré? — Le secret de cette richesse agriculturale, qui n'exclut aucun genre de beauté, est une distribution habile et savamment ménagée des différents genres de culture dans les lieux et les terrains qui leur sont appropriés : aux vallées les prairies, les céréales aux plaines chaudes et élevées, les taillis et les bois aux terrains montueux et accidentés; aux rochers seuls et aux sommets arides leur nudité.

On se ferait difficilement une idée du nombre d'objets intéressants qui s'offrirent aux recherches des deux auteurs de la *Flore des environs de Paris*, lorsque, remplis d'ardeur et de zèle, ils parcoururent tout ce beau pays, dont les deux tiers étaient encore, au point de vue botanique, complétement inexplorés, je pourrais presque dire ignorés. En effet, de temps immémorial, chaque génération de botanistes visitait traditionnellement aux environs immédiats de Paris, les mêmes localités, sans rien retrancher du programme, mais aussi sans y rien ajouter.

Peu de localités ont enrichi davantage le catalogue des plantes parisiennes que les coteaux escarpés (depuis si souvent visités) qui bordent la Seine, de Mantes à la Roche-Guyon, à Vernon et au château des Andelys. A Mantes, quelle collection d'Orobanches et surtout d'Orchidées ! L'*Herminium Monorchis*, le *Limodorum abortivum*, les *Ophrys* de la section *insectifera*, etc., puis le *Genista prostrata*, l'*Astragalus Monspessulanus*, l'*Hutchinsia petræa*, les *Helianthemum œlandicum* et *pulverulentum*, le *Digitalis lutea*, le *Linosyris vulgaris*, le *Melica ciliata*, et le *Sesleria cærulea*, espèces dont plusieurs peuvent être suivies sur cette suite de coteaux au delà des limites assignées à la flore parisienne. C'est non loin de là qu'ont été découvertes (1) : à Port-Villez, l'*Anemone Hepatica*, et à la Roche-Guyon le *Thlaspi montanum* et l'*Orobanche Hederæ*.

Nouvelles richesses à Vernon : *Libanotis montana, Rubia peregrina, Gymnadenia odoratissima* et *Luzula maxima*.

Aux Andelys, sur les ruines si pittoresques des tours et des remparts du château, le *Dianthus Caryophyllus*, le plus délicieux des OEillets; et à la gueule des oubliettes en entonnoir renversé et creusées dans le roc, ouvertures jadis terribles de souterrains maintenant effondrés et à ciel ouvert, les touffes du gracieux *Arabis arenosa*. A quelques pas enfin, sur le rocher Saint-Jacques, les épis argentés du *Melica ciliata* et du *Stipa pennata*, l'*Orobanche minor*, le *Cephalanthera rubra*, et, découverte inattendue dans nos pays peu montagneux : le *Biscutella lævigata*.

Je ne puis, dans ce coup d'œil rapide, indiquer même le nom

(1) La première de ces plantes intéressantes a été découverte par M. Guillon, les deux autres par MM. de Schœnefeld et Beautemps-Beaupré.

des localités parisiennes les plus riches et les plus intéressantes ; bien qu'une telle énumération dût avoir pour moi beaucoup de charmes en me rappelant tant de bonnes journées, tant de délicieuses recherches couronnées partout d'agréables surprises et d'heureuses découvertes. Je ne résiste pas cependant au désir de mentionner nos rochers de Fontainebleau, dont la vieille réputation est si bien méritée : les richesses du Mail de Henri IV, où les *Helianthemum guttatum, vulgare, pulverulentum, Fumana* et *umbellatum* se sont donné rendez-vous, à quelques pas des *Carex humilis* et *montana* ; les beaux sites embellis par les *Phalangium ramosum* et *Liliago*, les pelouses et les clairières garnies des plus charmantes Orchidées, de l'*Allium flavum* et du *Scabiosa suaveolens*. — Que de courses au pas gymnastique dans des sentiers ardus et par un soleil brûlant ; mais aussi quels délicieux déjeuners à l'ombre des grands arbres, en face d'une des plus belles vues du monde et des gigantesques pâtés du *Cadran-bleu* ; Dieu sait aussi quelles averses ! On n'en essuie, je crois, de pareilles qu'à Fontainebleau.

Comment ne pas donner un souvenir aux tourbières de Malesherbes, où nous avons fait nos premières recherches et nos premières études dans la nombreuse et belle famille des Cyperacées ; à ses îlots mouvants de *Sphagnum*, où croissent, avec les *Drosera*, les *Utricularia minor, vulgaris* et *intermedia* à côté du *Liparis Lœselii* ; à ses côteaux couverts du *Carduncellus* ; à ses rochers que le *Scabiosa Ucranica* a adoptés pour sa demeure, et à ses moissons où l'on rencontre nos trois *Adonis* et toutes nos *Valerianella*.

Mais, je l'ai déjà dit, pour passer en revue toutes nos merveilles et nos richesses, il faudrait parler de chaque forêt, de chaque coteau, de chaque tourbière. Visitez donc ces belles localités vous-mêmes ; parcourez le département de l'Oise ; explorez les environs de Beauvais, Gisors, Chaumont, Magny, Marines, Senlis, Luzarches et Morfontaine ; parcourez la forêt de Compiègne et la forêt de Villers-Cotterets ; voyez aussi Dreux et Rambouillet, les marais de Saint-Léger, la vallée de Chevreuse et de Senlisse, Marcoussis, Corbeil, la vallée de l'Essone, les hauteurs d'Étampes, les environs de Pithiviers ; puis, après avoir parcouru la forêt de Fontainebleau, visitez les environs de Nemours. Partout vous trouverez des sites délicieux à admirer et des plantes intéressantes à observer et à recueillir. Les environs immédiats de Paris sont eux-mêmes, et y compris le bois de Boulogne, d'une richesse étonnante, et vous ne vous lasserez jamais de revoir Saint-Cloud, Meudon, Versailles, Marly, Saint-Germain, Montmorency, Bondy, la presqu'île de Saint-Maur, etc.

Si, vous éloignant davantage de Paris, vous parcourez la vallée de la Loire, de nouveaux trésors vous attendent : aux environs mêmes d'Orléans vous trouverez, dans les bois, le magnifique *Asphodelus albus* et le *Fritillaria Meleagris* ; en vous dirigeant vers la source du Loiret, sur la lisière de la Sologne, vous trouverez, dans certaine vallée tourbeuse, le *Pinguicula Lusitanica*, et sur les côteaux arides l'*Astrocarpus Clusii* et l'*Anarrhinum bellidifolium* ; revenant aux berges de la Loire, vous trouverez en abondance le joli *Medicago orbicularis*, le *Glaucium flavum* et le *Cynoglossum pictum*.

Descendez-vous la Loire jusqu'à Blois, vous trouverez dans les moissons le *Gladiolus segetum*, les *Ornithopus ebracteatus* et *roseus*, près du *Lupinus angustifolius*. A Angers, après avoir visité le délicieux jardin botanique, allez recueillir l'*OEnanthe crocata* sur les bords de l'étang où fructifie l'*Isnardia palustris*, et dans plusieurs marécages le *Potamogeton acutifolium*.

N'oubliez pas, à Nantes, d'explorer les marais de l'Erdre, où fleurit l'*Utricularia intermedia*, et dans lesquels se rencontre encore le rare *Malaxis paludosa*.

IX.

Excursions botaniques dans les pays de montagnes.

C'est au fond de l'une des plus pittoresques vallées de la Suisse, la vallée de Saint-Nicolas, dont le torrent va joindre ses eaux à celles du Rhône, à quelques lieues du glacier où le fleuve prend sa source, aux environs du joli village de Zermatt (1), dominé par le gigantesque Mont-Cervin, que mon ami M. Cosson et moi nous sommes rencontrés pour la première fois, et avons fait ensemble nos premières excursions botaniques. Nous ne connaissions guère encore l'un et l'autre qu'un petit nombre de plantes des plaines ; que l'on juge de notre bonheur au milieu de la richesse botanique exubérante des Alpes, où tout était si nouveau pour nous, et où les joies sans cesse renaissantes de la découverte et de la récolte s'unissaient au plaisir de parcourir ensemble une si magnifique contrée !

Il faudrait ici des énumérations de plusieurs pages pour donner un aperçu du nombre de plantes intéressantes que l'on peut en quelques jours recueillir dans les Alpes : le lit des torrents, les prairies des vallées, les pelouses et les escarpements des montagnes, vous ménagent à chaque instant des surprises nouvelles. — Que ne puis-je dépeindre au lecteur les richesses de la vallée de Saas, où nous avons recueilli pour la première fois le *Linnœa borealis* ; les abords du glacier du Rhône, si riches en Saxifrages et en Gentianes, etc. ; et le mont Nuffenen, où, entraînés par le plaisir de la récolte des Renoncules alpines les plus belles et les plus rares, excédés de fatigue et de faim, séparés de toute habitation par une distance de plusieurs lieues, nous nous trouvâmes réduits à deux onces de pain à partager entre trois.

Est-il rien de plus charmant que l'*Androsace alpina*, dont les touffes d'un blanc rosé tapissent les rochers à la limite de la neige fondante, près des jolies fleurs bleues des gentianes et du *Soldanella !* Quoi de plus élégant que les *Astrantia*, que le *Dryas octopetala !* et quelle merveilleuse variété de formes dans les espèces si nombreuses des *Saxifraga*, des *Silene*, des *Dianthus* et des *Primula !*

Il ne m'appartient pas ici de décrire les beautés naturelles

(1) J'y arrivai, accompagné d'un guide, après dix heures de marche dans la montagne, à onze heures du soir ; MM. Cosson et Dacnen arrivaient de leur côté d'une longue herborisation. Mes nouveaux amis partagèrent aussitôt leurs récoltes avec moi, et après un frugal mais bien utile souper, nous allâmes nous reposer et dormir au bruit sourd du torrent. — Le lendemain, notre amitié était devenue une intimité que les années qui se sont écoulées depuis n'ont fait que resserrer davantage.

autres que celles des plantes ; mais n'est-ce pas être heureux deux fois que de faire de si riches récoltes dans un pays dominé par les cimes du Mont-Blanc ou du Mont-Rosa, et dans lequel on rencontre la cascade de la Handek, les lacs de Thun et de Brienz, et le village d'Interlaken ?

Les Alpes françaises sont bien belles aussi et bien intéressantes à parcourir. Pour les explorer complétement, nous nous sommes engagés à Nice dans les Alpes-maritimes, puis nous avons parcouru à pied (des mulets portant les plantes et les bagages) toute la chaîne des Basses-Alpes et des Hautes-Alpes.

Les montagnes de la Suisse sont généralement plus escarpées et ont quelque chose de plus grandiose, mais la richesse botanique des vallées, des pelouses et des prairies des Alpes françaises est peut-être plus grande encore que celle des Alpes du Valais. Pour en avoir une idée, il faut avoir parcouru les environs d'Entrevaux, où croît le *Molucella frutescens* et le *Teucrium lucidum* ; les environs de Villars-Colmars, où se rencontre le *Berardia subacaulis* ; la vallée de Barcelonnette, la vallée de Larches, où croissent en abondance l'*Eryngium alpinum*, l'*Anemone narcissiflora*, le *Cardamine asarifolia*, le *Sisymbrium tanacetifolium*, le *Luzula pediformis* et le *Delphinium elatum* ; et les environs du lac d'Allos, où nous avons recueilli le *Thalictrum alpinum*. Il faut enfin connaître les environs de Briançon et de Grenoble, et avoir exploré la montagne du Lautaret, les glaciers de la Grave et du Monestier, et la forêt de la Grande-Chartreuse. — Il était minuit quand nous arrivâmes au couvent caché dans cette contrée si sauvage et si grandiose : la lune éclairait vivement les escarpements de la montagne, et laissait deviner la profondeur des ravins qui s'enfoncent entre les arbres séculaires de la forêt. — Quelques jours après, à la même heure nocturne, mais par un ciel sombre et sans étoiles, nous étions égarés dans les neiges qui avoisinent l'hospice du Lautaret, où nous trouvions quelques instants plus tard une bonne hospitalité, et, pour dormir, la paille et le chaud réduit où reposent ensemble les hommes, les vaches et les mulets.

X.

Excursions botaniques dans la France méridionale.

Quel ardent désir nous avions de parcourir la Provence, lorsqu'il nous parvenait quelques échantillons de plantes méridionales, ou lorsqu'en étudiant la liste des plantes de la France, nous pensions au nombre d'espèces intéressantes dont quelques heures passées aux environs d'Avignon ou de Marseille, pourraient nous enrichir. Eh quoi! après deux journées de voyage, nous nous trouverions transportés dans des plantations d'*Oliviers*, dans des chemins dont les haies sont mêlées de *Grenadiers*, de *Paliurus* et de *Jujubiers*; où les *Lauriers-roses* et les *Citroniers* croissent en pleine terre, où le *Caroubier* forme des bois, où les *Terebinthes* et les *Myrtes* sont les buissons des ravins et des rochers, où nous pourrions, à loisir, cueillir le *Catananche cærulea* et le *Leuzea conifera*, plusieurs *Onopordon*, quantité de magnifiques *Carduus* et *Cirsium*. Quelle riche collection de Labiées! et, si c'est au printemps, que d'Orchidées, de Liliacées et d'Amaryllidées, ces belles plantes qui arrivent si rarement, et en si mauvais état, aux herbiers!

Enfin, par un beau jour de juin, nous montons en diligence (il était peu question alors de chemins de fer), nous quittons la diligence pour le bateau à vapeur; nous voici à Lyon. — A peine débarqués, nous visitons les marécages de la *Tête-d'or*, localité fameuse par ses nombreuses espèces de *Thalictrum*; nous en faisons une précieuse moisson. C'est encore presque la végétation du *Nord*: mais déjà le *Gypsophila Saxifraga* nous indique que nous touchons au *Midi*.—La Provence nous attend, hâtons-nous, le soleil aura bientôt réduit nombre d'espèces en poussière. Vite en bateau, et descendons le Rhône. — Quel soleil ardent, quel beau ciel! Avignon!... Comme ces coteaux accidentés nous promettent, sous un pareil climat, de fructueuses journées!

Le lendemain, dès l'aurore, herborisation à Villeneuve-les-Avignon; cette excursion, par un soleil ardent, ne dura pas moins de douze heures. Le jour suivant, nouvelle course non moins intéressante sur les bords de la Durance, où rampe dans le sable le *Typha minima*, et où les plantes marécageuses sont dominées par les belles panicules du *Saccharum Ravennæ*. Mais la température est accablante, et, bien malgré nous, il faut nous reposer, car il nous reste à gravir le mont Ventoux, le géant des montagnes de la Basse-Provence, et nous avons pour cela nos forces à ménager. — Nous voici cependant en route pour la fontaine de Vaucluse dont on a si souvent décrit le torrent et les magnifiques rochers; les pèlerinages des botanistes y ont rendu presque introuvable la plante classique de la localité, le rare *Asplenium Petrarchæ*; en revanche, on y rencontre en abondance les jolies touffes des *Teucrium flavum*, *Polium* et *aureum*.

Peu de jours après, munis des renseignements que nous devions à M. Requien, l'ami de tous les botanistes qui ont visité la Provence, accompagnés d'un guide qui chassait devant lui un mulet chargé de vivres pour trois journées, et de couvertures de laine pour passer la nuit sur la montagne, nous arrivions à la base du mont Ventoux, à travers des chemins rocailleux couverts des touffes parfumées du *Lavandula vera*, du *Nepeta graveolens*, du *Thymus vulgaris* et du *Satureia montana*.

Quels que soient les escarpements qu'il faille escalader pour gravir la montagne, malgré la difficulté des pentes recouvertés de pierres qui roulent sous les pieds, et quelle que soit l'ardeur du soleil, augmentée par la blancheur du terrain, on ne songe guère à la fatigue en présence de l'*Eryngium Spina-alba*, de l'*Allium grandiflorum*, du *Viola Cenisia*, du *Campanula Allionii*, du *Silene Vallesia* et du *Dianthus subacaulis*. N'arrive-t-on pas d'ailleurs à la halte providentielle de la *Font-filiole*, et ne trouve-t-on pas plus loin un abri pour une nuit dans la chapelle rustique qui, grâce à sa construction en forme de *tumulus*, résiste aux vents déchaînés qui balaient presque constamment le sommet de la montagne. La végétation, sur ce point culminant, est réduite aux maigres touffes du *Carex rupestris*.

XI.

Excursions botaniques au bord de la mer.

Aujourd'hui, grâce aux chemins de fer, la mer n'est plus qu'à quelques heures de Paris, et l'on visite les falaises de la Normandie, les rochers du Calvados et les sables de l'embouchure de la Somme, en moins de temps qu'il n'en fallait, il y a peu d'années encore, pour se rendre de Paris à Fontainebleau. Allons donc en Normandie, en attendant que nous puissions explorer les dunes de la Bretagne et les côtes de la Méditerranée.

N'aimez-vous pas l'odeur de la mer à la marée basse, et n'est-ce pas avec bonheur que vous vous aventurez dans les rochers quand les vagues les ont désertés, tantôt glissant sur les algues qui les tapissent d'une couche verte ou rougeâtre, tantôt vous enfonçant dans l'eau jusqu'aux genoux, en faisant fuir des myriades de crabes; observant çà et là les belles couleurs des Actinies, véritables fleurs animées, mais, avant tout, cherchant et recueillant les nombreuses espèces de la belle famille des Algues, qui pullulent dans les profondeurs de l'Océan.

Ne négligez pas surtout d'examiner les débris rejetés par les vagues sur la grève; vous y trouverez souvent, et en bon état, des espèces qui ont été détachées au loin et que vous chercheriez vainement sur les rochers de la côte. — Evitez, du reste, les plages sablonneuses et recherchez, pour la récolte des Algues, les parages où les rochers sont à fleur d'eau.

Des falaises de la Normandie et des rochers du Calvados et du Finistère, vous gagnerez les côtes de l'Ouest et l'ile de Noirmoutiers, et vous irez ensuite recueillir les Algues de la Méditerranée, dont les côtes vous fourniront nombre d'espèces qui n'appartiennent point à l'Océan. — Je dirai plus loin comment on prépare les Algues pour l'herbier, de manière à conserver leurs formes élégantes et leurs admirables couleurs.

Mais l'algologue n'est pas le seul qui doive fréquenter les bords de la mer, le phanérogamiste ne trouvera pas un moindre intérêt dans les promenades maritimes; il sera frappé, dès l'abord, de l'aspect inaccoutumé qu'y revêtent plusieurs de nos plantes communes, devenues charnues et succulentes : le *Plantago Coronopus*, l'*Arenaria rubra* et l'*Atriplex patula*, par exemple ; puis il arrivera aux plantes essentiellement maritimes, il verra, dans les anfractuosités de tous les rochers, les touffes vigoureuses du *Crithmum*, et, dans le sable, le *Cakile maritima* et le bel *Eryngium maritimum*.

Visitez surtout les sables maritimes et les dunes de la Bretagne ; je n'ai jamais fait, je crois, d'herborisations plus agréables que dans cette contrée. Vous y trouverez, entre le Pouliguen, le Croisic, Guérande et le joli bourg de Batz, dont les habitants ont conservé leur costume pittoresque : *Dianthus Gallicus*, *Silene maritima*, *Galium arenarium*, *Convolvulus Soldanella*, *Helichrysum Stœchas*, *Euphorbia Peplis*, *Ephedra distachya*, etc. — Explorez avec soin les marais salants, c'est la patrie des *Statice*, des *Salsola*, des *Suæda*, des *Atriplex*, des *Salicornia* et d'une foule d'autres plantes intéressantes. — Les prairies vous fourniront des *Trifolium* et plusieurs Graminées maritimes, etc.

Vous trouverez même sur les côtes de la Bretagne certaines plantes méridionales, le *Tribulus terrestris* et le *Scirpus Holoschœnus*, par exemple ; car la température et la végétation du Midi se continuent le long des côtes, bien plus loin que dans l'intérieur des terres ; cette influence méridionale se fait sentir en Europe jusqu'à une latitude assez avancée vers le nord.

Quant aux côtes de la Méditerranée, elles sont plus remarquables encore par la richesse et la variété de leur végétation ; car les plantes y trouvent combinées, l'influence de l'eau salée et la chaude température de la Provence. Parcourez les environs de Montpellier, visitez surtout, à Marseille, le mont Redon, à Toulon, les Sablettes, et ne négligez pas d'explorer les îles d'Hyères.

Un voyage en Corse doit être le complément des excursions botaniques dans la région méditerranéenne de la France ; on y rencontre de nombreuses et intéressantes espèces qui n'appartiennent point à la Provence, tant parmi les plantes maritimes et méridionales que parmi les plantes des montagnes.

XII.

Calendrier du Botaniste.

Les époques de l'année les plus avantageuses pour herboriser sont, dans les hautes montagnes : juin, juillet, août et septembre; dans la France méridionale : mars, avril, mai, juin et juillet. Quelques plantes du printemps repoussent et fleurissent de nouveau pendant les automnes pluvieux.

Dans le centre de la France, et sous le climat des environs de Paris, on peut faire d'utiles herborisations pendant toute la durée de l'année : la dernière partie de l'automne est consacrée à la recherche des *Champignons* et d'un certain nombre de *Mousses*; l'hiver est la saison de la récolte pour de nombreuses espèces de *Mousses* et d'*Hépatiques*, les recherches cryptogamiques ne doivent être interrompues que pendant les fortes gelées; aussitôt que survient le dégel, les *Mousses*, les *Hépatiques* et les *Lichens* doivent être cherchés et recueillis. Ce n'est même que par les temps humides que les *Mousses* ont leur fraîcheur, et que l'on peut détacher les *Lichens* des écorces et des rochers sans qu'on soit exposé à les briser et à les réduire en poussière. Les *Lichens*, étant constamment en fructification, peuvent, du reste, excepté pendant les temps très secs, être trouvés en bon état dans toutes les saisons de l'année. Les *Mousses* et les *Hépatiques* fructifient, selon les espèces, à des époques différentes; les unes à la fin de l'automne, d'autres en hiver, d'autres enfin au printemps.

C'est aussi au printemps que l'on doit chercher et recueillir les *Chara* et les *Nitella*, ainsi que la plupart des *Algues* d'eau douce; plus tard, un grand nombre d'espèces disparaissent, ou ne se rencontrent plus qu'en mauvais état.

Quant aux *Algues* marines, on peut les recueillir dans toutes les saisons de l'année, excepté pendant l'hiver. En été, les couleurs des *Algues* sont plus vives et plus fraîches, et ces plantes sont d'un aspect plus agréable; si, cependant, on veut étudier leurs organes de la fructification, c'est en automne qu'on devra les recueillir, alors que leurs teintes ont bruni, et qu'ayant atteint la maturité, leurs frondes tendent à se détruire.

Sous le climat de Paris, quelques plantes phanérogames des plus communes fleurissent pendant toute l'année, y compris la durée de l'hiver : ce sont en général des plantes annuelles, dont les générations se succèdent sans aucune interruption ; pendant les hivers peu rigoureux, on rencontre souvent en fleurs sous le givre, dans les champs et sur les bords des chemins, aux environs de Paris : *Capsella Bursa-pastoris, Sinapis arvensis, Alsine media, Fumaria officinalis, Veronica agrestis,* et *V. hederæfolia, Senecio vulgaris, Calendula arvensis, Bellis perennis*, etc.

A un bien petit nombre d'exceptions près, on doit chercher les plantes phanérogames à partir du 15 avril jusqu'au 15 octobre. La floraison de quelques espèces est cependant plus précoce : c'est en février que fleurissent le *Coudrier* (*Corylus Avellana*), l'*Eranthis hyemalis*, le *Ruscus aculeatus*, le *Galanthus nivalis* et le *Daphne Mezereum*. Dès le commencement de mars, si l'hiver n'a pas été trop rigoureux, on voit poindre sur les toits de chaume les rosettes du *Saxifraga tridactylites*, du *Draba verna* et de l'*Holosteum umbellatum*, dont les fleurs ne doivent pas tarder à s'épanouir ; les *Pâquerettes* commencent à émailler le bord des chemins, et l'on rencontre dans les bois les premières fleurs du *Ficaria ranunculoides*, du *Pulmonaria angustifolia*, du *Potentilla Fragaria*, et de la *Violette odorante*, jolie messagère du printemps.

C'est vers la fin de mars, et dans les premiers jours d'avril, que fleurissent : *Hepatica triloba*, *Anemone ranunculoides* et *nemorosa*, *Isopyrum thalictroides*, *Helleborus fœtidus, Oxalis Acetosella*, *Corydalis solida*, *Prunus spinosa*, *Viscum album*, *Adoxa moschatellina*, *Ribes rubrum* et *Uva-crispa*, *Fraxinus excelsior*, *Pulmonaria angustifolia*, *Primula grandiflora*, *elatior* et *officinalis*, *Veronica triphyllos*, *Antennaria dioica*, *Tussilago Farfara* et *Petasites*, *Asarum Europæum*, *Buxus sempervirens*, *Daphne Laureola*, *Taxus baccata* ; toutes les espèces des genres *Salix* et *Populus*, *Ulmus campestris*, *Myrica Gale*, *Betula Alnus*, *Scilla bifolia*, *Gagea arvensis* et *Bohemica*, *Narcissus Pseudo-Narcissus*, *Orchis mascula*, *Luzula vernalis* et *campestris*, *Carex præcox* et *humilis*, etc.; enfin, la plupart des arbres de nos vergers et de nos forêts.

C'est pendant les mois de mai, juin et juillet, les plus riches en plantes de toute l'année, que fleurissent la plupart des *Orchidées* et que l'on recueille les *Carex* et les *Graminées*.

Voici un aperçu de l'ordre dans lequel fleurissent et fructifient en France, dans les pays de plaines situés sous le climat de Paris, les plantes phanérogames des diverses familles :

RENONCULACÉES. Les plantes de cette famille sont généralement printanières : l'*Eranthis hyemalis*, qui fleurit en février et fructifie en avril et mai, est la plus précoce; l'*Isopyrum thalictroides*, l'*Anemone nemorosa* et l'*A. ranunculoides* fleurissent dès le mois de mars et pendant le mois d'avril; en avril commencent à fleurir l'*Anemone Pulsatilla*, le *Ranunculus aquatilis* et le *Myosurus minimus*; le *Ficaria ranunculoides*, le *Caltha palustris* et l'*Helleborus fœtidus* fructifient en mai. C'est surtout le mois de mai qui est la saison des *Renoncules* tant aquatiques que terrestres; la plupart sont encore en fleur en juin, et mûrissent en juillet et août; il en est de même des *Adonis*, de l'*Aquilegia* et des *Thalictrum*. Le *Nigella arvensis*, le *Delphinium Consolida* et l'*Aconitum Napellus* ne fleurissent qu'au mois de juillet et leurs fruits ne mûrissent qu'à la fin de l'automne.

CARYOPHYLLÉES. Ces plantes fleurissent la plupart pendant l'été; la plus précoce, l'*Holosteum umbellatum*, commence à fleurir en avril, puis viennent les *Cerastium* annuels et les *Stellaria*. Les *Arenaria*, les *Alsine*, les *Dianthus*, les *Silene* et les *Lychnis* fleurissent pendant l'été; l'espèce la plus précoce de ce dernier genre est le *L. Flos-Cuculi* qui embellit les prairies au mois de mai. Le *Cucubalus baccifer*, le *Saponaria officinalis*, le *Cerastium aquaticum* et le *Gypsophila muralis* sont des plantes d'automne. La floraison des Caryophyllées se prolongeant assez longtemps pour chaque espèce, on trouve généralement sur le même individu des fleurs et des fruits; il est néanmoins préférable, comme pour les Renonculacées, de recueillir ces plantes pendant la période de leur floraison complète, et pendant la période la plus avancée de leur maturation.

LINÉES. Elles fleurissent et mûrissent en été; leur floraison a lieu principalement en juin et leur maturation en août. — OXALIDÉES. L'*Oxalis Acetosella* fleurit en avril et mai; l'*Oxalis stricta*, de juin à octobre. — L'*Impatiens Noli-tangere* fleurit et mûrit en juin et août. — GÉRANIACÉES. La plupart des *Geranium* fleurissent dès le mois de mai, et se trouvent en fleurs et en fruits jusqu'au mois d'août et de septembre. L'*Erodium cicutarium* fleurit dès le mois d'avril ; le *Geranium columbinum* se trouve souvent encore en fleur en octobre. — La *Vigne* (*Vitis vinifera*) fleurit en juin et mûrit vers la fin de septembre. — HYPÉRICINÉES. Les *Hypericum* fleurissent et fructifient pendant les mois de juin, juillet et août. — RORIDULÉES. Les *Drosera* fleurissent pendant l'été ; le *Parnassia,* en août et septembre ; les *Pyrola* fleurissent en juin et mûrissent en juillet. — RÉSÉDACÉES. Fleurs et fruits de juin à septembre. — NYMPHÉACÉES. Fleurs en juin, fruits en septembre. — PAPAVÉRACÉES. Printemps et été. — FUMARIACÉES. Le *Corydalis solida* est une des-plantes les plus printanières : il fleurit en mars et fructifie en avril ; la plupart des *Fumaria* se trouvent en fleur et en fruit pendant toute la durée du printemps et de l'été.

CRUCIFÈRES. La plupart des espèces de cette importante famille fleurissent pendant le printemps, et mûrissent pendant l'été ; on doit les recueillir à l'époque de la floraison, et plus tard à l'époque de la maturité complète ; les fruits demi-mûrs donneraient lieu à des erreurs de détermination, on doit donc éviter de recueillir les plantes de cette famille, de même que celles de la famille des Ombellifères, lorsque les fleurs sont passées et que les fruits ne sont pas encore mûrs. La Crucifère la plus printanière sous le climat des environs de Paris est le *Draba verna* ; puis apparaissent les *Cardamine amara, pratensis* et *hirsuta,* l'*Hutchinsia petræa,* les *Sisymbrium Alliaria* et *Thalianum,* le *Cheiranthus Cheiri,* le *Teesdalia nudicaulis* et le *Thlaspi perfoliatum,* qui fleurissent dès le mois d'avril, etc.

VIOLARIÉES. C'est dès le mois de mars que fleurit, sur la lisière des bois, le *Viola odorata* ; cette espèce est remplacée vers la fin d'avril par le *V. hirta,* qui préfère les pelouses et les prairies ; la floraison des *V. canina* et *sylvestris* commence en avril, et se prolonge quelquefois jusqu'en juin ; la Pensée, *V. tricolor,* fleurit pendant l'été et jusqu'à la fin de l'automne.

PAPILIONACÉES. Les nombreuses espèces de cette belle famille commencent la plupart à fleurir dès le mois de mai, et mûrissent pendant l'été; la plus précoce est le *Sarothamnus scoparius (genêt-à-balais)*, dont les fleurs dorées annoncent le retour du printemps; le *Genista Anglica*, l'*Orobus tuberosus* et le *Vicia lathyroides* fleurissent également dès le mois d'avril. Un certain nombre de Papilionacées sont encore en fleur dans le mois de septembre; tels sont : *Ononis Natrix* et *O. repens*, *Melilotus arvensis* et *M. officinalis*, *Medicago Lupulina*, *M. sativa* et *M. falcata*, *Lathyrus pratensis*, *Ulex nanus*, *Trifolium pratense*, *T. repens*, *T. fragiferum*, etc. — Il est surtout important d'étudier les *Trifolium* en fleurs, et les *Medicago* en fruits mûrs.

LYTHRARIÉES. Les *Lythrum Salicaria* et *Hyssopifolia* fleurissent de juillet à septembre; la floraison du *Peplis Portula* commence en juin. — PORTULACÉES. Le *Montia fontana* est une plante printanière qui disparaît après le mois de juin; le *Portulaca oleracea* se trouve en fleur et en fruit jusqu'à la fin d'octobre. — PARONYCHIÉES. Les *Scleranthus*, les *Herniaria*, l'*Illecebrum verticillatum* et le *Corrigiola littoralis* sont des plantes de la fin de l'été, et qui durent jusqu'en septembre ou en octobre; on les trouve en même temps en fleur et en fruit. — CRASSULACÉES. La plupart des *Sedum* fleurissent pendant les mois de juin et de juillet, et fructifient pendant le mois d'août; il en est de même du *Tillœa muscosa* et du *Bulliarda Vaillantii*; l'espèce la plus précoce est le *Crassula rubens*, qui commence à fleurir en mai; la plus tardive est le *Sedum Telephium*, qui fleurit en août et septembre; le *Sempervivum tectorum* fleurit avec la plupart des *Sedum* au mois de juillet.

AMYGDALÉES. Les fleurs des arbres de cette famille sont très précoces; le *Prunus spinosa* et les *Pruniers cultivés*, l'*Abricotier*, le *Pêcher*, l'*Amandier* fleurissent dans le mois de mars, et souvent même dès la fin de février. Ces arbres sont en fruit de juillet à la fin d'août. — Les plantes de la famille des ROSACÉES sont la plupart printanières. Les *Spirœa*, les *Rosiers*, les *Geum*, les *Fragaria* et la plupart des *Potentilla* fleurissent dans les mois de mai et de juin; les *Rubus* fleurissent pendant tout l'été, et mûrissent en automne; les *Rosiers* ne sont en fruits complétement mûrs qu'au mois d'octobre. A cette époque avancée de l'année, les seules Rosacées qui se trouvent encore en fleur sont les *Poten-*

tilla supina, anserina et *argentea,* et l'*Agrimonia Eupatoria.* —
POMACÉES. Les fleurs des arbres de cette famille ne sont pas moins
précoces que celles des arbres de la famille des Amygdalées.
L'*Amélanchier,* les *Poiriers* et les *Pommiers* fleurissent dès la fin
d'avril; l'*Aubépine* ouvre ses fleurs parfumées dès les premiers
jours de mai; le *Néflier,* le *Coignassier* et les *Sorbiers* sont en
fleur à la même époque. Les fruits de tous ces arbres mûrissent
de la fin d'août au commencement d'octobre.

ONAGRARIÉES et HALORAGÉES. Les *Épilobes* fleurissent pendant l'été; les *Onagres* en août et septembre. — Le *Circœa* et les
Myriophyllum en juin et août; le *Trapa natans* en juillet : ses
fruits ne mûrissent qu'en octobre.

OMBELLIFÈRES. Cette famille est une de celles dont il importe
le plus de recueillir les espèces à deux époques différentes de
l'année : d'abord à l'époque de la floraison, au point de vue non
seulement de la fleur, mais des feuilles et des involucres, puis à
l'époque de la maturité des fruits. On peut se dispenser de recueillir la plante entière à ce dernier état; il suffit d'en préparer
à part des rameaux fructifères. Ces rameaux doivent être recueillis à l'époque de la complète maturité, alors que les feuilles sont
détruites, la tige presque sèche et les fruits prêts à se détacher.
Les échantillons recueillis lorsque les fleurs sont passées et que
les fruits ne sont pas encore mûrs ne sont presque d'aucun intérêt
pour l'étude. Les espèces les plus précoces sont le *Sanicula Europœa,* l'*Anthriscus vulgaris* et le *Scandix Pecten-Veneris,* qui
fleurissent vers la fin d'avril, et le *Trinia vulgaris,* le *Caucalis
daucoides* et l'*Anthriscus sylvestris* qui fleurissent dans le mois de
mai; le plus grand nombre des espèces fleurissent en juin et mûrissent en août et septembre : tels sont, par exemple, les *OEnanthe*
et les *Peucedanum* ; quelques espèces ne fleurissent qu'en juillet
et août : telles sont les *Eryngium,* les *Sison,* le *Falcaria* et les
Buplevrum : les fruits de ces espèces mûrissent en octobre.

HÉDÉRACÉES. Le *Lierre* fleurit en septembre, ses fruits n'arrivent à la maturité qu'à la fin de l'hiver. Le *Cornus mas* fleurit
en mars, le *Cornus sanguinea* en mai : l'un et l'autre mûrissent
leurs fruits en octobre. — LORANTHACÉES. Le *Gui* fleurit en mars
et avril; ses fruits ne sont mûrs qu'en novembre. — GROSSULA-

RIÉES. Les *Groseillers* fleurissent dès la fin d'avril et le commencement de mars; ils mûrissent en juillet. — SAXIFRAGÉES. Les plantes de cette famille sont précoces; elles fleurissent en avril et arrivent à la maturité en juin.

ÉRICINÉES. Les *Erica* fleurissent de juin à septembre, leurs caractères spécifiques étant tirés de la fleur, on ne les recueille guère que pendant la floraison. — PRIMULACÉES. La plupart sont des plantes printanières. Les *Primula officinalis, elatior* et *grandiflora* commencent à fleurir dès la fin de mars, et doivent être recueillies en avril; l'*Hottonia* fleurit dès les premiers jours de mai. Au contraire, les *Lysimachia*, le *Samolus*, le *Centunculus* et les *Anagallis* ne fleurissent qu'à partir de juin et de juillet. — PLANTAGINÉES. Les *Plantago lanceolata, major* et *media* fleurissent en avril et mai; les *P. arenaria* et *Coronopus* en juillet. — APOCYNÉES. La *Pervenche* (*Vinca minor*) fleurit en avril, et ses fruits, qui se développent assez rarement, mûrissent en juin. Le *Vincetoxicum officinale* fleurit et mûrit en été. — GENTIANÉES. Le *Menyanthes trifoliata* fleurit en avril et mai. La plupart des autres plantes de cette famille, le *Chlora perfoliata*, les *Gentianes*, les *Cicendia* et les *Erythræa*, et le *Villarsia nymphoides* ne fleurissent qu'à la fin de l'été et en automne.

BORRAGINÉES. Quelques unes de ces plantes fleurissent dès le mois de mai; c'est alors qu'il faut recueillir les *Myosotis*. Plusieurs Borraginées sont en fleur pendant tout l'été, par exemple : *Anchusa*, *Borrago*, *Lycopsis*, *Lithospermum*, *Cynoglossum*, *Echium*, etc. Les *Pulmonaria* sont les plus précoces; ils sont fleuris dès le mois d'avril. — SOLANÉES. Le *Hyoscyamus niger* commence à fleurir en mai; la plupart des autres plantes de cette famille, *Solanum*, *Physalis*, *Atropa*, *Lycium*, *Datura*, fleurissent en juin et juillet, et mûrissent en août et septembre. — Les *Verbascum* fleurissent de juillet à septembre.

SCROPHULARINÉES. Les *Véroniques* sont des plantes printanières; plusieurs espèces annuelles commencent à fleurir en avril, sont arrivées à la maturité à la fin de mai, et disparaissent ensuite : tels sont *V. arvensis, acinifolia, verna, triphyllos*; d'autres se ressèment plusieurs fois dans le courant de la même année, et se rencontrent jusqu'à la fin de l'automne, tel est le

V. agrestis. Parmi les espèces vivaces, les *V. Chamædrys* et *Teucrium* sont printanières ; les *V. officinalis, spicata, Beccabunga*, etc., fleurissent pendant l'été. On doit avoir soin de recueillir les *Véroniques* pendant la floraison, et à la maturité des fruits. Les *Scrophularia, Digitalis, Linaria, Rhinanthus*, et *Euphrasia*, sont la plupart des plantes de l'été et de l'automne. Les *Pedicularis* sont des plantes vernales, le *Gratiola*, au contraire, fleurit de juillet à septembre. — Les *Utricularia* fleurissent en juin et août ; les *Pinguicula* en mai et juin. — C'est en juin et juillet que la plupart des *Orobanches* sont en fleur ; la plus précoce est l'*O. Rapum*, les *Phelipœa* sont un peu plus tardifs, le *P. ramosa* fleurit jusqu'en septembre.

LABIÉES. Un certain nombre de Labiées fleurissent dès le printemps : le *Glechoma*, les *Lamium, Galeobdolon, Salvia, Melittis, Ajuga* ; le plus grand nombre cependant sont en fleur pendant les mois de juin, de juillet et d'août, et ne cessent de fleurir qu'à la fin de septembre. Tels sont les genres *Mentha, Stachys, Teucrium, Betonica, Origanum, Nepeta, Galeopsis* et *Clinopodium*.

VACCINIÉES. Les *Vaccinium* fleurissent en avril et mai, et leurs fruits mûrissent en juillet. — CAMPANULACÉES. La plupart des *Campanules* fleurissent en juin, juillet et août ; les *Phyteuma* sont plus précoces ; le *Jasione*, au contraire, fleurit jusqu'à la fin de l'automne. — CAPRIFOLIACÉES. L'*Adoxa* est en fleur dès les mois de mars et d'avril ; les *Sambucus*, les *Viburnum* et les *Lonicera* fleurissent en mai et juin, et leurs fruits mûrissent en automne. — RUBIACÉES. Le plus précoce de nos *Galium* est le *G. cruciatum* ; il est en fleur dès les mois d'avril et de mai ; la plupart des autres espèces fleurissent en juin et juillet ; les *Asperula* fleurissent à la même époque. Il est important de recueillir les *Galium* en fleur puis en fruits complétement mûrs. — VALÉRIANÉES. Les *Valerianella* doivent être également recueillies en fruits mûrs ; on les rencontre en bon état pendant les mois de mai, juin et juillet. Le *Valeriana dioica* fleurit en mai ; le *V. officinalis* en juin et juillet. — DIPSACÉES. Les *Scabiosa* et les *Dipsacus* fleurissent à la fin de l'été et pendant l'automne ; on doit les recueillir en fleur, et à la maturité des fruits.

COMPOSÉES. Il est indispensable de recueillir toutes les plantes de cette nombreuse famille en fleur d'abord, et plus tard quand leurs fruits sont mûrs; on peut, comme pour les Ombellifères et les Crucifères, ne recueillir la plante complétement qu'à l'époque de la floraison, et ne recueillir plus tard que des rameaux ou même des sommités fructifères; si les capitules sont volumineux, on peut même se contenter d'un seul.

On doit fendre longitudinalement l'un des capitules, afin de voir si le réceptacle est ou non chargé de paillettes. On doit aussi, comme pour la plupart des plantes dont les fruits sont peu volumineux, renfermer des fruits mûrs dans des sachets que l'on place dans l'herbier auprès de la plante, afin de les consulter au besoin sans qu'il soit nécessaire de détruire les capitules des échantillons complets. Quelques espèces fleurissent dès le printemps; telles sont les *Tussilago, Doronicum, Bellis* et *Leontodon*; mais la plupart des Composées, tant Corymbifères que Cynarocéphales et Chicoracées, fleurissent pendant l'été et la première partie de l'automne. C'est pendant les mois de juin, juillet et août qu'il faut recueillir les diverses formes des *Centaurea*, les nombreuses espèces de *Filago* et de *Gnaphalium*, d'*Ormenis*, d'*Anthemis* et de *Pyrethrum*, de *Carduus* et de *Cirsium*, etc.

AMARANTHACÉES. Ces plantes fleurissent en juillet, août et septembre. — CHÉNOPODÉES. Les *Chenopodium* et les *Atriplex* sont aussi des plantes de la fin de l'été et du commencement de l'automne; les espèces, assez faciles d'ailleurs à distinguer entre elles, présentent des variétés et sous-variétés nombreuses.

POLYGONÉES. Les *Rumex* de la section *Lapathum* sont en fleur et en fruit dans le courant de l'été; c'est surtout à la maturité des fruits qu'on doit les recueillir; les feuilles radicales des grandes espèces doivent être préparées à part. Les *Polygonum* sont généralement des plantes d'automne; on les trouve en fleur et en fruit jusqu'à la fin de septembre.

URTICÉES. Les *Urtica* et *Parietaria* sont des plantes rustiques qui fleurissent pendant presque toute la durée de l'année. — Les *Ormes* fleurissent dès le mois de mars, et leurs fruits mûrissent en mai. Le *Houblon* fleurit et mûrit de juillet à septembre. — SANGUISORBÉES. L'*Aphanes arvensis* fleurit au mois de mai et a disparu en août; le *Sanguisorba officinalis* fleurit de juillet en septembre. — DAPHNOIDÉES. Les *Daphne* sont des plantes très printanières; le *D. Mezereum* fleurit en mars, et le *D. Laureola* en avril; les fruits de ces espèces sont mûrs en juin. Le *Passerina Stellera* est une plante d'automne. — Les *Thesium* fleurissent tout l'été. — ARISTOLOCHIÉES. L'*Asarum Europœum* fleurit dès le mois d'avril, l'*Aristolochia* est moins vernal. — EUPHORBIACÉES. Les *Euphorbia* sont des plantes d'été et même d'automne; on doit les recueillir en fleurs et en fruits mûrs; les capsules et les graines fournissent les caractères les plus importants, on conserve ces graines et ces capsules à part dans des sachets que l'on attache auprès des échantillons complets; les espèces qui fleurissent dès le printemps sont : les *E. dulcis*, *verrucosa*, *palustris* et *sylvatica*. Le *Mercurialis perennis* est en fleur dès le mois de mars. — Les *Callitriche* et les *Ceratophyllum* se trouvent en fleur, à partir de juin, et en fruit en août et septembre.

CUPULIFÈRES. La plupart des arbres de cette famille, qui peuplent nos forêts, fleurissent de bonne heure; le *Coudrier* est en fleur dès la fin de janvier, les *Chénes*, le *Hêtre*, le *Charme*, fleurissent dès le mois d'avril, et le *Châtaignier* au mois de mai; leurs fruits mûrissent d'août à septembre. On doit donc recueillir des rameaux de ces arbres à des époques de l'année très différentes. — SALICINÉES. Les *Saules* fleurissent en avril, les fruits sont mûrs à la fin de mai; les *Peupliers* sont encore plus précoces, ils sont en fleur dès le mois de mars. Les *Saules* doivent être l'objet d'herborisations spéciales; les arbres sur lesquels on recueille les échantillons de fleurs doivent être marqués pour que l'on puisse recueillir plus tard sur les mêmes pieds les feuilles adultes ou les chatons mûrs. Les *Peupliers* sont en général mal représentés dans les herbiers, c'est sans doute en raison de la difficulté d'atteindre les rameaux florifères sur des arbres en général très élevés; on ne doit négliger aucun moyen de se procurer des échantillons de ces espèces, d'autant plus intéressantes qu'on les a, jusqu'à ce jour, négligées davantage. — L'*Aulne* fleurit en février et mars, et ses fruits mûrissent en septembre; la floraison du *Bouleau* est un peu moins vernale. — Le *Myrica gale* fleurit en avril et mai; ses fruits mûrissent en août. — ABIÉTINÉES. Les arbres de cette famille fleurissent en avril et mai, les fruits n'arrivent pas à la maturité dans le courant de la même année. — CUPRESSINÉES. Le *Genévrier* fleurit en avril ; les fruits mûrissent en octobre.

ALISMACÉES. Les *Alisma* fleurissent en juin et juillet, et sont en fruit en août et septembre. Le *Sagittaria* fleurit à la même époque ; il disparaît à la fin de septembre. — Le *Butomus umbellatus* est en fleur de juin à août. — Le *Colchicum* est une des plantes les plus tardives de l'automne ; l'apparition de ses jolies fleurs d'un rose lilas, dernière parure des prairies, nous annonce l'approche de l'hiver ; il fleurit en septembre et octobre, ses feuilles ne se développent et ses fruits ne mûrissent qu'au mois de mai et de juin de l'année suivante.

LILIACÉES. Les Liliacées sont généralement des plantes printanières ; les *Gagea* sont les plus précoces, ils fleurissent dès les mois de février et d'avril, le *Scilla bifolia* fleurit presque à la même époque ; le *Scilla autumnalis*, au contraire, ne fleurit qu'en août et septembre ; l'*Allium ursinum* est une plante vernale ; la plupart des autres *Allium* fleurissent pendant l'été ; les *Phalangium* sont des plantes de l'été et du printemps. — ASPARAGINÉES. Le *Ruscus aculeatus* fleurit en février et mars ; le *Muguet* dès le mois d'avril, les *Polygonatum* en avril et mai, le *Paris* et le *Maianthemum* dans le mois de mai ; les fruits de ces plantes ne mûrissent qu'en septembre et octobre. — IRIDÉES. Les *Iris Germanica* et *pumila* fleurissent en mai ; les *I. Pseudo-Acorus* et *fœtidissima* en juin et juillet. — AMARYLLIDÉES. Le *Galanthus nivalis* (*Perce-neige*) fleurit dans nos bois dès le mois de février ; les *Narcissus Pseudo-Narcissus, poeticus*, etc., fleurissent à la fin de mars et au commencement d'avril.

ORCHIDÉES. Le plus grand nombre des plantes de cette intéressante famille embellissent les prairies, les bois, et les marais, de leurs fleurs élégantes pendant les mois de mai et de juin ; les *Orchis Morio* et *mascula* fleurissent dès la fin d'avril, les autres espèces printanières sont les *Orchis fusca, galeata, ustulata, laxiflora, latifolia*, les *Platanthera bifolia* et *chlorantha*, les *Neottia ovata* et *Nidus-avis*, les *Ophrys myodes, aranifera, arachnites* et *apifera*, les *Cephalanthera lancifolia* et *ensifolia*, etc. A ces espèces succèdent, pendant les mois de juin et juillet, l'*Orchis maculata*, les *Gymnadenia odoratissima* et *conopsea*, le *Loroglossum hircinum*, le *Liparis Lœselii*, le *Limodorum abortivum*, l'*Herminium Monorchis*, les *Epipaptis latifolia* et *palustris*, le *Cephalanthera rubra*, le *Malaxis paludosa*, etc., et enfin, en août le *Spiranthes œstivalis*, et en septembre le *Spiranthes autumnalis*.

POTAMÉES. Les *Potamogeton* et les *Zanichellia* fleurissent et mûrissent en juin, juillet et août; c'est en fruits mûrs qu'il faut avoir soin de les recueillir. — Les *Naias* fleurissent et fructifient de juillet à septembre. — Les *Lemna* doivent être recueillis en mai et en juin; on peut les préparer à la manière des Algues.

AROIDÉES. Les *Arum* fleurissent en avril et mai, leurs fruits mûrissent en septembre et octobre. — TYPHACÉES. Les *Typha* et les *Sparganium* fleurissent en juin et juillet, et mûrissent en automne. — JONCÉES. Le printemps est la saison des *Luzula*; les *Joncs* sont moins précoces; ils fleurissent généralement en juin et août.

CYPÉRACÉES. La plupart des nombreuses espèces de la famille des Cypéracées, *Carex*, *Scirpus*, etc., fleurissent du 15 mai au 15 juin. Mais c'est surtout à l'époque où les fruits arrivent à leur maturité, du 15 juin au 15 juillet, qu'il est important de les recueillir.

GRAMINÉES. Les espèces de cette importante famille doivent être recueillies de préférence à l'époque de la floraison; la plupart fleurissent de mai en juillet; l'espèce la plus précoce est le *Mibora minima*, on le recueille en mars ou en avril (1). Quelques espèces ne fleurissent qu'en automne; telles sont le *Cynodon Dactylon*, l'*Andropogon Ischœmum*, le *Crypsis alpecuroides*, le *Tragus racemosus*, les *Setaria verticillata*, *viridis*, et *glauca*, l'*Arundo Phragmites* (ordinairement stérile), etc.

____

(1) Pendant l'hiver de 1851, cette plante a commencé à fleurir vers la fin de janvier.

XIII.

Précautions à prendre dans les excursions et les voyages botaniques.

Dans les pays où les moyens de communication et de transport sont nombreux et faciles, il ne m'appartient pas d'indiquer de limites au bagage du botaniste voyageur; je me contenterai de lui rappeler le proverbe : *S'il fait beau, prends ton manteau; s'il pleut, prends-le si tu veux.* Néanmoins, pour un voyage d'exploration botanique, le strict nécessaire sera presque toujours le plus commode. — Mais s'il s'agit de voyager dans les montagnes, le strict nécessaire devient la règle absolue; en effet, un grand nombre de routes ne sont accessibles qu'aux voyageurs à pied et aux mulets; et le matériel botanique indispensable étant assez considérable, on doit faire en sorte de ne point en augmenter le volume et le poids sans une absolue nécessité. Ce bagage se compose de deux ou plusieurs rames de papier gris, du format de l'herbier, destiné à la préparation et à la conservation des plantes; cette provision de papier doit être serrée avec des courroies, entre des planchettes de même format destinées à servir de presse. Ce paquet ne tarde pas à se transformer en plusieurs, au fur et à mesure des récoltes successives de plantes. — Puis viennent la boîte ou les boîtes d'herborisation, dont la plus petite doit pouvoir entrer dans la plus grande.—Quant aux divers objets d'utilité personnelle, ils doivent être contenus dans un modeste sac de nuit. Le même sac doit renfermer un flacon en fer-blanc, rempli d'alcool, et les autres objets destinés à la récolte, à la préparation et à l'étude des plantes.

On doit être vêtu en vue du froid et non en vue de la chaleur, car dans les montagnes, quelle que soit la chaleur du jour, il fait toujours frais et souvent froid pendant la nuit; souvent d'ailleurs on passe en quelques heures, dans une même promenade, de la chaleur la plus excessive à la température glaciale des vents froids qui règnent fréquemment dans la région des neiges éternelles, et il faut craindre, après une marche forcée qui a provoqué une forte transpiration, d'être exposé à un froid subit, ce qui ne manquerait pas d'arriver si l'on n'était pas vêtu chaudement.

On doit donc n'avoir que des vêtements de laine, y compris les bas. Les chaussures doivent être très fortes ; ce sont des souliers solidement ferrés et des guêtres très solides de drap ou de toile à voiles. Deux paires de ces souliers sont indispensables. Le sac doit aussi renfermer un manteau de toile cirée ou de caoutchouc à capuchon, très léger et bien imperméable.

On a peu de temps pour étudier en voyage ; ayez seulement une bonne loupe portative et une loupe montée, et, si cela est nécessaire, un microscope à monture légère ; des crayons, des couleurs, des pinceaux et du papier à dessiner, etc. Tous ces objets n'occupent dans le sac qu'une très petite place, ils sont indispensables pour recueillir certaines observations, et ils peuvent être d'un grand secours pendant les jours de pluie passés dans un châlet ou dans une chambre d'auberge. — Quant aux livres, qui sont lourds et souvent volumineux, il faut en emporter le moins possible. Un catalogue annoté des plantes du pays, extrait des flores locales, et que l'on doit préparer à l'avance, est le seul livre qui soit indispensable. — Il va sans dire que l'on doit être muni d'un baromètre et d'un thermomètre, si l'on veut observer les hauteurs auxquelles croissent les différentes espèces dans les montagnes.

On doit se servir de voitures pour traverser au plus vite les pays insignifiants ; mais, dans les contrées montagneuses et surtout dans les Alpes, on doit les abandonner et parcourir le pays à pied, suivi d'un mulet ou d'un âne chargé des paquets de plantes et du bagage, et accompagné d'un guide expérimenté qui puisse au besoin vous prêter son aide dans les passages difficiles et dangereux.

Le botaniste se réserve de modifier le trajet indiqué par le guide, selon les renseignements qu'il possède sur la station des espèces intéressantes du pays, et selon que les lieux qu'il aperçoit lui paraissent devoir mériter qu'il les visite et qu'il y fasse de plus ou moins longues stations. Dans quelques localités des Alpes et des Pyrénées, certains guides ont l'habitude d'accompagner les botanistes, et les indications qu'ils peuvent fournir sont loin d'être à dédaigner ; mais, dans toute autre circonstance, faites en sorte d'avoir des guides et non des *cicerone*; si vous voulez herboriser en paix, choisissez-les silencieux, et dispensez-les à l'avance de toute histoire ou description.

Si vous avez à traverser dans les Alpes de vastes étendues de neige, munissez-vous de conserves à verres bleus. On ne doit jamais s'aventurer dans les glaciers ou même dans les plaines de neige sans être muni d'un long bâton ferré; on s'en sert pour sonder la neige sur les points où elle recouvre d'une couche mince les anfractuosités des rochers. Les pointes nues de ces rochers, en s'échauffant au soleil, font souvent fondre en-dessous la neige, dont il ne reste qu'une croûte légère, et il peut arriver qu'on se blesse si l'on y pose le pied sans précaution, croyant marcher sur un terrain solide. — On descend en quelques minutes les pentes neigeuses que l'on a mis longtemps à gravir en se laissant glisser du haut en bas, surtout si la surface de la neige, après s'être fondue, s'est recouverte d'une couche de glace.

Le temps est précieux en voyage, aussi fait-on les journées longues, en se levant avec le soleil et en ne rentrant qu'après la fin du jour; il faut pourtant trouver le temps de préparer les plantes; on songe ensuite à prendre ses repas et à dormir. Une loi dont il est bon de ne jamais se départir est celle de conserver son indépendance, quelles que soient les instances des personnes amies que l'on peut rencontrer dans les villes où l'on doit faire une halte; ces haltes doivent être consacrées à l'achèvement de la préparation des plantes, à la mise en paquets de celles qui sont sèches, et à leur expédition quand les paquets sont en nombre assez considérable. Chaque soir, enfin, on doit mettre en règle le journal de son voyage, où l'on consigne les observations de la journée.

Dans les pays méridionaux, pendant les jours les plus chauds de l'année, pour éviter de succomber à la fatigue, partez de très grand matin, et consacrez au repos le milieu de la journée, soit à l'ombre des arbres, soit dans les chambres basses où le soleil ne pénètre pas.

Sur le bord de la mer, que la marée montante ne vous surprenne pas adossé à une falaise; n'oubliez pas que si la plage est au loin de même niveau, elle sera recouverte par l'eau en un instant dans une vaste étendue. Que les excursions maritimes soient donc entreprises à la marée descendante, et pour revenir n'attendez pas son retour.

XIV.

Chapitre des accidents. — De la pharmacie de voyage.

Je ne crois pas qu'il soit superflu de donner ici les indications médicales suivantes : le botaniste éloigné de toute habitation et de tout secours pourra, en plus d'une occasion, en reconnaître l'utilité.

Morsure de la vipère. — Placez immédiatement une forte ligature serrée le plus possible au-dessus du point mordu, c'est-à-dire entre la morsure et l'attache du membre, de manière à intercepter la circulation du sang entre cette partie et le reste du corps ; des cordes ou des bandes de linge très solides sont également propres à cette ligature. Immédiatement aussi, agrandissez la plaie à l'aide d'un instrument tranchant ; pressez-la pour la faire saigner et déterminer la sortie du venin, lavez-la, puis versez-y plusieurs gouttes d'ammoniaque liquide, pour cautériser profondément ; versez ensuite deux ou trois gouttes d'ammoniaque dans un verre d'eau et avalez-le. Si vous êtes près d'une habitation, hâtez-vous de l'atteindre et couchez-vous, entouré d'épaisses couvertures de laine, en provoquant, par des infusions chaudes avec addition de quelques gouttes d'ammoniaque, une abondante transpiration ; maintenez la ligature, mais moins serrée qu'avant la cautérisation. Si vous êtes éloigné des habitations, et que la blessure ne soit point un empêchement à la marche, provoquez la transpiration par une marche forcée, et, à votre arrivée, ayez recours aux sudorifiques. A défaut d'ammoniaque, on ne doit pas hésiter, si l'on peut le faire immédiatement, à cautériser profondément la blessure avec un fer rougi au feu.

La piqûre du scorpion ou de la tarentule peut être également combattue avec succès par la cautérisation immédiate avec l'ammoniaque liquide. — En Orient, on se met, pendant la nuit, à l'abri des piqûres des scorpions, qui sont fort communs dans certaines localités, en plaçant chacun des pieds du lit dans un vase rempli d'eau.

Piqûres des guêpes. — Frottez immédiatement la piqûre avec du persil trempé dans de l'eau saturée de sel de cuisine ; la douleur cessera presque immédiatement, et le gonflement sera presque nul. Les lotions avec un mélange d'eau et d'ammoniaque sont aussi fort utiles.

Insectes parasites. — On ne saurait avoir une idée, lorsque l'on n'a voyagé ni dans les Basses-Alpes, ni en Sicile, etc., du fléau que je signale ici ; arrivé au gîte harassé de fatigue, on espère une nuit de repos et l'on ne trouve que la plus affreuse insomnie ; nous nous sommes vus réduits, pour ne pas être dévorés dans des cabanes de bergers par des myriades de ces insectes, à coucher à la belle étoile. Le seul moyen de se préserver est de se mettre, pour dormir, dans un sac étroitement attaché au cou, le visage étant recouvert d'un voile de gaze.

Contusions. — Si la contusion est légère : application de compresses imbibées d'eau fraîche, ou d'eau-de-vie camphrée ; d'une dissolution saturée de sel ammoniac ou d'eau blanche (extrait de Saturne étendu d'eau), on peut y ajouter quelques gouttes de laudanum ; on maintient la compresse au moyen d'un bandage roulé que l'on arrose du mélange. — Si la contusion est considérable : saignée, application de sangsues.

Foulures. — Prenez une cuillerée d'huile d'olive, une cuillerée d'eau-de-vie camphrée, ou, à son défaut, d'eau-de-vie ordinaire, et une cuillerée de savon blanc râpé, mélangez et battez le tout jusqu'à ce que le mélange prenne une consistance sirupeuse ; étalez ce mélange sur une compresse, puis enveloppez-en la partie malade, le poignet, par exemple, et fixez avec une bande ; renouvelez la préparation quand elle sera sèche, et maintenez les compresses pendant plusieurs jours.

Entorses. — Mettez le pied dans de l'eau très froide, puis entourez-le d'une bande roulée très serrée qui, enveloppant le pied dès l'extrémité, entoure ensuite l'articulation, puis enfin le bas de la jambe, de manière à rendre le pied immobile ; tant que la douleur est très vive, laissez-le plongé dans l'eau froide, que vous renouvelez à mesure qu'elle s'échauffe; lorsque le pied est retiré de l'eau, maintenez l'appareil constamment imbibé d'eau-de-vie camphrée, et gardez le repos.

Courbatures. — Il suffit quelquefois, pour relever les forces après de longues marches par une température élevée, de prendre pendant deux ou trois jours au commencement de chaque repas, une forte pincée de sous-carbonate de fer, que l'on avale dans une cuillerée de potage; ce médicament est inoffensif, et ne peut en aucun cas être nuisible. Si l'excès de la fatigue a diminué l'appétit et rendu les digestions difficiles, une infusion de racine de gentiane prise à jeun est un excellent tonique.

Brûlures. — Je mentionne cet accident en raison de l'emploi assez fréquent de l'eau bouillante pour la préparation de certaines plantes. Le remède qui m'a semblé le plus efficace est, après avoir percé les ampoules avec une aiguille sans enlever l'épiderme, l'application immédiate sur la partie qui a reçu le contact de l'eau bouillante, d'une large compresse imbibée d'eau fraîche dans laquelle on a délayé une certaine quantité d'amidon; la compresse doit constamment être imprégnée d'eau fraîche, et de demi-heure en demi-heure on doit renouveler le mélange d'eau et d'amidon. La douleur la plus vive occasionnée par la brûlure cède promptement sous l'influence de cette préparation. — On obtient le même résultat en maintenant la partie qui est le siége de la brûlure plongée dans de l'eau froide pendant vingt-quatre heures, et en ayant soin de renouveler l'eau aussitôt qu'elle commence à s'échauffer. On évite ainsi la douleur, et l'on diminue de beaucoup l'intensité de l'inflammation. Si cependant la brûlure est trop profonde pour qu'elle puisse se guérir sans suppuration, recouvrez-la, après l'immersion dans l'eau froide, d'un morceau de papier brouillard légèrement enduit de cérat, recouvrez d'une compresse sèche, puis entourez le tout d'une bande.

Blessures peu graves. — Après avoir lavé la blessure avec de l'eau fraîche et en avoir retiré les corps étrangers, si elle en renferme, épongez-la avec de bon vin rouge bouilli avec une poignée de persil; rapprochez les lèvres de la plaie, puis recouvrez avec de la charpie et une épaisse compresse imbibée du même vin chaud ; fixez l'appareil avec une bande de toile roulée, humectez-le de vin plusieurs fois dans la journée, et renouvelez les compresses matin et soir. Gardez-vous surtout de l'emploi du cérat. — Si la blessure est compliquée de contusion, commencez le traitement par une application de sangsues.—On réussit quelquefois à guérir une blessure très rapidement et par première intention, c'est-à-dire sans suppuration, par l'application non interrompue de compresses d'eau froide renouvelées aussitôt que l'eau commence à s'échauffer.

Accidents graves. — S'il s'agit d'un accident grave qui nécessite impérieusement la présence d'un chirurgien, soit que l'on puisse se procurer un moyen de transport pour le blessé, ou que l'on doive se résoudre à attendre l'arrivée du médecin que l'on aura été chercher, on devra prendre immédiatement les précautions suivantes :

En cas de plaie, commencez par enlever les vêtements en les coupant s'il est nécessaire, puis lavez avec de l'eau fraîche; s'il y a perte de sang abondante, comprimez légèrement avec un mouchoir mouillé d'eau froide. S'il y a blessure d'une artère, que le sang s'échappe par un jet rouge et saccadé, et que le malade soit menacé de mourir par hémorrhagie, comprimez assez fortement le membre au-dessus de la plaie, au moyen d'une bande de linge solidement enroulée et fixée; ou bien comprimez directement avec le doigt le point au niveau duquel on voit le sang s'échapper.

Dans le cas de fracture d'un membre ou de luxation (déboîtement), évitez de faire faire au membre des mouvements brusques, contentez-vous, en attendant l'arrivée du chirurgien, de soutenir le membre dans la position qui occasionne le moins de douleur au blessé. Si l'on transporte le blessé, le membre luxé ou fracturé, si c'est le bras ou l'avant-bras, doit être soutenu par un mouchoir placé en écharpe; si c'est la cuisse ou la jambe qui soit fracturée, on doit la soutenir immobile, dans une position qui ne soit pas douloureuse, au moyen de trois coussins, de trois palettes placées en long, et de trois rubans entourant et serrant légèrement l'appareil; si l'on manque de ces objets, on pourra, pour soutenir la jambe malade, la fixer par des bandes à la jambe saine, après l'en avoir rapprochée doucement, et en ayant soin que le pied du côté malade ne soit dirigé ni en dedans ni en dehors.

Les objets les plus importants qui doivent composer la pharmacie portative du naturaliste voyageur, et qui, pour la plupart, ne doivent pas le quitter pendant ses excursions, sont les suivants : Une lancette : s'il n'est pas médecin, il fera bien d'apprendre à s'en servir pour des cas très urgents; un scalpel ou un bistouri; une pince à mors allongés; des ciseaux; plusieurs bandes roulées; plusieurs compresses en toile usée; une petite provision de charpie; du taffetas d'Angleterre; du sparadrap de diachylon gommé pour faire des bandelettes agglutinatives; un flacon d'ammoniaque liquide (alcali volatil); un bâton de nitrate d'argent fondu (ce caustique est un de ceux que l'on peut employer avec le moins de danger : on s'en sert après avoir mouillé l'extrémité que l'on doit appliquer sur la surface à cautériser); 30 grammes de sous-carbonate de fer; quelques doses de sulfate de quinine de 30 centigrammes chacune; plusieurs petits paquets d'émétique de 5 centigrammes chacun; un flacon d'eau-de-vie camphrée; 30 grammes ou plus de sous-acétate de plomb en poudre (sel de Saturne); 30 grammes de racine de gentiane, etc. Tous ces objets réunis forment un très petit volume, et peuvent sans embarras occuper le fond du sac de voyage, ou même les moins volumineux et les plus utiles un compartiment spécial de la boîte d'herborisation.

XV.

De la connaissance des plantes au moyen âge.

A l'époque de la décadence de l'art gothique et de la renaissance des lettres, sous le règne de François Ier, l'étude des plantes était encore considérée comme une simple dépendance de l'art de guérir, et ne consistait qu'en la connaissance des propriétés d'un petit nombre d'espèces médicinales.

Cet état de choses devait se prolonger pendant toute la durée du XVIe et une partie du XVIIe siècle. — Durant cet intervalle apparurent cependant des hommes d'une haute intelligence et d'une grande activité, qui se livrèrent tout entiers à l'étude des plantes : Cordus, Tragus, Fuchsius, Gesner, Matthiole, Lonicer, Dodoneus, Dalechamp, Clusius, Lobel, Camerarius, et surtout Jean et Gaspard Bauhin, etc. — Malheureusement tous s'engagèrent successivement dans la même route, route fatale et sans issue, dont le but était complétement chimérique; au lieu d'étudier les plantes dans la nature, ils consumèrent vainement leur temps et leurs forces à reconstruire la science des anciens, telle que l'avaient laissée Aristote, Théophraste, Pline et Dioscoride, et qui était restée presque complétement dans l'oubli pendant près de quatorze siècles. Leur unique ambition était de déterminer, à l'aide des descriptions insuffisantes de ces auteurs, à quelles plantes devaient être attribués les noms mentionnés dans leurs livres, afin de faire profiter l'art médical des indications thérapeutiques léguées par les médecins de l'antiquité.

Ce ne fut guère qu'à partir de la seconde moitié du XVIIe siècle, et pendant la durée du XVIIIe, que la botanique devint une science d'observation, grâce au génie de Ray, de Tournefort, d'Adanson, mais surtout de Linné et de A. Laurent de Jussieu, grands législateurs dont les travaux vivront autant que le monde. — Auprès de ces noms fameux sont dignes de figurer plusieurs noms contemporains, parmi lesquels il m'est permis d'en citer deux, entrés récemment et trop tôt dans le domaine de l'histoire : P. De Candolle et S. Endlicher.

Il n'est pas, je crois, sans intérêt de jeter un coup d'œil sur ce que furent la botanique et la science des herborisations chez nos ancêtres; si donc le lecteur consent à me suivre, je le conduirai dans l'arrière-boutique du bouquiniste. Nous tâcherons ensemble d'y tirer de la poussière les humbles monuments de la flore française, et, pour peu qu'il aime la botanique et les vieux livres, nos recherches ne seront pas sans intérêt pour lui; mais, quelque agréable que soit le parfum des livres moisis, on arrive à en être saturé. Heureux alors de retrouver le soleil et le grand jour, nous emporterons avec nous l'un de nos plus vénérables auteurs, Cornuti, par exemple, et, suivant ses précieuses indications, nous irons bravement au Chaillot de Louis XIII chercher le couvent des Minimes, et les plantes qui croissent dans les environs.... Nous n'y trouverons plus le couvent, mais nous y trouverons encore les descendants des plantes qui habitaient le voisinage du couvent. — Les œuvres de la nature sont, par bonheur, plus durables que celles des hommes.

XVI.

Les Commentaires de Fuchsius.

Comme spécimen de l'état de la botanique il y a trois siècles environ (1), je mentionnerai les ouvrages de *Fuchsius* (2) et de ses traducteurs. — C'est en 1542 que Fuchsius fit paraître son grand ouvrage intitulé : *De historia stirpium commentarii insignes*, etc. (3), un volume in-folio, renfermant la figure de cinq

(1) Sous le règne de François Ier.

(2) Voici les titres de plusieurs des traductions ou imitations françaises :

« *Commentaires très excellents de l'Histoire des plantes*, composés » premièrement en latin, par Léonhart Fousch, médecin très renommé ; et » depuis en français, par un homme savant et bien expert en la matière. » In-fol. Paris, 1549, avec figures réduites. »

« *L'Histoire des plantes mis en Commentaires*, par Léonart Fuschs, » médecin très renommé, et nouvellement traduict de latin en français, avec » vraye observation de l'auteur, en telle diligence que pourra tesmoigner » ceste œuvre présente. In-4. Lion, 1558, avec figures réduites. »

« *L'Histoire des plantes* réduicte en très bon ordre, augmentée de plu- » sieurs simples, avec leurs figures et pourtraicts, et illustrée par les *Com-* » *mentaires* de Léonarth Fusch, médecin très savant, faicts premièrement » en latin, et puis traduit en français. Lyon, 1575. In-folio, avec figures. »

« *Le Bénéfice commun de tout le monde*, où est contenu plusieurs sou- » verainetés pour la conservation de la santé, ensemble le naturel de plu- » sieurs sortes de pillules, huylles, et bausmes, avec la propriété et figure des » herbes et plantes communes, par M. Léonhard Fusch. Troyes. 1 vol. in-12 » de 166 feuillets paginés seulement sur le recto, avec figures. »

(3) Les dénominations de Fuchsius consistent en général en noms génériques qui ne sont pas suivis de noms spécifiques ; son livre renferme néanmoins un certain nombre de noms, composés d'un nom de genre et d'un nom d'espèce.

Ces dénominations ont été conservées aux mêmes plantes par Linné, auquel on les attribue, d'après la règle qui veut que la synonymie ne remonte pas au delà de Linné. Une partie de ces noms étaient du reste usités anté-

cents plantes vulgaires ou usuelles, la plupart dessinées de grandeur naturelle, et avec un remarquable talent, par les peintres Henri Füllmaurer et Albert Meyer.

L'auteur dit, dans sa préface latine, qu'il n'a pas voulu que ces gravures fussent ombrées dans la crainte d'altérer la forme exacte des plantes, et que toutes sont dessinées d'après nature : racines, tiges, feuilles, fleurs, fruits et graines. — Un bon dessin, dit Fuchsius, est toujours plus clair que la meilleure description, et il a de plus l'avantage de se fixer bien mieux dans la mémoire. Le degré de perfection de ces planches, souvent copiées et réduites depuis, n'a jamais été atteint par les contemporains de Fuchsius ni par les botanistes du siècle suivant, dont la plupart donnèrent dans leurs livres des dessins plus petits que nature et très défectueux, rentrant tous, bon gré, mal gré, dans un même cadre fort étroit : aussi un grand nombre des plantes figurées par ces auteurs sont-elles méconnaissables.

J'emprunte à l'un des traducteurs de Fuchsius les passages suivants :

« *De la Béthoine.* — Cette herbe a la tige menuë de la hauteur
» d'vne coudée, feuilles longues, molles, dentelées comme celles
» du chesne, odoriférantes, la semence et la graine en espics ; elle
» croist aux prez, aux forests, aux lieux montueux, froids, espais
» et vmbrageux ; elle abonde en fleurs aux moys de May et de
» Iuin ; elle est chaude et seiche au premier degré parfait ou au
» milieu du second (suit le *Portraict de la Béthoine*). L'herbe
» appliquée par dehors profite contre les morsures des bestes
» venimeuses. Quelque poison ou venin, tant mortel soit-il, ne
» nuira point si auparavant on a prins de la Béthoine. Aux hy-
» dropiques on en baille le poix de deux dragmes. Elle rompt les

rieurement à Fuchsius. Je citerai : Aconitum Lycoctonum, Aristolochia rotunda, Amaranthus purpureus, Atriplex hortensis, Angelica sylvestris, Helleborus niger, Iris Germanica, Lilium croceum, Cannabis sativa, Hedera Helix, Hordeum distichum, Nymphæa lutea, N. candida (alba, L.). Pimpinella major (magna, L.), Raphanus sativus, Allium ursinum, Tithymalus (Euphorbia, L.) helioscopius, T. Cyparissias, T. platyphyllos, Trifolium pratense, Chelidonium majus, Digitalis purpurea, D. lutea. — D'autres noms ont été conservés par Linné, et appliqués arbitrairement par lui à des plantes autres que celles de Fuchsius.

» pierres et gravelles arrestées aux reins, et nettoye le poulmon,
» le thorax et le foye. Elle est dicte avoir si grand' vertu que les
» serpents enfermés et enclos dans un cercle ou ceinture faicte
» d'icelle se tuënt l'vn l'autre à force de se battre et débattre: »

« *De la grande Esclaire* (1). — La grande Esclaire naist ès lieux
» ombrageux et parmy les vieux parois. La grande Esclaire iette
» sa fleur à l'advenement des arondelles, et par après elle fleurit
» tout le printemps et tout l'esté, auquel tems aussi on la cuille.
» — Cette herbe est du iij ordre complet : pour eschauffer et des-
» seicher. Selon Dioscoride, le suc mêlé avec miel et cuit dans un
» veaisseau d'érain profite à l'éblouissement des yeux. »

« *Portraict des Espinars.* — L'on les sème au mois de septembre,
» ne craignant les froidures de l'hyver, afin de servir de viandes
» au printemps. Ils portent graines et fleurs sur les mois de Iuin
» et de Iuillet. Les Espinars sont du premier ordre des choses qui
» refrigèrent et humectent. »

« *Du Parthénium.* — ..... Les magiciens, pour en vser contre
» fieures tierces, commandent l'arracher avec la main gauche, et
» se faisant dire pour qui on la cueille, n'y regarder point;
» puis mettre la fueille sous la langue du malade, afin qu'il avale
» soudain avec dix dragmes d'eau. »

L'auteur sollicite en ces termes la bienveillance du lecteur : « Amy lecteur, le comble des vertus luysantes en votre sei-
» gneurie m'a incité de vous supplier humblement qu'il vous
» plaise advouer et authoriser ce petit traicté par moi recueilly
» de sortir en public, nonobstant à ce chose aucune qui me puisse
» mouvoir de l'arrester et supprimer; car, en premier lieu, je sçay
» que vous n'y trouverez les fleurs ou perles de la langue française,
» attendu que le sujet d'icelui est aussi loing d'elles qu'elles sont
» familières aux translateurs d'histoires, de beaux contes faits à
» plaisir, que nous avons pour le iourd'huy : lesquels sont con-
» traincts d'enseigner non seulement (comme l'ay esté en cette
» entreprinse), mais aussi peuvent orner, pindariser, et trencher
» élégances selon leur fantaisie. Et toutefois i'ose affirmer qu'il
» est tel, que quiconque en fera lecture attentive, s'il n'est ennemy

____

(1) *Chelidonium majus.*

13.

» de sa propre santé, il en tirera grand profit, et ne se sentira
» défraudé de toute volupté....., et veux bien que le lecteur muny
» de bon vouloir sache qu'il m'a été besoing de conférer cet opus-
» cule en plusieurs lieux avec Hypocrates, Dioscoride, Aristote,
» Galien, Pline, et autre grand nombre des anciens et mo-
» dernes..... Outre ce i'ay voulu user quasi tousiours du plus
» commun langage, au moins mal qu'il m'a été possible, jaçoit
» qu'il ne soit si aisé (ainsi que médecins, savent spéciallement)
» d'exprimer plusieurs choses des quelles icy est faicte mention
» en françois vulgaire, comme il pourrait estre en latin. Or, afin
» de finir comme i'ay commencé, ie vous supplie de rechef de vou-
» loir recevoir le tout avec humanité. — *Votre très humble et*
» *affectionné serviteur.* — LEONARD FYSCHIUS. »

XVII.

La botanique de Rabelais.

Rabelais, contemporain de Fuchs, n'oublia pas, dans la satire
universelle intitulée *Pantagruel*, de faire figurer la science botanique de son temps; le savant et sceptique railleur donne en ces
termes la description du Chanvre (*Cannabis sativa*) :

« *De l'herbe nommée Pantagruelion* (car Pantagruel fut d'icelle
» inventeur). — L'herbe *Pantagruelion* ha racine petite, durette,
» rondelette, finante en poincte obtuse, blanche, a peu de fila-
» mens, et n'est profunde en la terre plus d'une coubdée. De la
» racine procède ung tige unicque, rond, férulacé, verd au dehors,
» blanchissant au dedans, concaue comme le tige de *Smyrnium*
» *olus atrum*, fébues et gentiane, ligneux, droict, friable, crénelé
» quelque peu en forme de columne legierement striée, plein de
» fibres, es quelles consiste toute la dignité de l'herbe, mesme-
» ment en la partie dicte *mesa*, comme moyenne, et celle qui est
» dicte *mylasca*. La haulteur d'icelui communément est de cinq à
» six piedz. — Aulcunesfoys excède la haulteur d'une lance. Sça-
» voir est quand il rencontre un terrouer doulx, uligineux, légier,

» humide sans froidures...., et que pluye ne luy default enuiron
» les feries des Pescheurs et solstice estiual...., les fueilles ha
» longues trois fois plus que larges, verdes tousiours : asprettes
» comme l'orcanette, durettes, incisées autour comme une faucille
» et comme la *Béthoine*; finissant en poinctes de sarice macedo-
» nique, et comme une lancette dont usent les chirurgiens. La
» figure d'icelles peu est différente des fueilles de Fresne et Aigre-
» moine, et tant semblable à *Eupatoire* (1), que plusieurs her-
» biers l'ayant dicte domestique, on dit *Eupatoire* être *Pantagrue-*
» *lion* saulvaginé. Et sont par rancs en equale distance esparses
» autour du tige en rotundité, par nombre en chascun ordre ou
» de cinq ou de sept. Tant l'ha cherie Nature qu'elle l'a douée en
» ses feuilles de ces deux nombres impars tant divins et mysté-
» rieux. L'odeur d'icelles est fort et peu plaisant aux nez déli-
» cats. La semence provient vers le chef du tige, et un peu au-
» dessoubz. Elle est numereuse, autant que d'herbe qui soit :
» sphéricque, oblongue, rhomboïde, noire, claire, et comme tan-
» née, durette, couverte de robbe fragile, délicieuse a tous oi-
» seaulx canores, comme linotes, chardriers, allouettes, serains,
» tarins et aultres..... Et comme plusieurs plantes ont deux sexes,
» masle et femelle, ce que voyons es *Lauriers*, *Palmes*, *Chesnes*,
» *Heouses*, *Asphodèle*, *Mandragore*, *Fougère*, *Agaric*, *Aristolo-*
» *chie*, *Cyprès*, *Térébynthe*, *Pouliot*, *Péone* et aultres; mais aussi
» en cette herbe y a masle qui ne porte fleur aulcune, mais abonde
» en semence, et femelle qui foisonne en petites fleurs blanchas-
» tres, inutiles, et ne porte semence qui vaille (2).... On sème
» cestuy Pantagruelion à la nouvelle venue des harondelles; on
» le tire de terre lorsque les cigalles commencent à s'enrouer. »

(1) *Eupatorium cannabinum*, L.
(2) A l'époque où écrivait Rabelais, le phénomène de la fécondation des
plantes n'était point encore connu; on attribuait néanmoins l'épithète de
mâle et de femelle aux deux individus des plantes dioïques, mais en inter-
vertissant les qualifications qui leur conviennent. L'individu femelle était dit
mâle parce qu'il atteint une plus grande taille, et l'individu mâle était dit
femelle parce qu'on supposait que c'est par manque de force qu'il ne porte
pas de fruit. Cette opinion erronée et ces dénominations inexactes ont encore cours aujourd'hui dans nos campagnes.

XVIII.

Les herborisations de Cornuti.

L'ouvrage de Cornuti a pour titre :

« Jac. Cornuti doctoris medici Parisiensis, Canadensium plan-
» tarum aliarumque nundum editarum historia. *Cui adjectum*
» *est ad calcem Enchiridium botanicum Parisiense, continens*
» *indicem plantarum quæ in pagis silvis, pratis, et montosis*
» *iuxta Parisios locis nascuntur.* » — 1 vol. in-4. Parisiis, 1635 (1).

L'*Enchiridion*, qui doit seul nous occuper ici, comprend les
vingt-quatre dernières pages du volume. L'auteur nous mène
herboriser avec lui, et nous donne la liste des plantes qu'il a observées dans chaque localité, selon une nomenclature qui se rapproche par sa concision de la nomenclature linnéenne (2). — Les
auteurs contemporains et ceux qui vinrent ensuite s'éloignèrent de
plus en plus de cette concision primitive, et remplacèrent le nom
spécifique par des phrases descriptives que l'on allongea d'autant
plus que le nombre des espèces que l'on avait à distinguer devint

(1) 2ᵗᵉ année du règne de Louis XIII. — Quelques années plus tard, afin
de rajeunir le livre, on réimprima le titre, dont on changea la vignette. Ce
titre porte le millésime 1662.

(2) Afin de donner plus d'intérêt et d'utilité à ces listes d'espèces, j'ai
remplacé les phrases descriptives du texte par les noms spécifiques linnéens
qui leur correspondent. Il est, du reste, à peu près impossible aujourd'hui
de parvenir à une certitude absolue dans la détermination de toutes les espèces mentionnées par Cornuti, qui a rarement cité les auteurs auxquels il a
emprunté les noms qu'il a employés, et qui a modifié lui-même un certain
nombre de ces noms. — La synonymie des auteurs anciens est, on le sait,
d'une obscurité que le *Pinax* de Bauhin, les *Institutiones* de Tournefort, les
ouvrages de Linné, et même les figures citées ne suffisent pas toujours à dissiper. Une même espèce paraît d'ailleurs assez souvent avoir été mentionnée
par Cornuti sous deux ou plusieurs noms différents (quelquefois ces deux
noms se suivent ; ils étaient sans doute indiqués par Cornuti comme synonymes, et leur séparation sur deux lignes différentes doit être considérée
comme une erreur d'impression). — Quoi qu'il en soit, je crois être arrivé à
une synonymie exacte dans le plus grand nombre des cas : j'ai indiqué les
noms douteux par le signe ? Lorsque l'auteur ne cite qu'un nom de genre, il
s'agit souvent d'un groupe d'espèces non séparées alors, et comprises sous
une même dénomination : j'ai, dans ce cas, cité l'espèce la plus commune,
ou indiqué qu'il s'agit de plusieurs.

plus grand. Linné s'aperçut le premier que, quel que fût le nombre des espèces renfermées dans un genre, il est facile et commode de les distinguer par un seul adjectif différent pour chacune. — Voici la liste des noms adoptés plus tard par Linné, cités dans l'*Enchiridion* de Cornuti :

Hieracium sabaudum. Lychnis sylvestris. Campanula rotundifolia. Potamogeton perfoliatum. Phalangium ramosum. Digitalis purpurea. Cirsium Anglicum. Veronica serpyllifolia. Cyperus longus. Eupatoria cannabina. Ranunculus Flammula; R. aquatica (aquatilis, L.). Trifolium pratense; T. fragiferum. Mentha aquatica; M. rotundifolia. Aristolochia Clematitis. Hyoscyamus niger. Saponaria vulgaris (officinalis, L.). Solanum (Physalis, L.). Alkekengi. Genista scoparia. Pinus sylvestris. Pastinaca sativa. Nymphæa alba; N. lutea. Osmunda regalis. Allium ursinum. Sorbus domestica. Hyacinthus (Muscari, L.) comosus. Anagallis cærulea; A. phœnicea. Chrysanthemum segetum. Geranium robertianum. Rosa canina. Thalictrum minus. Rhamnus catharticus.

Voici la traduction littérale de l'itinéraire de Cornuti (1), et

(1) Je joins ici le texte de l'itinéraire.:

« Per portam novam iter est in pagum a saxis et lapidicinis dictum *Chaillot*, in quo post hospitium è regione conuentus Minimorum positum et in colliculis editioribus incultis juxta sitis, hæc plantarum genera reperiuntur : *Silybum sive Carduus lacteus leucographis...*, etc.

» Si paulò amplius processeris, profecturus in suburbanum nemus, quod Bononiacum vocant : per viam in scrobibus satis ibi frequens, et in aggeribus lapidum offenduntur : *Thlaspi minimum flore luteo...*, etc.

» Si diligenter perquisiveris, nunc rectus et ambulans, nunc stans ; plerumque flexus et in genua procumbens, nulla plantarum quæ sequuntur effugiat aspectum tuum : *Hiacynthus stellaris autumnalis...*, etc.

» Lustrato universo nemore, egressio fiat per portam *Neuilly*, obiterque subi pratum ponti subditum observaturus num quid in eo natura novi produxerit. Ego quidem peculiare nihil unquam comperivi : verum fortassis aliquando præter expectationem rarum quid in eo offendi poterit; quod eo maximè fiet, quia secundum fluvium est : secum enim longinquarum plantarum semina fluvii convehunt, quæ dum illi ex alveo per hiemem exundant, proximis quibusque locis inserere solent.

» Pete inde montem a Valerio Valerianum dictum ; in hujus pede, et decliviori parte per vineas hæ maxime nascuntur plantæ : *Tussilago...*, etc. — In vertice vero singulares hæ crescunt : *Oreoselinum...*, etc.; *Campanula rotundifolia* inter saxa pullulat.

» Solco ab histo monte in pagum a sancto Clodoveo *Sainct-Cloud* dictum, proficisci. In quo te etiam si animus ferat a dextris semita recta deducet.

l'indication de quelques unes des plantes qu'il a observées dans ses promenades, et qu'il signale dans ses énumérations :

« *Manuel botanique parisien*. — En sortant de PARIS par la Porte-Neuve, on traverse le village de CHAILLOT, qui doit son nom aux carrières qui sont dans le voisinage ; quand on a dépassé l'hospice qui est situé à quelque distance du couvent des Minimes, on gagne les collines incultes environnantes, et l'on y trouve : — Silybum Marianum, Papaver hybridum, Papaver Argemone, Rubia tinctorum, Galium verum, Fœniculum officinale, Buplevrum falcatum, Linaria vulgaris, Anthyllis vulneraria, Tragopogon pratense, Centaurea Scabiosa, Sisymbrium Irio.

» Si vous avancez un peu plus loin, dans la direction du bois

Interim si (obsonando famem, donec cœna frugalior, quasi ingenuos decet herbarios apparetur) secundum Sequanæ ripas deambulatio fiat, occurrent : *Lingua major Dalechampii...*, etc.

» Sequente die summo te mane comittes itineri, ut mature et ante æstum diei, in pagum *Sèvre* dictum pervenias. Ibi colliculus est plurimi apud herbarios nostros nominis, quem nonnulli montem Anglorum vocant; alii vero Monspeliensem monticulum in quo præcipuè hæ crescunt et nusquam tales reperiuntur : *Phalangium ramosum...*, etc.

» Meudoni per semitam quæ est post parrochiam patet inter prata irrigua in quibus offenduntur : *Trifolium pratense siliquosum...*, etc. — In editioribus et apricis locis : *Gnaphalium flore rubro...*, etc. — In dumetis quæ alluuntur rivulo præterlabente :

» *Oxys Pliniana*, S. *Oxytriphyllum officinarum...*, etc. — In silvis majoribus : *Cratægonum...*, etc. — In sylvis castelli : *Gratiola minor Bauhini...*, etc.—Inter segetes : *Chamædris laciniatis foliis, flore purpureo et albo...*, etc.

» In pratum *Gentilly*. — Itur per portam Sancti-Marcelli. Statim in ingressu secundum rivulum qui pratum aluit, sese offerunt plantæ quæ sequuntur : *Solanum lignosum*, S. *Dulcamara...*, etc.—In pago dicto *Ivry*, inter Sequanam, per vineas... — In pratis pagi *Palleseau...* — In porta Sancti-Antonii, in interstitiis lapidum quæ mœnia urbis componunt...— *A la Raquelle...* — In pago *Charenton*. — In silvis Vitæ-sanæ quæ vernacule *Visaine* dicuntur... — In claustro Minimorum...— In campo dicto *la Varenne de Saint-Maur*...— In cruce *Faubin*, juxta pagum... — In prato *Saint-Gervais*... — In montefalcone dicto *Montfaulcon*... — In pago *Aubervilliers*... — Eundo in pagum *la Barre*, juxta salicta reperiuntur... — In pago *Montmorency*, in stagnantibus piscinarum aquis et vicinis locis...— Passim inter sylvas juxta castellum dictum a venatione, *de la Chasse*... — In pago *Saint-Prix*...— In oppido *Fontainebleau*...— A Malzerbe...—In pago Bèle... — In pago Sainte-Reine... — In claustro Carthusianorum Parisiis... — Juxta castellum *Grignon*... in maceriis,.. — In pago Montis Martyrum dicto... inter segetes... per margines viarum. »

peu éloigné de la ville que l'on nomme le *bois de Boulogne*, vous rencontrerez dans les anciennes carrières assez nombreuses de ce côté, et sur les amas de pierres : — Alyssum calycinum, Medicago orbicularis, Linaria minor. Dans les haies : Rhamnus Catharticus.

» Dans le BOIS DE BOULOGNE, si vous cherchez attentivement, tantôt parcourant le bois, tantôt vous arrêtant debout, plus souvent encore courbé vers la terre, ou même à genoux, vous ne pourrez manquer de rencontrer les espèces suivantes : — Scilla autumnalis, Thrincia hirta, Hypochæris radicata, Hieracium sabaudum, Glaucium flavum, Anemone Pulsatilla, Solidago virga-aurea, Euphorbia Lathyris, Thlaspi perfoliatum, Hypericum perforatum, Erythræa Centaurium, Epilobium tetragonum, Lithospermum officinale, Veronica officinalis, V. arvensis, Brunella vulgaris, etc., etc.

» Après avoir parcouru tout le bois, sortez par la porte de NEUILLY, et suivez les prairies qui sont au-dessous du pont, peut-être y trouverez-vous quelque chose d'intéressant : quant à moi, je n'y ai jamais rien remarqué de particulier ; cependant il ne serait pas impossible que l'on y fît la découverte de quelque plante rare, et cela en raison du voisinage de la rivière : en effet, les fleuves apportent souvent des graines qui viennent de loin, et l'hiver, lorsqu'ils débordent, ces graines se trouvent déposées sur les rives.

» Allez de là au MONT-VALÉRIEN, qui tire son nom de Valérius (1), les plantes suivantes se plaisent dans les vignes qui occupent sa base : — Tussilago Farfara, Chondrilla juncea, Draba verna, Lepidium campestre, Silene inflata. — Vous trouverez, mais seulement sur la partie culminante : Peucedanum Oreoselinum? (2) Genista tinctoria, Silene nutans, Vincetoxicum officinale, Campanula rotundifolia (très commun dans les lieux pierreux.

» De cette montagne j'ai coutume de me diriger vers le village de SAINT-CLOUD (dont le nom vient de saint Clodovée) ; s'il vous prend fantaisie d'y aller aussi, un sentier que vous trouverez à

(1) Empereur, père de Gallien, mort en 263.
(2) Il est possible que le *Seseli coloratum*, qui se trouve encore au Mont-Valérien, soit la plante désignée par Cornuti.

droite vous y conduira directement. Cependant si (aiguillonné par l'appétit, tandis que l'on vous prépare un frugal repas, comme il convient à la simplicité du botaniste) vous descendez jusque sur les rives de la Seine, vous trouverez : — Ranunculus Lingua, Potamogeton perfoliatum, P. natans, Ranunculus aquatilis (au milieu de l'eau), Hippuris vulgaris, Chara fœtida (submergé), Nymphæa alba et Nuphar lutea.

» A la butte de Sèvres. — Le lendemain mettez-vous en route au point du jour, afin de pouvoir arriver de bonne heure et avant la chaleur au village de Sèvres. Il y a là une colline en grand renom parmi les botanistes parisiens. Quelques uns l'appellent la *montagne des Anglais*, d'autres la *butte de Montpellier*. On y rencontre spécialement les espèces suivantes, que vous chercheriez vainement ailleurs : — Phalangium ramosum, P. Liliago, Ophrys arachnites, Teesdalia nudicaulis, Gentiana Germanica?, Campanula glomerata, Erigeron acre, Linum catharticum, Globularia vulgaris, Adonis æstivalis!, Cirsium acaule, Ononis Natrix, Linaria striata, Hippocrepis comosa, Coronilla minima, Digitalis purpurea.

» Meudon. — Pour aller à Meudon, vous prenez le sentier qui se trouve derrière l'église, vous traversez des prairies inondées, dans lesquelles vous trouvez : — Paris quadrifolia, Neottia ovata, Epipactis palustris, Cirsium palustre, C. Anglicum, Angelica sylvestris, Ophioglossum vulgatum, Drosera rotundifolia, Eriophorum latifolium, plusieurs Carex, Valeriana dioica, Hydrocotyle vulgaris, Galeobdolon luteum.

» A Meudon, dans les pelouses élevées et exposées au soleil : — Antennaria dioica, Genista anglica, Ulex europæus, Genista sagittalis, etc., etc.

» Dans les buissons, sur le bord des ruisseaux : — Oxalis Acetosella, Cerastium aquaticum, Asperula odorata, Melittis Melissophyllum, etc.

» Dans les anciennes futaies : — Agraphis nutans, Orchis maculata, Euphorbia sylvatica, Valeriana officinalis, Peucedanum Parisiense, Nephrodium Filix-mas, N. aculeatum dans le bois des capucins, Ruscus aculeatus. Peplis Portula, Lythrum hyssopifolia, Myosurus minimus dans le voisinage du château.

» Dans les moissons : — Teucrium Botrys (à fleurs roses et à fleurs blanches), Asperula arvensis, Medicago maculata.

» Dans les prés de GENTILLY. — Vous sortez de Paris par la porte Saint-Marcel ; arrivé près du ruisseau qui arrose la prairie (1), vous rencontrez les plantes suivantes : — Solanum Dulcamara, Lythrum Salicaria, Lysimachia vulgaris et ses variétés à feuilles ternées et quaternées, Epilobium hirsutum, Scutellaria Galericulata, Spiræa Ulmaria, Alnus viscosa, Juncus lampocarpus, Cyperus longus, Carex plusieurs espèces, Glyceria aquatica, Iris Pseudo-Acorus, Sparganium ramosum.

» Entre le village d'IVRY et la Seine, dans les vignes : — Aristolochia Clematitis, Hyoscyamus niger, Saponaria officinalis, Physalis Alkekengi, Epipactis latifolia. — Dans les parcs : Ficaria ranunculoides. — Dans les terres en jachère, au premier printemps : Gagea villosa. — Dans les puits : Scolopendrium officinale.

» Dans les prairies, à PALAISEAU : — Colchicum autumnale.

» A la PORTE SAINT-ANTOINE (2), dans les fissures des pierres du mur d'enceinte : — Salvia pratensis. — Dans les eaux stagnantes : Rumex Hydrolapathum.

» A la RAQUETTE (Roquette) : — Sium angustifolium, Teucrium Scordium.

» Dans le village de CHARENTON : — Xanthium strumarium.

» Dans le bois de VINCENNES : — Ophrys aranifera, Polygala vulgaris (à fleurs bleues et à fleurs roses), Saxifraga tridactylites, Teucrium Chamædrys, Morchella esculenta, etc.

» Dans l'enclos des Minimes : — Narcissus Pseudo-Narcissus.

» Dans les champs appelés la Varenne de SAINT-MAUR : — Arrhenatherum elatius variété bulbosum, Ornithogalum umbellatum, Isatis tinctoria, etc.

» A la Croix-Faubin, près le village de Charonne : — Artemisia campestris, Medicago minima, Medicago sativa (Fœnum burgundiacum), Verbena officinalis.

(1) La rivière de Bièvre.
(2) Cette porte, située à l'extrémité de la rue Saint-Antoine, avait été construite en 1583 ; elle se composait d'une seule arcade. En 1670, trente ans après l'époque où Cornuti recueillait des plantes entre ses pierres dégradées, elle fut convertie en un arc de triomphe à trois arcades, en l'honneur de Louis XIV. Cet arc de triomphe fut démoli en 1778.

» Dans les prés Saint-Gervais : — Plantago arenaria, Filago Germanica et Jussiæi (Cotonaria seu Gnaphalium vulgare, et Herbia impia) (1), Euphorbia Gerardiana, etc.

» A Montfaucon : — Buplevrum rotundifolium, Dianthus prolifer, Chlora perfoliata, Statice plantaginea.

» Au village d'Aubervilliers (plaine Saint-Denis) : Sinapis alba et S. arvensis, Eruca sativa, Petroselinum sativum, Pastinaca sativa, Cucumis Melo, Cucurbita Pepo, Cucumis sativus, Asparagus officinalis, Trigonella Fœnum-græcum (cultivé ainsi que les espèces précédentes).

» En allant au village de La Barre (canton de Montmorency), on trouve dans les saulaies : Inula Britannica, Pulicaria vulgaris, Juncus communis, Linum usitatissimum, Mentha Pulegium.

» Au village de Montmorency, dans les étangs et les lieux voisins : — Hydrocotyle vulgaris, Anagallis tenella, Mentha aquatica, M. sativa, Inula Helenium, Nymphæa alba, Nuphar lutea, Hydrocharis Morsus-ranæ, Parnassia palustris, Myriophyllum verticillatum, Ceratophyllum demersum, Equisetum Telmateya, Osmunda regalis, Ranunculus aquatilis, Salix plusieurs espèces.

» Çà et là, dans les bois autour du château de la Chasse : — Ornithogalum Pyrenaicum, Allium ursinum, Mercurialis perennis, Cucubalus baccifer, Circæa Lutetiana, Pyrola rotundifolia, Campanula Trachelium, Phyteuma spicata, Epilobium spicatum, Daphne Laureola, Androsæmum officinale? Chrysocoma Linosyris, Stachys alpina, Clinopodium vulgare, Polygonum dumetorum, Vicia Cracca, etc.

» Aux environs du village de Saint-Prix, près Montmorency : — Asarum Europæum, Clematis Vitalba, Humulus Lupulus, Vinca minor, Ruscus aculeatus, Malva Alcea, Sanicula Europæa, Vaccinium Myrtillus, V. Vitis-Idæa? Erica Tetralix var. Anandra? (flosculis herbaceis), etc., etc.

» Aux environs de Fontainebleau : — Spiranthes autumnalis, Gentiana cruciata. — A Malesherbes : Nephrodium Thelypteris.

---

(1) On donnait à ces plantes le nom d'*Herba impia*, parce que les jeunes capitules s'élèvent au-dessus des capitules plus anciens qui les produisent ; en faisant allusion au manque de piété filiale des enfants qui ne respectent pas l'autorité paternelle.

— Village de Bèle : Doronicum plantagineum. — Village de Sainte-Reine : Gentiana lutea?

» Dans l'enclos des Chartreux (1), à Paris : — Santolina Chamæcyparissias (cult.), Artemisia Abrotanum (cult.), Hieracium Pilosella, Ranunculus repens, R. acris, R. auricomus, Heracleum Sphondylium, Poterium Sanguisorba, Ruta graveolens (cultivé).

» Autour du château de Grignon : — Hyssopus officinalis. — Sur les vieilles murailles : Iris Germanica (planté), Cheiranthus Cheiri, Sempervivum tectorum, Sedum album, S. reflexum, S. acre, Sisymbrium Sophia, Turritis glabra.

» Environs du village de Montmartre : — Muscari racemosum, Ornithogalum umbellatum, Cuscuta Epithymum. — Dans les moissons : Triticum repens, Panicum Crus-galli, Melampyrum pratense, Lychnis Gythago, Muscari comosum, Iberis amara, Heliotropium Europæum, Papaver Rœas, Adonis autumnalis, Ajuga Chamæpitys, Centaurea Cyanus, Chrysanthemum segetum, etc.

» Au bord des chemins : — Onopordon Acanthium, Centaurea Calcitrapa, Eryngium campestre, Carduus nutans, Rosa canina, Lampsana communis, Rubus fruticosus, etc., etc. »

Toutes les plantes mentionnées dans les listes d'herborisation de Cornuti se trouvent encore dans nos environs; mais quelques unes ont disparu des localités où Cornuti les a observées, localités dont les unes sont occupées maintenant par des habitations (plusieurs des villages d'alors étant devenus des villes), et dont les autres ont été modifiées par des travaux de culture ou de dessèchement. — C'est ainsi qu'on chercherait vainement : au bois de Boulogne, *Dipsacus pilosus*; sur les hauteurs de Sèvres, *Phalangium Liliago* et *P. ramosum*; dans les marais de Meudon, *Ophioglossum vulgatum*; sur les hauteurs de Meudon, *Antennaria dioica*, etc. (Ces espèces se trouvent dans des localités plus ou moins éloignées, soit au nord, soit au midi de Paris.)

On était loin, à cette époque, de soupçonner que les genres *Rubus* et *Rosa* dussent donner lieu à un si grand nombre d'espèces indigènes. Cornuti se contente de citer le *Rubus* et le *Rosa ca-*

(1) Cet enclos fait actuellement partie du jardin du Luxembourg.

nina : sous le rapport du nombre d'espèces que ces genres renferment en réalité, on était alors à peu près à la même distance en deçà que l'on s'est avancé depuis au delà.

En fait de plantes, rares dans nos environs, observées par Cornuti, et qui se retrouvent encore aujourd'hui dans les mêmes lieux, nous citerons : au bois de Boulogne ou dans le voisinage, *Medicago orbicularis*, *Glaucium flavum* ; dans la Seine, à Saint-Cloud, *Hippuris vulgaris* ; dans les prés de Gentilly, *Cyperus longus* ; dans les champs, à Ivry, *Gagea arvensis* ; dans les bois et les marais de Montmorency, *Anagallis tenella*, *Osmunda regalis*, *Allium ursinum*, *Pyrola rotundifolia*, *Daphne Laureola*, et la variété *Anandra?* de l'*Erica tetralix*.

Les listes de Cornuti, bien que très incomplètes, prouvent qu'il connaissait aussi bien nos plantes indigènes qu'on pouvait les connaître de son temps ; il est singulier, néanmoins, que certaines plantes remarquables, abondantes dans les lieux où il a herborisé, n'aient pas fixé son attention, par exemple le *Geranium sanguineum* au bois de Boulogne ; il est certain que c'est postérieurement à Cornuti que le *Vinca major*, les *Potentilla recta* et l'*ensylvanica*, et le *Bunias Orientalis*, ont été naturalisés dans cette localité.

Cornuti n'a herborisé que dans les environs immédiats de Paris. Il ne paraît même pas avoir visité les forêts de Versailles, de Marly et de Saint-Germain ; il cite, à Malesherbes, une seule plante, le *Nephrodium Thelypteris*, et à Fontainebleau deux espèces seulement, le *Gentiana cruciata* et le *Spiranthes autumnalis* : il est à présumer qu'il n'avait pas exploré ces riches localités lui-même.

XIX.

Herborisations de Tournefort aux environs de Paris.

Soixante-trois ans s'écoulèrent après Cornuti sans qu'il parût de nouvelles publications sur les plantes des environs de Paris ;

ce fut en 1698 que Tournefort (1) fit paraître son *Histoire des plantes qui naissent aux environs de Paris* (1 vol. in-12 de 543 pages), deux ans seulement avant la publication de son important ouvrage intitulé : *Institutiones rei herbariæ.*

En 1725, dix-sept ans après la mort de Tournefort, Bernard de Jussieu donna une nouvelle édition de l'*Histoire des plantes* (2 vol. in-12, l'un de 407 pages, l'autre de 528 pages). La première édition était alors épuisée depuis longtemps : Bernard de Jussieu enrichit d'importantes additions celle qu'il publia ; mais, par respect pour la mémoire de Tournefort, il ne voulut rien changer à la forme première du livre ; le texte de Tournefort est conservé intact, et les articles de son savant continuateur sont indiqués par des astérisques.

L'*Histoire des plantes qui naissent aux environs de Paris* est divisée en six herborisations, dans lesquelles les plantes désignées par les phrases distinctives qui furent plus tard remplacées par des noms spécifiques, sont rangées par ordre alphabétique. — Voici la liste des herborisations :

Herborisation 1. *Au delà de la Porte de la Conférence, du côté du Cours la Reyne, vers les Bons-Hommes* (2), *et le long de la rivière* (3).

(1) La carrière botanique de Tournefort correspond à la dernière partie du règne de Louis XIV. Il naquit en 1646 (trois ans après la mort de Louis XIII), et mourut en 1708 (sept ans avant la mort de Louis XIV, un an après la naissance de Linné) des suites d'un coup violent de timon de voiture qu'il reçut dans la poitrine en traversant la rue Copeau pour se rendre au Muséum.

La carrière botanique de Linné correspond au règne de Louis XV. Il naquit en 1707 (sous le règne de Louis XIV), et mourut en 1778 (la quatrième année du règne de Louis XVI).

(2) Le couvent des Minimes, dont parle Cornuti dans sa première herborisation. — Les Minimes étaient appelés *les Bons-hommes*, à cause du surnom de *Bon-homme*, donné par Louis XI à saint François de Paule, le fondateur de l'ordre. Ce couvent, qui était situé au bas de la montagne de Chaillot, était précédemment un château dont la reine Anne de Bretagne, femme de Charles VIII, fit présent aux religieux qui s'y établirent. Le couvent des Minimes fut détruit en 1790, le chemin passe actuellement sur son emplacement.

(3) Il est à remarquer que les premières herborisations de l'année qu'il convient de faire aux environs de Paris sont indiquées en 1635 par Cornuti, et plus tard par Tournefort et Bernard de Jussieu, à Chaillot et au bois de

Herborisation II. *Dans le Bois de Boulogne.*

Herborisation III. *Aux environs de Suresne, de Saint-Cloud et de Sèvres.*

Herborisation IV. *A Gentilly, Arcœüil, Cachan, Berny et Antony.*

Herborisation V. *A la Porte Saint-Antoine, à Bercy, à Charenton, dans le bois de Vincennes, dans les Iles de la Marne et aux environs de Saint-Maur.*

Herborisation VI. *Où l'on traite des plantes qui naissent en plusieurs endroits des environs de Paris, dont on n'a point parlé dans les Herborisations précédentes.*

« On se flatte, dit Tournefort dans sa préface, que le dénom-
» brement des plantes satisfera les curieux, l'on pourra dans la
» suite rechercher celles qui peuvent nous être échappées ; car il
» est mal-aisé d'avoir tout embrassé du premier coup, quoi que
» l'on se soit renfermé seulement dans *l'étendue d'environ une
» journée autour de la ville.* »

La matière médicale, qui tient beaucoup de place dans le livre de Tournefort, est de peu d'intérêt, sinon au point de vue historique. Voici quelques passages qui pourront en donner une idée :
« La trop grande simplicité de certains médicaments n'est pas
» même toujours aussi avantageuse qu'on se l'imagine : quelques
» uns voudraient n'avoir, pour ainsi dire, que l'âme des mixtes ;
» mais souvent il se trouve que ce qu'il y a de plus grossier agit
» plus efficacement : le quinquina en fournit un bel exemple. On
» ne guérit pas, ce me semble, beaucoup de maladies avec ces
» remèdes si purifiés : ceux que l'on appelle purs alcalis, purs
» acides, purs soufres, n'ont pas des vertus extraordinaires. Quel-
» quefois on appréhende sans raison de détruire un alcali par le
» mélange des acides ; mais l'expérience fait voir que ces scrupules
» sont mal fondés ; car le sel de tartre, plus que rassasié de vi-
» naigre distillé, et le sel d'Absinthe, plus que saoulé de suc de
» Limon, sont pour le moins aussi propres pour les maladies de
» l'estomach, que ces mêmes sels réverbérés avec soin..... Rien

Boulogne, et que cet ordre traditionnel n'a point éprouvé de modification depuis plus de deux siècles, et a été respecté jusqu'à ce jour (1850).

» n'est si opposé à la pratique de la bonne médecine que ces pré-
» tendues idées de chaleur, de froid et de fermentation en faveur
» desquelles les médecins et les malades sont fort souvent préve-
» nus. On n'ose pas, dit-on, donner la tisanne de certaines plantes,
» de peur de trop échauffer ; il ne faut pas purger le malade, de
» peur d'irriter la cause du mal : comme s'il était possible de bien
» vuider un sac sans le secouer..... D'ailleurs il ne faut pas
» compter pour rien ce qu'on appelle le soufre, la terre et l'eau ;
» car, encore qu'il soit possible de réduire tous ces principes à
» un plus petit nombre, il y a pourtant beaucoup d'apparence
» qu'ils agissent plutôt par leur propre structure que par celle des
» autres, dont ils peuvent être composés..... »

Les plantes indiquées dans le livre de Tournefort y sont assez
rarement décrites ; mais leur nom est ordinairement accompagné
de discussions synonymiques précieuses pour l'étude des auteurs
contemporains, et de notions thérapeutiques ; on y rencontre çà et
là d'excellentes observations botaniques. Cet ouvrage a, pendant
de longues années, servi de *vade-mecum* aux botanistes parisiens.

Au point de vue de la délimitation des espèces, nous citerons
l'article suivant (l'auteur, après avoir longuement décrit le *Solanum nigrum*, en distingue, en ces termes, les *S. miniatum* et
ochroleucum) :

« *Solanum officinarum acinis puniceis*, C. B. — La Morelle
» à fruit rouge est ordinairement plus grande que la précé-
» dente ; sa racine est plus grosse ; sa tige est haute d'environ
» deux pieds, anguleuse et comme feuilletée (ailée), divisée quel-
» quefois, dès le bas, en branches qui s'élèvent obliquement, et
» s'étendent fort sur les costés ; les feuilles approchent plus de la
» figure d'un fer de pique que celles de la morelle à fruit noir ;
» elles sont moins ondées sur les bords, et parsemées de poils plus
» apparents ; ses fleurs sont tout à fait semblables ; mais leur fruit
» est ovale, long de quatre lignes sur trois de large, rouge effacé,
» teignant de même couleur, aigrelet, vineux. Cette espèce a, ce
» me semble, l'odeur plus assoupissante que la précédente. »

« *Solanum officinarum acinis luteis*, C. B. — La Morelle
» à fruit jaune a les racines comme les précédentes ; sa tige

» est haute d'environ deux pieds, velue, anguleuse, et comme
» feuilletée; ses feuilles sont beaucoup plus ondées, et comme
» crénelées profondément, vert paslè, velues des deux côtés; ses
» fleurs sont semblables à celles des espèces dont nous venons de
» parler; mais les fruits, qui sont ovales, longs de quatre lignes,
» larges de trois, verts d'abord, et rayés de blanc dans leur lon-
» gueur, sont jaunes couleur d'ocre dans leur maturité; leur suc
» est aigrelet, vineux, peu coloré; les semences sont bordées d'une
» petite chair jaunâtre. L'odeur assoupissante de celle-ci m'a paru
» plus forte que celle des précédentes : cependant ces deux der-
» nières espèces agissent sur le papier bleu de même que la pre-
» mière. »

Voici quelques unes des indications de Tournefort :
« *Ophioglossum vulgatum*, C. B..... Langue de serpent ou Herbe
» sans couture.... On la trouve avec la plante suivante (*Neottia
» ovata*), à côté du Cours-la-Reine, dans le bois qu'on appelle
» *les Champs-Élysées.* »
« *Alkekengi officinarum*... Sous la machine de Marly. »
« *Allium ursinum latifolium*... Fleurit dans le mois d'avril à
» Montmorency, autour de l'étang qui est derrière le château de
» la Chasse, et le long du ruisseau qui de ce château va passer à
» Moulignon. »
« *Allium sphærocephalum sylvestre*... Cette espèce d'ail est fort
» commune autour de Sceaux, du Plessy-Piquet, de Fontenay-
» aux-Roses et de Verrières. »
« *Alsinastrum gratiolæ folio*... (*Elatine Alsinastrum*). Cette
» plante rampe autour des mares du bois de Bondy, surtout vers
» le château de Raincy. »
« *Alsine palustris exigua...* etc. (*Limosella aquatica*). Cette
» plante se trouve autour de l'étang de Porche-Fontaine, à Ver-
» sailles, autour de l'étang de Vilacoublay, autour des lacunes de
» Bondy. »
« *Alysson perenne, montanum, incanum*... (*Alyssum monta-
» num*)... Cette espèce d'Alysson est vivace, et se trouve dans les
» sables de la forêt de Fontainebleau, surtout aux environs du
» château. »

« *Anacampseros purpurea*... (*Sedum Telephium*)... On la trouve
» dans les bois de Meudon, de Versailles, de Palaiseau, de Ver-
» rières, de Saint-Germain, de Montmorency. »

« *Androsœmum maximum, frutescens*... (*Androsœmum offici-*
» *nale*)... Cette plante se trouve à Fontainebleau. »

« *Aparine latifolia humilior*... etc. (*Asperula odorata*)... Elle
» naît sur la rive gauche du chemin qui va de Saint-Prix au bois
» Saint-Paire. »

« *Bulbocastanum majus*... (*Bunium Bulbocastanum*)... Dans les
» champs, autour de la justice de Montfaucon. »

« *Buplevrum perfoliatum, rotundifolium, annuum*... Elle se
» trouve dans les champs qui sont entre Ruel, le Mont-Valérien
» et Saint-Cloud. »

« *Centaurium luteum perfoliatum*... (*Chlora perfoliata*)... Cette
» plante se trouve tout au bout de l'étang de Montmorency, du
» côté qui est opposé à la chaussée; elle vient aussi dans la forêt
» de Fontainebleau. »

« *Doronicum plantaginis folio*... M. Danty d'Isnard, docteur en
» médecine, et très habile dans la connaissance des plantes, a
» trouvé ce Doronic dans la forêt de Saint-Germain, à gauche, en
» allant à Poissy. »

« *Limodorum austriacum*... (*L. abortivum*). Cette plante se
» trouve dans la forêt de Fontainebleau, en allant des Basses-
» Loges à la Magdeleine. »

« *Ornithogalum luteum*... (*Gagea arvensis*). Cette plante se
» trouve autour de la justice de Montfaucon, et dans le parc de
» Rambouillet au faubourg Saint-Antoine. »

« *Osmunda foliis lunatis*... (*Botrychium Lunaria*)... Cette plante
» croît à Belleville, dans le parc de M. le premier président. »

« *Ranunculus montanus folio gramineo*... (*Ranunculus grami-*
» *neus*)... Elle se trouve à l'entrée de la forest de Fontainebleau,
» au delà de la Beuvette royale. Morison la marque sur le grand
» chemin du chasteau, entre l'ermitage et le pont. »

« *Xanthium*... (*X. strumarium*)... Cette plante est assez com-
» mune à Saint-Germain, surtout au château de Maisons. »

Tournefort donne en ces termes la description du Guy (*Viscum album*). On reconnaît, dans ce passage, l'esprit observateur et judicieux de ce grand naturaliste.

« *Viscum baccis albis*, C. B. pin. 423, *Viscum* Dod. pempt. 826. Gui. — Cette plante ne se trouve jamais sur la terre; elle naît sur le Chêne, sur le Pommier, sur le Prunier, sur le Poirier, sur l'Acacia d'Amérique, et sur plusieurs autres arbres. Celui qui se trouve dans le bois de Vincennes, occupe les branches les plus saines de l'épine blanche, et l'on ne trouve sur ces branches ni terre, ni aucune matière qui paraisse propre à faire pousser la semence de cette plante; l'on découvre seulement une tumeur dans les endroits où les pieds du guy sont attachés. Ses fleurs naissent trois à trois, disposées en trèfle dans la division et à l'extrémité des branches. Chaque fleur est un bassin jaunâtre d'environ trois lignes de diamètre, épais comme du maroquin, et recoupée en quatre pièces arrondie en tiers-point, et opposées en croix, de telle sorte que celles qui se répondent vis-à-vis sont égales entre elles, mais inégales par rapport aux autres. Chaque pièce est relevée d'une petite bosse plus pâle que le reste, et divisée en compartiments creusés de fossettes ovales, remplies d'une poussière semblable à la fleur de soufre, ainsi qu'on en voit dans les sommets (étamines) des autres fleurs.

» Celles du Guy ne produisent rien; les fruits de cette plante naissent sur des branches différentes de celles qui portent des fleurs; ces branches se trouvent quelquefois sur le même pied du Guy, qui porte les fleurs (1), et quelquefois aussi sur des pieds qui ne portent que des fruits.

» Ces fruits naissent aussi trois à trois, disposés en trèfle dans l'extrémité des rameaux : chaque fruit commence par un petit embryon ovale, entouré de quatre feuilles épaisses, jaunâtres, longues de demi-ligne, pointues, et qui tombent facilement; cet embryon grossit insensiblement et devient une baie ovale, longue de trois lignes, semblable à une petite perle remplie d'une semence plate, de la figure d'un cœur, couverte d'une

(1) Le guy est dioïque; chacun des deux individus est exclusivement mâle ou femelle. L'erreur dans laquelle est tombé Tournefort à ce sujet tient à ce qu'il avait pris des branches femelles en fleur pour des plantes mâles, ou peut-être aussi à ce qu'il avait regardé comme appartenant au même pied des individus de sexe différent rapprochés à leur base.

membrane argentée, très délicate et enveloppée de glu, c'est-à-dire d'une colle fort gluante, blanchâtre et douceâtre, dans laquelle la semence germe naturellement, et pousse deux œilletons à côté de son échancrure.

« Il y a beaucoup d'apparence que cette semence produit les jeunes plantes de Gui, que l'on voit sur les branches des arbres dont nous avons parlé; car on y en trouve qui ne font que poindre, pour ainsi dire, et qui n'ont encore que les œilletons qui commençaient à se développer dans les baies. Cependant on ne saurait dire que cette semence passe par la racine du Chêne, ou des autres arbres, qu'elle monte dans les branches par les vaisseaux qui portent la sève; puisque chaque semence a deux lignes de diamètre, et que le tissu de ces vaisseaux échappe à nos yeux. Il faut donc que cette semence soit appliquée à l'écorce des arbres par quelque cause extérieure; ces causes se peuvent réduire à deux principales :

» 1° Aux Oiseaux, qui, peut-être, en écrasant ces bayes avec leurs pieds, ou avec leur bec, leur donnent lieu de s'attacher aux branches par leur glu : ainsi voyons-nous que les Pies et les Geais contribuent à la multiplication de plusieurs plantes, en transportant et en enterrant leurs noyaux. Il se peut faire aussi que les oiseaux qui ont avalé les baies de Gui les vident sur les branches des arbres où ils se perchent; ce qui a fait dire à Plaute : *Ipsa sibi avis mortem cacat :* quoi qu'il soit mal aisé de comprendre que les graines qui passent par le gésier des oiseaux ne soient pas écrasées et moulues.

» 2° Il peut arriver aussi que ces baies tombant ou d'elles-mêmes, ou par la violence des vents, se collent quelquefois contre les branches des arbres voisins, surtout si elles y sont appliquées par l'endroit écorché, par où elles tenaient au rameau du Gui; car cet endroit écorché s'attache facilement aux corps sur lesquels il tombe. Mais de quelque manière que ces baies se collent, on peut croire que la glu dont elles sont remplies amollit insensiblement l'écorce contre laquelle elle est attachée; et alors la semence qui a germé dans la baie, comme nous l'avons remarqué plus haut, la perce facilement par sa radicule; peut-être que cette glu, quelque douceâtre et fade qu'elle nous paraisse, fermente avec la sève des arbres, et fait déchirer les fibres de l'écorce où elle se trouve, ce qui favorise considérablement le passage des fibres de la radicule.

» La radicule donc de la semence de Gui, trouvant de la facilité à pénétrer dans l'écorce des branches, s'allonge en fibres verdâtres, qui courent d'abord dans l'épaisseur de l'Aubier, et qui, perçant ensuite le corps ligneux, s'entrelacent avec les fibres des branches, et s'insinuent dans leurs vésicules, d'où elles tirent un suc propre pour leur nourriture. On distingue aisément ces fibres si on se donne la peine de les suivre après avoir découvert la première écorce; il n'est pas surprenant que l'endroit où elles s'insinuent soit grossi, puisqu'elles en augmentent le volume, et que d'ailleurs ces racines, en prenant leur accroissement, compriment les vaisseaux des branches en quelques endroits, les étranglent, et les font casser en d'autres, ce qui cause l'interception et l'extravasation des sucs qu'ils contenaient.

» Le Gui ne saurait vivre que sur les arbres, à cause peut-être que ses radicules n'ayant pas la structure propre à séparer de la terre et à préparer la nourriture nécessaire pour la végétation de cette plante, il a été nécessaire que cette végétation se fît dans la racine d'une autre plante, qui lui sert comme de nourrice; de même que l'estomac des enfants étant trop faible pour préparer les aliments, il faut ou leur donner une nourrice, ou accommoder leur nourriture à la faiblesse de leur estomac. Pour m'assurer de la production de Gui, j'en ai semé la graine pendant trois années de suite; mais je n'en ai jamais vu lever aucune. J'en ai attaché aussi plusieurs baies, dans les mois de Mars et d'Avril, sur de jeunes branches de Pommiers et d'Épine blanche; mais la violence des vents et les fréquentes pluies qui règnent ordinairement dans cette saison, ne m'ont pas permis de me satisfaire entièrement sur cette matière. Ainsi, je ne propose que des conjectures, qui ont assez de vraisemblance pour être reçues en physique. »

« Approbation de M. de Jussieu (Antoine), docteur en médecine de la Faculté de Montpellier, docteur régent en celle de Paris, professeur et démonstrateur de botanique au jardin royal, de l'Académie royale des sciences, et de la Société royale de Londres :

« Les additions que mon frère vient de faire à l'*Histoire des*
» *plantes des environs de Paris*, composée par M. Tournefort, me
» paraissent tellement répondre aux vues que cet illustre auteur,
» et feu M. Fagon, premier médecin de Louis XIV, s'étaient pro-
» posées pour l'avantage de la botanique de cette capitale, que je
» ne puis qu'y donner mon approbation, de même qu'au juge-
» ment qu'il porte de cet excellent ouvrage, à l'éloge duquel il
» pouvait ajouter qu'on ne saurait trop louer la modestie qui y est
» répandue partout, et l'art dont ce grand botaniste s'est servi
» pour s'accommoder dans cet ouvrage à la portée des commen-
» çants, et se rendre en même temps utile aux plus savants bota-
» nistes. — A Paris, ce 19 janvier 1725. — DE JUSSIEU. »

XX.

Le Botanicon Parisiense de Vaillant.

« BOTANICON PARISIENSE, ou dénombrement par ordre alpha-
» bétique des plantes qui se trouvent aux environs de Paris, com-
» pris dans la carte de la prévôté et de l'élection de ladite ville,
» avec plusieurs descriptions de plantes, leurs synonymies, le
» temps de fleurir et de grainer, et une critique des auteurs de
» botanique, par feu monsieur SÉBASTIEN VAILLANT, de l'Académie
» royale des sciences, et démonstrateur des plantes au jardin royal
» de Paris, enrichi de plus de trois cents figures dessinées par le
» sieur *Claude Aubriet*, peintre du cabinet du Roy. 1 vol. in-folio
» de 205 pages et 33 planches accompagnées d'explications en
» regard. A Leyde et à Amsterdam, 1727 (1). »

(1) A la prière de Vaillant, digne élève de Tournefort, alors atteint de
la maladie à laquelle il succomba, Herman Boerhaave se chargea, avec un
parfait désintéressement, de faire imprimer ce bel ouvrage, et graver les
planches qui l'accompagnent. Le célèbre médecin de Leyde fut aidé dans la
mise en ordre des matériaux par Shérard, l'un des plus savants botanistes du
temps. Le *Botanicon Parisiense* ne parut que plusieurs années après la

Cet ouvrage, fruit de longues années d'étude et de fréquentes et laborieuses herborisations, renferme un grand nombre d'observations intéressantes. — Boerhaave dit en parlant de Vaillant : « *Nullum preteriens unquam, cujus plantas haud excuteret, angulum ; vias, agros, valles, montes, hortos, nemora, stagna, paludes, flumina, ripas, fossas, puteos, undequáque lustrans.* »

Les planches qui accompagnent ce bel ouvrage, parfaitement dessinées et gravées, représentent un grand nombre d'espèces intéressantes, et sont toujours consultées avec fruit ; je crois ajouter à leur utilité en en donnant ici la synonymie moderne (1).

PLANCHE I (2).	PLANCHE II.
1, 2, 3. Dædalea sepiaria, Sw.	1. Elatine hexandra, D. C.
5. Scleranthus perennis, L.	2. Elatine hexandra var. octandra,
6. Elatine alsinastrum, L.	Coss. et Germ.
	3. Alsine setacea, M. et K.

mort de Vaillant. Boerhaave a fait précéder l'ouvrage d'une intéressante notice sur la vie et les ouvrages de Vaillant. — Dans le *Botanicon Parisiense* les plantes sont rangées par ordre alphabétique ; elles sont désignées par les phrases descriptives qui tenaient lieu de noms spécifiques avant la réforme linnéenne ; les descriptions sont écrites en français. Les noms employés dans l'explication des figures ne sont pas toujours les mêmes que ceux qui sont employés dans le corps de l'ouvrage ; la concordance eût sans doute été plus complète, l'ordre des figures eût été différent, et leur nombre eût été plus considérable si Vaillant eût pu mettre la dernière main à son ouvrage. — La gravure des planches ayant demandé plusieurs années, Boerhaave fit paraître dans l'intervalle un abrégé (*prodromus majoris operis*) également intitulé *Botanicon Parisiense* (1723, 1 vol. in-12 de 131 pages). Ce manuel d'herborisations pouvait permettre d'attendre le grand ouvrage, car l'auteur en avait fait le manuscrit pour son propre usage (c'est la liste des plantes citées dans l'ouvrage de Tournefort, et d'un certain nombre d'autres, observées depuis par Vaillant) : « *hunc autor secum semper assuetus sumere quoties prodibat herbatum.* » Vaillant se livra à l'étude des plantes des environs de Paris depuis 1696 jusqu'en 1722, année dans laquelle il mourut.

(1) Dans les divers chapitres du *Guide du botaniste* je n'ai pas fait suivre les noms d'espèces du nom des auteurs, parce qu'il est facile de les trouver dans la table de notre *Flore des environs de Paris*, et dans les articles de synonymie du même ouvrage. — Je cite les noms d'auteurs dans cette énumération des plantes figurées par Vaillant, parce qu'un grand nombre appartiennent à des familles cryptogames qui ne rentrent pas dans le cadre de la Flore.

(2) Les plantes figurées dans le *Botanicon Parisiense* de Vaillant sont rangées dans l'ordre alphabétique des phrases qui les désignent, ce qui explique pourquoi dans cette énumération où ces phrases sont remplacées

PLANCHE III.

1. Alsine tenuifolia, Wahl.
2. Cerastium erectum, C. et G.
3. Alsine segetalis, L.
4. Montia fontana, L.

PLANCHE IV.

1. Arenaria grandiflora , L. var. triflora, C. et G.
2. Centunculus minimus, L.
3. Galium tricorne, With.
3 b. Galium saccharatum, All.
4. Galium Vaillantii, D. C.
5. Lemanea fluviatilis, Ag.
6 Radiola linoides, Gmel.

PLANCHE V.

1. Brunella vulgaris, L.; var., Gmel.; pinnatifida, D. C.
2. Peucedanum Chabræi, Gaud.

PLANCHE VI.

1. Erythræa pulchella, Fries.
2. Cicendia pusilla, Griseb.
3. Cicendia filiformis, Delarbr.
4, 5. Glechoma hederacea , L., plusieurs variétés.

PLANCHE VII.

1. Chenopodium opulifolium, Vaill. (Sub. C. Opuli folio).
2. Chenopodium hybridum, L.
3. Geoglossum glabrum, Pers.
4. Sphæria militaris, Ehrh.
5. Clavaria cylindrica, Bull. (C. fragilis, Holmsk.).
6. Batrachospermum helmintosum, Bory.
7. Cladonia furcata, Somm., var.

subulata, Fries. (C. fruticosa, Schœrer., var. recurva).

PLANCHE VIII.

1. Polyporus Vaillantii, Fr. (Boletus Vaillantii, D. C. ; Agaricus cryptarum, Beauv.).
2. Clavaria rugosa, Bull.
3. Clavaria muscoides, L. (C. penicillata, Bull.)
4. Clavaria pratensis, Pers.

PLANCHE IX.

1. Cystopteris fragilis, Bernh.
2. Nephrodium cristatum, C. et G.
3. Cystopteris Filix-fæmina, C. et G.
4. Seseli coloratum, Ehrh.

PLANCHE X.

1. Potentilla Vaillantii, Nestl.
2. Bulliarda Vaillantii, D. C.
4. Fumaria officinalis , L., var. scandens, C. et G
5. Fumaria parviflora, Lam.
6. Fumaria Vaillantii, Loisel.
7. Schizophyllum commune, Fries.

PLANCHE XI.

1, 2, 3. Peziza cupularis, L. (P. crenata, Bull.).
4, 5. Cyathus striatus, Hoffm.
6, 7. Cyathus vernicosus, D. C.
8. Peziza Badia, Pers.
9, 10. Cantharellus tubæformis, Fr.
11, 12, 13. Cantharellus sinuosus, Fr.
14, 15. Cantharellus cibarius, Fries.
16, 17, 18. Agaricus esculentus, Wulf. (A. perpendicularis B.)
19, 20. Agaricus Clavus, Bull.
21, 22, 23. Agaricus Vaillantii, Fr.

par les noms spécifiques modernes, les espèces se trouvent groupées sans ordre. — Les figures non mentionnées dans cette énumération sont celles qui, en raison de leur imperfection, ne nous ont pas paru susceptibles d'être déterminées. — Ce travail présente toutes les garanties de certitude qu'il m'a été possible de réunir. MM. G. Thuret, Léveillé, Durieux de Maisonneuve, E. Cosson et De Schœnefeld, ont contribué avec moi à la détermination des plantes cryptogames ou phanérogames. — La plupart des figures sont citées dans un grand nombre d'ouvrages estimés, nous avons eu à rectifier plusieurs de ces citations.

Planche XII.

1, 2. Agaricus alcalinus, Fries.
3, 4. Agaricus galericulatus, Sch.
5, 6 Agaricus lacunosus, Pers.
7. Agaricus zonarius, Bull.
8, 9. Agaricus nigripes, Bull.
10, 11. Agaricus atramentarius, B.
12, 13, 14. Ag. cinnamomeus, L.
15, 16. Lycoperdon excipuliforme, P.

Planche XIII.

1. Peziza acetabulum, L.
2, 3. Cantharellus cornucopioides, Fries.
4, 5, 6. Agaricus lanuginosus, B.
7, 8, 9. Leotia lubrica, Pers.
13. Peziza scutellata, L.
14. Peziza granulosa, Bull.?

Planche XIV.

1, 2, 3. Agaricus Cyathiformis, Bull. (Agaricus tardus Pers.).
4. Tremella mesenterica, Retz.
5. Amanita Phalloides, Pers.
6, 7, 8. Hydnum repandum, L.

Planche XV.

1. Geranium pusillum. L.
2. Geranium dissectum, L.
3. Geranium molle, L.
4. Geranium columbinum, L.
5. Peplis portula, L.
6. Pilularia globulifera, L.
7. Illecebrum verticillatum, L.

Planche XVI.

1. Eriophorum latifo'ium, Hopp.
2. Eriophorum gracile, Koch.
3. Linaria striata, D. C.
4. Lycoperdon cœlatum, Bull.
5, 6. Scleroderma Cepa, Pers.
7. Scleroderma verrucosum, Pers.
8. Scleroderma citrinum, Pers.
9, 10. Scleroderma aurantium, P.
11. Lycopodium inundatum, L.
12. Silene gallica, L.

Planche XVII.

1. Ægilops triuncialis, L.

2. Triticum repens, L., var. subaristatum, C. et G.
3. Lolium multiflorum, Lam.
4. Agrostis interrupta, L.
5. Milium effusum, L.
6. Hordeum secalinum, Schr.
7. Catabrosa aquatica, L.
8. Poa bulbosa, L.

Planche XVIII.

1. Avena pubescens, L.?
2 Bromus arvensis, Huds.
3. Festuca gigantea, Vill.
4. Festuca rigida, Kunth.
5. Poa compressa, L.
6. Festuca heterophylla, Lam.

Planche XIX.

1. Riccia glauca, L.
2. Riccia cristallina, L.
3. Riccia fluitans, L.
4. Jungermannia epiphylla, L., var. longifolia, Hooker.
5. Jungermannia albicans, L.
6. Jungermannia undulata, L.?
7 Jungermannia polyanthos, L.
8 Jungermannia bidentata, L.
9. Jungermannia platyphylla, L.
10. Jungermannia dilatata, L.

Planche XX.

1. Juncus tenageia, L.
2. Lemna polyrhiza, L.
3. Lemna minor, L.
4. Borrera ciliaris, Ach.
5. Borrera tenella, Ach. (Parmelia cæsia, var. tenella, Fries ; P. stellaris, var. tenella, Schœr.).
6. Ramalina fastigiata, var. calicaris, Ach. (Parmelia fraxinea, var. calicaris, Schœrer).
7. Evernia prunastri, Ach. (Parmellia mollis, var. prunastri, Schœrer).
8. Parmelia o'ivacea, Ach.
9. Umbilicaria pustulata, Hoffm.
10. Parmelia saxatilis, Ach., var. omphalodes.
14. Evernia prunastri, Ach.
15. Ramalina pollinaria, Ach.

PLANCHE XXI.

1. Parmelia saxatilis, Ach.
2. Ramalina fastigiata, Ach. (R. calicaris, var. fastigiata, Fries. Parmelia fraxinea, var. Fastigiata, Schœrer).
3. Cladonia alcicornis, Fries (C. foliacea, var. alcicornis, Sch.)
4. Cladonia coccifera, Schœrer (C. cornucopioides, Fries).
5. Cladonia gracillis, var. verticillata, Fries.
6. Cladonia fimbriata, var. tubæformis, Fries.
7, 8, 9. Cladonia pixidata, Fries.
10. Cladonia bellidiflora, Schœrer.
11. Cladonia pixidata, Fries.
12. Parmelia perlata, Ach.
13. Parmelia acetabulum, Fries.
14. Umbilicaria depressa, B. spadochroa, Schœrer (Gyrophora murina, Ach.).
15. Collema sinuatum, Hoffm.
16. Peltigera canina. Hoffm.
17. Neckera pennata. Hedw.

PLANCHE XXII.

1. Trifolium elegans, Sav. (T. Vaillantii, Poir.).
2. Trifolium fragiferum, L.
3. Trifolium procumbens, L., var. Elatius, C. et G. (T. campestre, Schreb.).
4. Trifolium parisiense, D. C.
5. Trifolium michelianum, Sav. (T. Vaillantii, Loisel.).

PLANCHE XXIII.

1. Neckera viticulosa, Hedw.
2. Hypnum brevirostrum, Ehrh.
3. Sphagnum squarrosum, Ehrh.
4. Leskea complanata, Brid.
5. Hypnum alopecurum, L.
6. Polytrichum juniperinum, Hed.
7. Polytrichum piliferum, Schreb.
8. Polytrichum commune, L.
9. Hypnum prælongum, L. (H. Stockesii, Sm.).
10. Jungermannia Tamarisci, L.
11. Jungermannia furcata, L.
12. Hypnum abietinum, L.

PLANCHE XXIV.

1. Bryum palustre, Sw.
2. Bryum ventricosum, Dicks.
3. Mnium undulatum, Hedw.
4. 5. Mnium hornum, L.
6. Bryum capillare, L.
7. Tetraphis pellucida, Hedw.
8. Weissia cirrhata, Hedw.
9. Bartramia pomiformis, Turn.
10. Bartramia fontana, Sw.
11. Fissidens taxifolius, Hedw.
12. Bartramia pomiformis, Turn.
13. Fissidens bryoides, Hedw.
14. Barbula...
15. Barbula muralis, Timn.

PLANCHE XXV.

1. Hypnum proliferum, L.
2. Hypnum loreum, L.
3. Barbula ruralis, Hedw.
4. Barbula.....
5. Orthotrichum affine, Schrad. ?
6. Orthotrichum...
7. Hypnum illecebrum, Lam. ?
8. Barbula subulata, Brid.

PLANCHE XXVI.

1. Encalypta vulgaris, Hedw.
2. Gymnostomum truncatulum, Hoffm.
3. Bryum argentum, L.
4. Splachnum ampullaceum, L.
5. Mnium punctatum, Hedw.
6. Climacium dendroides, W. et M.
8. Cetraria aculeata, Fries.
9. Hypnum albicans, Neck.
11. Jungermannia tomentalla, Ehrh
12. Bryum nutans, Schreb.
13. Dicranum glaucum, Hedw.
15. Polytrichum nanum, Hedw.
16. Funaria hygrometrica, Hedw.
17. Atrichum undulatum, P. Beauv.
18. Mnium affine, Bland.

PLANCHE XXVII.

1. Hypnum lutescens, Huds.
2. Phascum cuspidatum, Schreb.
3. Leskea sericea, Hedw.
4. Neckera crispa, Hedw.
5. Hypnum squarrosum, L.

6. Hypnum velutinum, L.
7. Dicranum heteromallum, Hedw.
8. Hypnum rutabulum, L.
9. Orthotrichum crispum, Hedw.
10. Orthotrichum hutchinsiæ, Hook.
11. Hypnum nitens, Schreb.
12. Leucodon sciuroides, Schw.
13. Hypnum cupressiforme, L.
14. Hypnum molluscum, Hedw.
15. Grimmia apocarpa, Hedw.
17. Daltonia heteromalla, Hook.
18. Hedwigia ciliata, Hedw.

Planche XXVIII.

1. Anomodon curtipendulum, H. et Tayl.
2. Hypnum exile, L.
3. Hypnum purum, L.
5. Fissidens adianthoides, Hedw.
6, 7, 8. Hypnum serpens, L.
9. Hypnum triquetrum, L.
10. Hypnum stellatum, Schreb.
11. Hypnum cuspidatum, L.
12. Dicranum scoparium, Hedw.
13. Polytrichum urnigerum, L.

Planche XXIX.

1. Hypnum splendens, Hedw.
2. Grimmia pulvinata, Sm.
3. Gymnostomum piriforme, Hed.
4. Phascum subulatum, L.
5. Weissia controversa, Hedw.
6. Bryum androgynum, Hedw.
7. Bryum cæspiticium, L.
8. Hypnum sylvaticum, L.
9. Hypnum commutatum, Hedw.
10. Hypnum Schreberi, Willd.
11. Polytrichum aloides, Hedw.
12. Hypnum abietinum, L.

Planche XXX.

1. Cerastium glomeratum, Thuill.
2. Cerastium varians, C. et G., var. pellucidum (C. pellucidum, Chaub.).
3. Cerastium glomeratum, Thuill.
4. Cerastium arvense, var., L.
5. Cerastium arvense, L.
6. Loroglossum hircinum, Rich.
7. Plantanthera chlorantha, Cust.
8. Gymnadenia conopsea, Rich.

9. Ophrys apifera, Huds.
10, 11, 12, 13. Ophrys arachnites, Willd.
14, 15, 16. Orchis latifolia, L., var.
17, 18. Spiranthes....

Planche XXXI.

1, 2, 3, 4, 5. Orchis latifolia, L.
6, 7, 8. Gymnadenia viridis, Rich.
9, 10. Orchis maculata, L.
11, 12, 13, 14. Orchis morio, L.
15, 16. Ophrys aranifera, Huds.
17, 18. Ophrys myodes, Jacq.
19, 20. Aceras anthropophora, R.Br.
21. Orchis fusca, Jacq., var. stenoloba, C. et G.
22, 23, 24. Orchis galeata, Lam.
25, 26. Orchis simia, Lam.
27, 28, 29. Orchis fusca, Jacq.
30, 31, 32. Orchis coriophora, L.
33, 34. Orchis mascula, L.
35, 36. Orchis ustulata, L.
38, 39. Anacamptis pyramidalis, R.
40. Thymus Serpyllum, L.
41. — Sommité déformée par la piqûre d'un insecte.

Planche XXXII.

1. Polygala vulgaris, L.
2. Polygala amarella, Crantz.
3. Polygala depressa, Wendr.
4. Potamogeton pusillum, L., ou P. Monogynum, Gay. (L'absence du fruit ne permet pas de savoir laquelle de ces deux espèces est figurée).
5. Potamogeton pectinatum, L.
6, 7, 8, 9. Thymus Serpyllum, L. Plusieurs variétés.
10. Callitriche aquatica, Huds.

Planche XXXIII.

1. Trifolium scabrum, L.
2. Trifolium striatum, L.
3. Veronica acinifolia, All.
4. Veronica spicata, L.
5. Fontinalis antipyretica, L.
6. Hypnum fluitans, L.
7. Medicago Gerardi, Willd.
8. Marchantia conica, L. (receptacula mascula).

M. A. de Jussieu possède le manuscrit qui a servi de point de départ à la première édition du *Botanicon Parisiense* de Vaillant, qui l'a écrit en entier de sa main. Ce manuscrit a pour titre : « *Dénombrement des plantes qui naissent aux environs de Paris dans l'étendue de quinze à seize lieues autour de la ville, extrait de l'histoire que M. Tournefort a donnée de ces plantes en 1698, avec les additions de celles qui luy ont échappées et qu'on a observées depuis l'impression de son livre. — Par S. Vaillant, commis par M. Fagon, premier médecin du Roy et surintendant du Jardin-Royal, pour la recherche des susdites plantes. 1704* (in-12, 553 pages). Ce catalogue fait mention de 1886 espèces de plantes, y compris les variétés.

M. A. de Jussieu possède en outre un exemplaire de la petite édition du *Botanicon Parisiense*, avec la synonymie linnéenne écrite sur les marges de la main de M. Antoine-Laurent de Jussieu; suivi d'un catalogue manuscrit des espèces rangées par familles, avec les caractères de quelques espèces et la synonymie de Vaillant. C'est l'exemplaire qui servait à M. A.-L. de Jussieu dans ses herborisations.

XXI.

Les Observations de Guettard.

OBSERVATIONS SUR LES PLANTES, par M. *Guettard*, docteur en médecine de la Faculté de Paris, de l'Académie royale des sciences, et médecin botaniste de S. A. R. monseigneur le duc d'Orléans. 2 vol. in-12. Paris, 1747. — Avec cette épigraphe :

> Hic quascumque fovet plantas Stampeia tellus
> Ubere quasque suo proxima rura ferunt.
> Angusto latitant inclusæ, ast arte, libello ;
> Ordine namque suo plantula quæque patet (1).

« Je me suis proposé, dit l'auteur, deux choses dans cet ouvrage :

(1) Toutes les plantes qui croissent à Étampes et que produisent les campagnes voisines sont renfermées et classées dans ce petit volume.

» 1° de faire connaître les plantes qui viennent aux *environs*
» *d'Étampes* ; 2" de rapporter des observations qui regardent sur-
» tout les glandes et les poils de ces plantes. Celle-ci m'est propre
» et particulière. La première est, à peu de chose près, entièrement
» de M. Descurain, mon grand-père. »

Cet ouvrage est un catalogue fort intéressant des plantes des
environs d'Étampes. Il renferme le résultat des herborisations de
Descurain (pharmacien à Étampes et savant botaniste pour son
temps), continuées par Guettard, qui y ajouta des détails relatifs
à la végétation des provinces du centre de la France. Ces recherches sont « augmentées par un manuscrit du père Barrelier, bo-
» taniste fameux et très connu ; ce manuscrit, qui appartient à
» MM. de Jussieu, renferme quelques plantes indiquées aux en-
» virons de Malsherbes, Bourg, à quelques lieues d'Étampes. »
Enfin, l'auteur a ajouté les plantes observées aux environs d'Orléans par M. de Cambray, maître des eaux et forêts de la généralité d'Orléans, d'après un manuscrit communiqué par Duhamel
du Monceau, de l'Académie royale des sciences. Ces indications
de localités orléanaises sont précédées de l'abréviation OR, pour
les distinguer des localités des environs d'Étampes.

Les plantes sont désignées, dans cette Flore comme dans les ouvrages précédents, par des phrases latines encore en usage ; mais
elles sont classées en familles ou ordres naturels. Ces familles,
dont un grand nombre sont assez heureusement limitées, sont au
nombre de quarante et une. — Les descriptions sont en français,
et sont bornées, en général, à des observations originales sur les
poils et les glandes de la plante. Suivent des indications de localités souvent très détaillées.

Voici quelques extraits de cet ouvrage (t. I, p. 188,
189, 63) :

« *Cenchrus panicula spicata gramen spicatum locustis echi-*
» *natis.* Tourn. inst. rei herb. 515. — Je l'ai trouvé dans les
» champs et les vignes qui sont à la gauche du grand chemin,
» depuis la porte Saint-Jacques jusqu'aux Capucins. » (Cette plante
est le *Tragus racemosus*, Desf.; elle a été retrouvée récemment
à la même localité.)

« *Viscum.* Cæsalp. syst. 904. — Dod. pempt. 826. Linn. hort.
» cliff. 441. »

« *Viscum baccis albis.* C. B. pin. 423 :
» Le Guy n'a point de filets (poils), et par là il a du rapport avec
» les Algues ; ses feuilles ont très peu de fibres, ce qui les rap-
» proche encore de ces plantes qui n'en ont point ; comme elles (1),
» il vient sur presque tous les arbres. Il germe même sur les
» pierres, selon les observations de M. Duhamel. — Il a été trouvé
» sur les Tilleuls de la Norville, du Ménil-Voisin, autour de la
» Folie, proche Châtres ; au Fresne, à Saint-Cyr et sur presque
» tous les Pommiers. »

« *Ophioglossum,* Ophioglosse ou Langue de serpent. — *Ophio-*
» *glossum folio ovato spica disticha.* Linn. hort. cliff. 473. —
» *Ophioglossum vulgatum.* C. B. pin. 354. » (Il est curieux, dans
cette synonymie, de voir Linné, qui n'en était encore qu'à ses premiers travaux, désigner par une phrase une plante que Bauhin
avait désignée par un nom spécifique). — « Il se trouve dans le
» petit pré qui est derrière Vauxdouleurs, dans les terres incultes
» et humides qui sont proche Jeurre, dans les lacunes qui sont
» vis-à-vis Brunehault, et dans les prés de Valnet. — Le père Bar-
» relier l'indique à Malsherbe. »

Parmi les plantes indiquées par Guettard aux environs de
Malesherbes, et que nous avons recueillies aux mêmes localités,
nous citerons : *Ophioglossum vulgatum, Osmunda vulgaris,
Ceterach officinarum, Lemna polyrhiza, Hippuris regalis*
(*Limnopeuce*) : « le long des saignées des prés qui sont vis-
» à-vis le château de Malsherbe. » *Scilla autumnalis, Cyperus
longus,* etc.

L'auteur donne les détails suivants à l'occasion du *Cyperus
longus* : « *Cyperus odoratus radice longa, seu Cyperus offici-*
» *narum.* C. B. pin. 14.... Il est très commun le long de la rivière
» de Juine, proche le moulin de Pierre Broux, proche le château
» de Gironville, et en descendant à la ville de Maisse le long de
» la rivière d'Essone. Les bords de plusieurs autres rivières en
» sont bordés, comme celles qui passent à Malsherbe, à Vaires ;

(1) Par le mot Algues l'auteur entend sans doute désigner les Lichens.

» c'est un chiendent des plus communs de ces rivières. M. Lemery
» dit, dans son *Traité des drogues*, qu'on apportait le Souchet
» d'Étampes à Paris; ce petit commerce est tombé. »

XXII.

Les manuscrits de la bibliothèque de **M. Adr. de Jussieu.**

M. A. de Jussieu possède dans sa riche bibliothèque plusieurs
catalogues alphabétiques manuscrits des plantes des environs de
Paris, postérieurs de quelques années à l'Enchiridion de Cornuti.
La plupart de ces listes ne présentent aucune indication de localités. L'un de ces catalogues, signé J. Gavois, d.-m.-p., porte la
date de 1670; un autre, sans nom d'auteur, est de 1650.

L'un des plus curieux porte la date de 1651; il est également
sans nom d'auteur et paraît de la même main que le précédent.
Il est attribué avec doute à Vespasien Robin, sous-démonstrateur
de botanique au Jardin du roi, à la fondation duquel il contribua
par son zèle sous les ordres de Guy la Brosse, médecin ordinaire
de Louis XIII, et intendant du Jardin, dont il fut le créateur (1).
Le manuscrit en question est intitulé : *Index plantarum jussu
et largitione Celsitudinis Suæ Regiæ Gastonis Franciæ* (Gaston
d'Orléans), *in Gallia hucusque collectarum, anno 1651. In-4°.*—
A l'avant-dernière page se trouve l'article suivant :

« Enumeratio quarumdam stirpium collectarum et nundum
» antea conspectarum in sylvia regia *Fontainebleau*, a decimo
» quarto septembris die ad decimum nonum ciusdem mensis
» anni 1653. »

« *Aria Theophrasti effigie Alni*..... — non longe a monte dicto
» *Montchauvet.* » (*Cratægus latifolia.*)

« Allium iuncifolium bicorne luteum. Bauh. in prodr.;—a
» pago eundo versus cruce dictam de *Sauvray.* » (*Allium flavum.*)

« Calamintha incana ocimi foliis. Bauh. in pin.; — prope

(1) Ce fut de 1626 à 1635 que le jardin de botanique de Paris fut fondé,
par ordre de Louis XIII, sous le titre de Jardin royal des herbes médicinales. — C'est à V. Robin que Linné a dédié le genre *Robinia*.

» pagum *Montigny* iuxta sepes. » (Fausse détermination : ce nom correspond à *Melissa cretica*, L.; il s'agit sans doute d'une forme du *Thymus Acinos*, L.)

« *Lychnis sylvestris viscosa, rubra, angustifolia.* Bauh. in » pin.; *Muscipula angustifolia*, Ger.; — in nemore castelli dicti » de *Bourron.* » (*Lychnis Viscaria.*)

« *Calamintha vulgaris exiguo flore.* Bauh. in prod. » — (*Calamintha Nepeta*, Clairv. ?)

« *Xyris*, Math. — *Spatula fœtida*, 'Dod…. — Locis humidis » sylvæ regiæ *Fontainebleau.* » (*Iris fœtidissima.*)

La dernière page renferme l'article suivant : « Enumeratio quo-» rumdam stirpium de novo repertum in sylva regiæ *Fontaine-* » *bleau*, 1654.

« *Allium montanum purpureum*, Clus. » (*Allium oleraceum.*)

« *Chamæcistus non descriptus.* » (*Helianthemum umbellatum.*)

« *Chamæcistus sextus*, Clus. » (*Helianthemum Fumana.*)

« *Chamægenista prima*, Clus. » (*Genista pilosa.*)

« *Galium rubrum*, Clus. » (*Asperula tinctoria.*)

« *Gentianella autumnalis fimbriata*, Col. » (*Gentiana ciliata.*) (Cette dernière espèce n'a pas été retrouvée à Fontainebleau.)

Un autre manuscrit des plus intéressants est d'Antoine de Jussieu, et écrit de sa main : c'est un journal d'herborisations faites aux environs de Paris pendant l'année 1712. — Le savant botaniste mentionne un grand nombre de plantes rares dont plusieurs n'étaient pas encore décrites. Plusieurs de ses indications sont accompagnées de notes descriptives et d'observations très justes et fort intéressantes. En voici quelques extraits, dans lesquels, pour plus de brièveté et d'utilité, je supprimerai les phrases descriptives, et les remplacerai par les noms spécifiques modernes, autant qu'il me sera possible d'y parvenir (1).

« Herborisation faite au mois de may 1712 avec MM. Vaillant, » d'Isnard, Hugo et de Jussieu. — Parti de Paris lundi 23 may; » de Gentilly passé à Cachan, au Bourg-la-Reine, à Sceaux, à » Antoni, à Massy, à Palaiseau, à Orsay.

(1) Ces noms sont, ainsi que dans les articles précédents, placés entre parenthèses.

» ... (*Podospermum laciniatum*), sur les murailles de Gentilly.

» ... (*Cynoglossum officinale floribus albis*), chemin de Palaiseau.

» ... (*Trifolium subterraneum*), entre Palaiseau et Orsay, sur » les levées de la prairie et du chemin ; fort commune.

» *Trifolium pratense, flore monopetalo minore* (*T. pratense*, » var. *microphyllum*). Cette plante diffère du Trèfle ordinaire » des prés par la petitesse de ses fleurs qui ne débordent point les » lobes du calyce, au lieu que les fleurs, à l'ordinaire, le débor- » dent d'un demi-pouce.

» ... (*Trifolium striatum*), dans le même endroit que les pré- » cédents.

» *Ranunculus chærophyllos, Asphodeli radice.* Au bas de la » butte de Palaiseau, proche la Croix.

» ... (*Crassula rubens*), dans les terres.

» ... (*Carex divulsa*), dans les prés, à Palaiseau.

» ... (*Alopecurus geniculatus*). Les étamines sont violettes.

» *Chondrilla juncea...* Les semences sont couronnées de cinq » pointes ; du milieu de cette couronne sort une longue aigrette » blanche et soyeuse.

» ... (*Osmunda regalis*), entre Orsay et Saint-Clair, aussi bien » que les suivantes :... (*Allium ursinum*).

» ... (*Eriophorum latifolium*). Le *Linagrostis spica singulari* » *alopecuroides* et le *L. panicula minore* (les *Eriophorum va-* » *ginatum!* et *E. gracile!*) se trouvent à Saint-Léger, auprès du » *Galé.*

» ... (*Cirsium Anglicum*), à Saint-Clair.

» *Hedera terrestris vulgaris* (*Glechoma hederacea*). Prenez » cette plante en fleurs, pilez-la, mettez le jus et le marc dans » une bouteille de gros verre que vous boucherez et exposerez au » soleil pendant tout l'été. Les vers qui s'y engendreront se ré- » duiront en une huile verdâtre, laquelle huile, lorsqu'elle se » séparera de ses fæces, vous verserez par inclination dans une » bouteille. Cette huile est merveilleuse pour la guérison des » plaies des tendons et des nerfs.

» *Hypericum pulchrum Tragi* (*Hypericum pulchrum*). On peut

» se servir de cette espèce de millepertuis pour en faire l'huile,
» quelques praticiens la préfèrent à la vulgaire. C'est un baume
» excellent pour les playes. Les sommités bien fleuries de cette
» plante mises en poudre et prises à la dose d'un demi-gros dans
» du gruau ou du bouillon sont excellentes pour les ulcères du
» poumon. — A Saint-Clair soupé et couché.

» De Saint-Clair à Roussigny. Entre ces deux villages se trou-
» vent les plantes suivantes dedans et autour des lacunes :

» *Millefolium aquaticum, caule nudo* (*Hottonia palustris*).
» Le calyce de la fleur est évasé et découpé en estoile à cinq quar-
» tiers. Le pistile est un bouton un peu conique terminé d'un
» long filet ; il s'ouvre dans sa maturité, de la pointe à la base, en
» cinq lobes, et contient plusieurs semences qui couvrent et en-
» tourent le placenta. Les fleurs sont en entonnoir, et naissent par
» étages en rayons autour de la tige. Cette plante pourrait être
» rangée auprès des oreilles-d'ours.

» ... (*Stellaria graminea?*), dans les lacunes de Saint-Clair et
» dans les patis de Saint-Léger.

» *Pentaphylloides palustre* (*Comarum palustre*), à l'endroit
» indiqué par M. Tournefort.

» ... (*Carex dioica?*), dans les lacunes de Saint-Clair et dans
» les patis entre Saint-Léger et Montfort.

» *Buxus arborescens.* — *Fumaria major scandens, flore majore
» et pallidiore* (*Fumaria capreolata*), dans les hayes de Rous-
» signy.

» *Pyrus sativa foliis utrinque incanis et tomentosis, vulgo*
» Poirier de Cyrole. La poire en est blanche et bonne à faire du
» cidre. Auprès de Saint-Clair et de Saint-Léger, commune.

» *Primula grandiflora*, entre la ferme et le château de Roche-
» fort, dans le bois.

» Soupé et couché à Épernon. — Mercredy 25 may, d'Épernon
» à Hanche, Maintenon :

» *Geranium saxatile lucidum*, sur les murailles en sortant
» d'Épernon.

» A Villiers, Saint-Lucian et Saint-Léger :

» ... (*Potentilla Vaillantii*). Les pétales des fleurs sont découpés
» en deux, et les feuilles sont échancrées en forme de cœur à leur

» pointe. Cette espèce de fraisier est fort commune dans le bois
» qui est près du château de Villiers.

» *Quercus quæ oblongo pediculo.* Il y a quelques pieds de chêne
» où nous avons trouvé les grappes ou raisins qui sont des effets
» de la piqueure d'un insecte, faite à la grappe de fleurs. On
» trouve sur les mêmes ce *lanugo* ou coton en forme de pelotte,
» des pommés de chesne, ces fruits écailleux, et les fausses noix
» de galles.

» Dans les patis de Saint-Léger près la maison appelée l'Archer.

» ... (*Drosera rotundifolia*; *D. intermedia*; *Eriophorum va-*
» *ginatum*; *Hypericum Elodes*; *Carex vesicaria*, *C. pulicaris*).
» Soupé et couché à Saint-Léger, jeudy 26 may.

» ... (*Sorbus aucuparia*), dans le bois en sortant de Saint-
» Léger pour aller à Montfort.

» Herborisation faite au mois de juillet 1712. — Parti de Paris
» le 27 juillet. A Charenton, dans les aulnettes entre Creteil et
» Boissy :

» ... (*Ranunculus Lingua*); ... — (*Sison Amomum*), dans les
» hayes autour de Boissy et auprès de l'abbaye d'Yères.

» ... (*Potamogeton pectinatum*), dans la rivière d'Yères.
» Soupé et couché à Yères, le jeudy 28 juillet.

» Herborisation faite le 5 septembre 1712 jusqu'au 8 sep-
» tembre, avec MM. Vaillant, d'Isnard, Hugo et de Jussieu. — A
» Versailles le 6 septembre.

» ... (*Erigeron graveolens*), à la porte de Buc en entrant dans
» le parc de Versailles du côté de Porché-Fontaine.

» *Cirsium... proliferum.* Un vice de la plante dont les têtes
» ont été piquées par quelque insecte.

» *Lappa sive Bardana major, flore albo*, le long du chemin
» avant que d'arriver à Trape.

» ... (*Plantago major, var. minima*). Cette plante vient dans
» les endroits humides auprès de l'étang de Trape.

» ... (*Utricularia minor*), dans les marais de Saint-Léger, au-
» près du *Galé*.

» ... (*Myrica Gale*; *Lycopodium inundatum*; *Juncus tenageia*),
» à Saint-Léger.

» *Plantæ observatæ circa* Arcueil *et* Cachan ; *in pratis :*
» ... (*Orchis latifolia*)—(...*Satyrium viride!*) *cum priori invéni*
» *sed rarius occurrit...*; (*Caltha palustris* ; *Symphytum offici-*
» *nale* ; *OEnanthe peucedanifolia* ; *OE. fistulosa* ; *Scorzonera*
» *humilis* ; *Lychnis Flos-Cuculi* ; *Spiræa Ulmaria* ; *Lysimachia*
» *nummularia* ; *Carex distans* ; *C. paniculata* ; etc.). »

`XXIII.

Rapport d'Antoine de Jussieu sur les plantes qui altéraient l'eau de la Seine en 1733.

Dans un rapport intitulé : « *Examen des causes qui ont altéré*
» *l'eau de la Seine pendant la sécheresse de l'année 1731,* » et qui
fait partie des *Mémoires de l'Académie des sciences* (14 novembre
1733), Antoine de Jussieu énumère en ces termes les espèces de
plantes qui couvraient, en cette année, le lit presque à sec de la
Seine : « Les plantes aquatiques ont, généralement parlant, des
» qualités plus sensibles que la plupart des plantes terrestres. Les
» unes se font distinguer par une odeur aromatique si forte qu'elle
» en devient désagréable, comme sont les Mentes d'eau ; les autres
» sont remarquables par une odeur fétide et marécageuse, telles
» sont les Millefeuilles et les Prêles d'eau ; presque toutes ont une
» âcreté intérieure plus ou moins perceptible au goût, comme
» sont les Cressons, les Poivres (*Polygonum hydropiper*) et les
» Renoncules aquatiques ; et quelques unes enfin, telles que les
» Conferves ou Mousses d'eau, semblables par leur effet à celui
» que l'Ortie cause au toucher, échauffent subitement la main qui
» les presse.... Tant que ces mêmes plantes sont vivantes et dans
» leur entier dans le lit des rivières où elles croissent, quelque
» fortes qu'en soient les odeurs et quelque âcres et fétides qu'en
» soient les saveurs, elles ne communiquent rien de leur bonne ou
» mauvaise qualité à l'eau qui les y couvre, et l'on ne s'aperçoit à
» l'odorat et au goût que ces eaux soient altérées que lorsque, par
» la dissolution des parties de ces plantes et par leur corruption,

» elles font participer l'eau dans laquelle elles se trouvent à leur
» bonne ou mauvaise qualité… Entre les plantes pernicieuses aqua-
» tiques dont je veux parler, il y en a deux principales : l'une que
» les botanistes appellent *Hippuris*, genre de plante semblable par
» son port extérieur à la Prêle de nos campagnes ; elle en diffère
» néanmoins par son odeur, par la configuration de son fruit, et
» parce qu'elle est toujours couverte d'eau ; l'autre porte en latin
» le nom de *Conferva*, tiré de sa qualité brûlante, et en français
» celui de Mousse d'eau, à cause de sa verdure et de son étendue,
» par lesquelles elle a quelque rapport à nos Mousses ordinaires…
» C'étaient surtout ces deux espèces de plantes dont ces petites
» mares d'eau dormante, répandues tout le long du lit de la ri-
» vière, étaient pleines, qui, par défaut d'eau suffisante pour les
» couvrir entièrement, se fanaient à l'extrémité de leur tige et se
» corrompaient ensuite par le pied… L'abondance et l'accroisse-
» ment de ces plantes devinrent si prodigieux en plusieurs endroits
» des rivières de Marne et de Seine, qu'on fut obligé de les y faire
» déraciner avec une espèce de ratissoire, pour remédier aux obsta-
» cles qu'elles mettaient à la navigation, et pour rendre le cours
» de l'eau plus libre. »

Plusieurs *Equisetum* étaient connus des botanistes anciens sous
le nom d'*Hippuris*, mais Ant. de Jussieu a soin de distinguer les
Prêles de son *Hippuris* ; il y a lieu de croire qu'il ne s'agit pas
non plus ici de l'*Hippuris vulgaris* qui n'exhale aucune odeur
désagréable, n'est submergé qu'accidentellement, et dont l'abondance ne saurait jamais être un embarras pour la navigation. La
plante désignée sous le nom d'*Hippuris* par Ant. de Jussieu, et
qui me paraît être la même que celle appelée par Cornuti *Hippuris fœtens*, se rapporte au contraire, sans difficulté, à notre *Chara
fœtida*, plante submergée, susceptible de former rapidement dans
les cours d'eau des masses considérables, et dont l'odeur est forte
et désagréable. G. Bauhin décrit et figure le *Chara fœtida* sous le
nom d'*Equisetum fœtidum sub aqua repens… quod Lugdunenses
Chara vocant* ; c'est, dit-il, l'*Hippuris minima* de Dioscoride.

LIVRE TROISIÈME.

DE LA RÉCOLTE ET DE LA PRÉPARATION DES PLANTES.

I.

De l'utilité d'un herbier.

De tous les livres de botanique, le plus instructif, et en même temps le plus agréable à consulter, est un herbier bien fait. Un échantillon, recueilli avec intelligence et préparé avec les soins convenables, est préférable à la plus fidèle gravure ; et un coup d'œil jeté sur cet échantillon laisse dans l'esprit une idée de la forme générale de la plante, infiniment plus nette que celle qui pourrait résulter de la lecture de la meilleure description.

Une description n'est pas destinée, d'ailleurs, à être lue et étudiée en l'absence de la plante qu'elle a pour objet, mais seulement à faciliter son étude lorsque l'on a cette plante sous les yeux. Or il est rare que l'on rencontre dans une même excursion toutes les espèces d'un même genre ou tous les genres d'une même famille ; et cependant on ne saurait bien connaître les espèces d'un même genre qu'en les comparant entre elles, et les genres d'une même famille qu'en les comparant entre eux. Aussi les herbiers où l'on trouve classés dans un ordre logique toutes les espèces de chaque genre recueillies aux diverses périodes de leur végétation sont-ils un des moyens d'étude les plus indispensables.

Si les plantes sèches sont moins faciles à étudier que les plantes fraîches, elles offrent de plus que ces dernières l'avantage de pouvoir être consultées dans toutes les saisons de l'année ; leur possession est même d'autant plus utile et d'autant plus agréable, que c'est en général pendant l'hiver, alors que toute trace de végétation semble avoir disparu du sol, que l'on trouve le temps de se livrer à l'étude des espèces dans le silence du cabinet.

Bien des années après les avoir recueillies, on se rappelle, en

16.

parcourant son herbier, la beauté des sites dont ces plantes étaient l'ornement ; et l'on se reporte en imagination aux jours heureux de tant d'excursions botaniques dont chacune vous a, à son tour, apporté sa part de bonheur.

II.

Ce que c'était que les anciens herbiers.

Les herbiers d'aujourd'hui ne ressemblent en rien à ceux que l'on préparait il y a moins d'un demi-siècle ; à part les botanistes de profession qui savaient déjà l'importance qu'il y a dans la récolte des plantes entières, presque tous les amateurs de plantes se contentaient de recueillir des sommités de tiges fleuries qu'ils séchaient dans un livre, et qu'ils fixaient ensuite à une feuille de papier de petit format, en l'empâtant de colle dans toute son étendue. Les mêmes amateurs avaient le plus grand soin de faire avec des traits de plume des encadrements à chaque feuille ; quelques uns même poussaient la coquetterie jusqu'à dessiner un vase à fleurs au-dessous de chacune des tiges collées.

Telle fut l'enfance de l'art ; on ne tarda pas cependant à s'apercevoir que la richesse d'un herbier consiste, non pas dans les enjolivements du papier, mais dans le nombre et la bonne conservation des plantes qu'il renferme : les sommités fleuries furent remplacées par les plantes entières ou des rameaux complets ; les plantes furent fixées avec d'étroites bandelettes susceptibles d'être déplacées ; le petit format fut remplacé par le grand, etc.

Néanmoins, lorsque je débutai dans l'étude de la botanique, et que je songeai à faire un herbier, j'avais reçu plus de notions de l'ancienne méthode que de la nouvelle, et je ne puis me rappeler sans sourire les résultats de mes premières herborisations : mes plantes moisies, et des récoltes entières presque converties en terreau, en raison de leur séjour trop prolongé dans le même papier, et par suite de l'avis que j'avais reçu de me contenter, pour les préparer, de quelques vieux journaux et autres mauvais papiers. — L'année suivante, les journaux étaient remplacés par plusieurs rames de bon papier, et j'étais dédommagé de mes pertes de manière à n'avoir plus à les regretter.

III.

Des herbiers généraux et des herbiers de régions.

Il n'est pas donné à tous les botanistes d'entreprendre, avec quelque espoir de succès, la fondation d'une collection générale des plantes de toutes les contrées du globe. On peut, il est vrai, borner ses désirs à la possession d'un certain nombre d'espèces des principaux genres de chaque famille, mais, même ainsi limité, un herbier général est long, difficile, et dispendieux à créer.

Après les plantes indigènes, qui constituent le premier fonds d'une collection de ce genre, les jardins botaniques et les serres peuvent fournir d'assez nombreux matériaux; mais les plantes exotiques, cultivées sous un climat différent de celui qu'elles habitent dans la nature, éloignées des circonstances locales qui influent d'ordinaire sur leur développement, et soumises en commun à un même régime, quels que soient leurs mœurs et leurs besoins naturels, affectent souvent un port assez différent de celui qu'elles présentent à l'état spontané : les fruits de ces plantes dépaysées et maladives mûrissent d'ailleurs assez rarement, et chaque espèce est en général trop peu abondante pour que l'on puisse en recueillir des échantillons munis de leur souche ou de leur racine.— Les plantes des recueils iconographiques et les dessins exécutés d'après des plantes sèches ou vivantes, sont aussi des moyens précieux d'ajouter à la collection quelques uns des types les plus importants et les plus difficiles à se procurer. Néanmoins on ne saurait parvenir, avec ces différentes ressources, qu'à un résultat bien incomplet, si l'on n'a pas beaucoup récolté soi-même dans de lointains et nombreux voyages, et si l'on ne peut se procurer les collections rares et

d'un prix élevé, publiées à différentes époques par les botanistes
voyageurs qui ont exploré les principales contrées du globe. —
Les grandes collections générales qui existent appartiennent la
plupart à des établissements publics et à des Sociétés savantes ;
quelques unes sont des collections privées ; toutes sont le résultat des laborieux travaux de plusieurs générations de botanistes.

Il est sage, en général, de laisser aux grands établissements publics le soin d'édifier des herbiers généraux. En effet, les entreprises collectives peuvent être soumises à des phases alternatives
de langueur et de prospérité, elles peuvent manquer de cette impulsion ardente et soutenue, qui est généralement le résultat du
sentiment de la possession et de l'unité dans la direction ; mais
à ces entreprises dont le personnel se renouvelle indéfiniment
est attaché le précieux privilége d'être toujours jeune, et de
n'avoir point à compter avec le temps.

Le plus ordinairement les botanistes se contentent de consulter, lorsqu'ils en ont besoin, les plantes exotiques dans les
grandes collections publiques ; et ils se bornent à faire un herbier des plantes indigènes de leur pays ; admettant, néanmoins,
les plantes exotiques, quand l'occasion se présente d'en avoir, et
les plaçant comme appendice, à la suite des genres indigènes les
moins éloignés, ou des familles les plus voisines.

N'est-il pas, en effet, plus agréable, et plus profitable en même
temps, d'étudier la végétation du pays que l'on habite, que de
s'occuper de la végétation d'une contrée que l'on n'est point destiné à voir ? Ne fera-t-on pas de meilleures observations sur des
plantes que l'on peut facilement trouver vivantes et examiner
pendant chacune des périodes de leur végétation, que sur des
plantes sèches, dont chaque espèce est représentée par un petit
nombre d'échantillons et souvent même par un seul échantillon plus ou moins incomplet ?

Il s'en faut, cependant, que l'étude des plantes exotiques ne
puisse être utilement abordée loin des contrées où ces espèces
croissent spontanément, et à l'aide seulement d'échantillons
secs ; si les plantes n'étaient étudiées que vivantes, et seulement
dans les pays habités par des botanistes, les végétaux d'un grand

nombre de contrées du globe pourraient indéfiniment rester inconnus, ne trouvant point de descripteurs. C'est, au contraire, grâce à l'étude des plantes sèches, rapportées par les voyageurs, que les espèces végétales du monde entier ont pu être, en si grande abondance, décrites et classées dans l'intervalle d'un petit nombre d'années, et que la science botanique a pu faire de si grands et si rapides progrès.

En conseillant aux botanistes, et surtout aux botanistes amateurs, de donner la préférence à la recherche des plantes indigènes, mon but est surtout de les engager à aborder une étude accessible à tous, et qui d'ailleurs fournira longtemps encore matière à de curieuses observations et à d'intéressants travaux.

Les collections cryptogamiques sont aussi l'objet des études les plus attachantes : la récolte et la préparation des plantes cryptogames peuvent suffire pour occuper tous les instants de l'amateur le plus zélé, et l'étude approfondie d'une seule des familles, ou même de quelques genres seulement de la cryptogamie, peut remplir l'existence de l'observateur le plus assidu et le plus laborieux.

Des collections utiles aux progrès des sciences qui peuvent avoir pour objet l'application pratique des connaissances botaniques (les sciences médicales, l'agriculture, l'horticulture, etc.), sont des herbiers de plantes médicinales, tant indigènes qu'exotiques, de plantes de grande et de petite culture : plantes des prairies et des forêts, céréales, plantes tinctoriales, plantes des jardins et des serres, etc. — Enfin, on a fait, à un point de vue littéraire ou artistique, des herbiers historiques et des herbiers archéologiques.

Que deviennent les collections particulières après les botanistes qui ont passé leur vie à les recueillir et à les augmenter avec un si grand amour et une si constante sollicitude? Quelques unes tombent entre des mains indignes ou ignorantes, et sont tristement condamnées à se détruire dans un grenier. Aussi plusieurs botanistes ont-ils eu l'heureuse idée de léguer leur herbier à un Musée ou à une Bibliothèque publique, soit de Paris, soit d'une ville de province, afin que la conservation en fût assurée.

Si cependant ces collections ont appartenu à un botaniste distingué, et ont servi de matériaux pour l'exécution de Flores ou de Monographies; si elles renferment un grand nombre de plantes recueillies et étiquetées par des botanistes connus; si les plantes sont en ordre, ont été, pour la plupart, étudiées, et sont accompagnées de notes et d'observations manuscrites; si, enfin, elles sont dans un état satisfaisant de conservation, elles sont recherchées et peuvent atteindre un prix élevé, bien qu'inférieur de beaucoup à celui que leur acquisition en détail a pu coûter. Ces herbiers trouvent donc presque toujours une digne hospitalité, soit chez un botaniste dont ils vont enrichir les collections, soit dans les établissements publics, où tous les botanistes peuvent aisément les consulter.

<hr>

IV.

De la modération dans la récolte des plantes.

Ainsi que je viens de le dire, les herbiers d'autrefois étaient d'une excessive pauvreté, au point de vue du nombre des échantillons ou spécimens de chaque espèce; la plupart des plantes n'étaient même représentées dans ces collections que par un seul échantillon, et le plus souvent par un fragment incomplet. — Aujourd'hui on a reconnu la nécessité de posséder les plantes en nombreux échantillons, provenant de diverses localités. En outre, le système des échanges étant pratiqué aujourd'hui par la plupart des botanistes sur une assez grande échelle, il en résulte que l'on recueille et que l'on prépare souvent des quantités d'échantillons assez considérables.

Ce zèle est des plus louables, et le résultat en est des plus profitables; je crois cependant devoir engager les explorateurs à ménager les localités où les espèces qu'ils recueillent sont peu répandues, et à faire de larges provisions seulement dans les localités où ces plantes sont abondantes.

Tant de causes de destruction sont réunies déjà contre certaines espèces intéressantes, que je crois dans l'intérêt de la géographie botanique, et dans l'intérêt aussi des botanistes qui viendront après nous, devoir demander grâce pour les plantes dont un petit nombre d'individus constatent une station de quelque importance; d'autant plus qu'il est presque toujours facile, par les relations multipliées que les botanistes ont entre eux, de se procurer la même espèce d'une localité où elle est abondante.

Le botaniste doit recueillir, pour son propre herbier, chaque espèce avec des soins particuliers; il doit se procurer la plante à tous ses états, s'il lui est possible : la germination avec les feuilles cotylédonaires, la rosette de feuilles radicales, puis la plante avant la floraison, pendant la floraison, et enfin à la maturité des fruits. Et cela, pour toutes les espèces et variétés, grandes et petites, rares et communes.

Quant aux plantes que l'on destine aux dons et aux échanges, on doit les choisir parmi celles qui sont abondantes dans le pays que l'on habite, et rares dans les pays voisins. Ces plantes devront être préparées avec le même soin que celles que l'on prépare pour soi-même; mais on conçoit qu'il n'est pas toujours possible de les récolter en abondance à tous les états auxquels on les a récoltées pour son propre herbier, surtout lorsqu'il s'agit de plantes de grande taille ou d'une préparation longue et minutieuse.

Quant aux botanistes préparateurs, qui voyagent pour une société ou dans l'intention de publier des collections, ils doivent traiter la récolte et la préparation de chaque espèce en vue de chaque collection, comme s'il s'agissait de leur propre herbier, c'est-à-dire le plus complétement possible, tout leur temps pouvant être consacré à cette unique occupation.

V.

Des instruments de récolte.

Voici la liste des objets nécessaires pour recueillir et récolter les plantes.

Houlette ou Fer-de-lance. — C'est l'outil le plus commode pour déraciner les plantes ; il doit être d'acier. La forme de la lame est ovale-aiguë : c'est la forme d'un cœur de carte à jouer, moins l'échancrure, mais plus allongée ; l'extrémité et les bords doivent être tranchants, et la ligne moyenne se relever sur l'une des deux faces en une nervure destinée à donner de la force à la lame. La longueur de la lame doit être de 15 à 16 centimètres environ et la largeur, au point le plus large, de 8 centimètres ; la lame doit se terminer à sa base par une douille forte et profonde, à laquelle on adapte un manche solide de bois de frêne (1). La longueur totale de l'instrument emmanché ne doit pas excéder 4 décimètres ; un manche trop long en rendrait le maniement difficile.

On peut aussi, pour les promenades où l'on ne doit avoir qu'accidentellement occasion de recueillir quelques plantes, se servir d'une canne terminée par un fer-de-lance ; mais la longueur de la canne gêne les mouvements, et pour les herborisations spéciales, la lance à manche court est infiniment préférable. On trouve dans les magasins de quincaillerie des houlettes communes de jardiniers, qui, à la rigueur, peuvent servir ; mais il est mieux d'en faire fabriquer de plus soignées en acier par un coutelier intelligent.

Pioche. — Une pioche à manche court est aussi très commode pour enlever des souches considérables dans les terrains

---

(1) On peut remplacer, avec avantage pour la solidité, l'élégance et la légèreté, la douille par un prolongement aplati de la longueur que doit avoir le manche. Ce prolongement est une sorte de lame dont le plat doit être perpendiculaire au plat de la lame du fer-de-lance ; il reçoit sur chacune de ses deux faces un demi-cylindre de bois destiné à compléter le manche, et fixé par des clous et des viroles : c'est une monture analogue à celle des couteaux de chasse.

compactes, mais cet instrument présente l'inconvénient de trancher les racines que l'on pourrait, avec plus de temps, il est vrai, enlever sans les endommager, en se servant du fer-de-lance. La combinaison des deux outils peut d'ailleurs être fort utile : on commence avec la pioche à enlever la terre autour de la souche, et l'on achève de l'enlever, sans rien briser, à l'aide du fer-de-lance.

Bâton ferré.—Il est indispensable, dans les pays de montagnes, d'être muni d'un long et solide bâton terminé par une pointe de fer, pour s'aider à gravir ou à descendre les pentes glissantes ou escarpées, à franchir les torrents, les crevasses des glaciers, à sonder les rochers que recouvre la neige, etc. Dans les pays de plaines, un bâton n'est pas indispensable, mais il peut être fort utile : il doit se terminer inférieurement par une extrémité d'acier, dans laquelle est creusée une cavité où l'on insère la pointe de fer que l'on peut, à volonté, remplacer par le croissant, le crochet, ou même un fer-de-lance. Ces diverses lames se fixent au moyen d'une vis mobile qui en traverse la tige ainsi que la monture d'acier qui termine le bâton et qui reçoit cette tige.

Le *Crochet d'acier*, que l'on adapte au bâton, est destiné, soit à saisir et à abaisser de hautes branches d'arbres, soit à déraciner une plante fixée à un mur élevé ou à l'escarpement d'un rocher; ou bien encore à atteindre une plante aquatique croissant à une certaine distance du rivage, ou submergée à une certaine profondeur. — Le crochet peut être, pour ce dernier usage, remplacé par un râteau.

Pour recueillir certaines Algues très délicates, au fond de l'eau, une cuiller profonde, se vissant également au bout du bâton, est un instrument fort utile.

Le *Croissant* est un crochet tranchant par sa concavité, une sorte de petite faucille qui peut servir aux mêmes usages que le crochet, et, de plus, à détacher des rameaux trop élevés pour les atteindre autrement; on fixe le croissant comme le crochet, à l'extrémité du bâton.

Couteau et Serpette. — Une forte et solide serpette est préférable au meilleur couteau pour couper les branches et les rameaux; en outre, la serpette est aussi très commode pour arracher rapidement de petites plantes annuelles ou cespiteuses. Il est prudent d'en avoir plusieurs en commençant le voyage, car on les perd fréquemment, et c'est un des outils les plus indispensables.

Croc ou Harpon. — Il est utile d'avoir un croc de fer à trois pointes recourbées, et terminé par une boucle à laquelle on fixe une longue ficelle ; on le jette, en retenant la ficelle par l'extrémité, dans les eaux profondes, où l'on ne pourrait s'engager sans danger, pour en retirer les plantes que l'on aperçoit à leur surface ou dans leur profondeur, hors de la portée du crochet adapté au bâton. Une tige de fer d'un décimètre de longueur, hérissée d'un grand nombre de pointes recourbées d'un pouce de longueur, et également terminée par une boucle pour adapter la ficelle, est un instrument encore plus avantageux.

Étiquettes de papier et Crayon. — On doit avoir, dans un petit sac ou dans un des compartiments de la boîte, un grand nombre de petits carrés de papier destinés à servir d'étiquettes. Après avoir inscrit au crayon le nom de la plante, ou au moins la localité où elle a été recueillie, on fixe l'étiquette en la roulant autour de la tige, ou au moyen d'un fil (dont les étiquettes ont dû être préalablement munies). Cette précaution est indispensable aux élèves auxquels le professeur nomme les plantes aux herborisations publiques, et aux botanistes qui parcourent dans la même journée des localités éloignées les unes des autres ; les récoltes successives de plantes se trouvant, sans cette précaution, inévitablement mêlées dans la boîte.

Boîte d'herborisation (1). — Tout le monde connaît la forme ordinaire des boîtes d'herborisation de fer-blanc ; cette forme est généralement celle d'un cylindre un peu comprimé. Ces boîtes s'ouvrent en dessus, dans les deux tiers de leur longueur et de leur largeur, par un couvercle à charnières ; ce couvercle se ferme au moyen d'une agrafe à boutonnière ; l'agrafe doit être formée non

---

(1)
    « Le botaniste a sur le flanc
    » Une gross' boîte de fer-blanc,
    » Et certes la boîte de Flore
    » Vaut mieux que celle de Pandore !
     » Ah ! ah ! ah ! oui vraiment,
    » Le botaniste..... etc. »
      (Recueil inédit de chansons botaniques.)

d'une pointe de fer-blanc, mais d'un anneau auquel on peut placer un cadenas dans l'intervalle des herborisations. Les verrous de fil de fer, qui sont fréquemment employés, se faussent souvent et sont d'un maniement difficile.

La longueur d'une boîte ordinaire est environ de quatre décimètres; la boîte présente un anneau à chacune de ses deux extrémités; à ces deux anneaux, on fixe une courroie pour porter la boîte en bandoulière. Les boîtes doivent être extérieurement peintes d'une couleur claire et recouvertes d'un vernis luisant, afin qu'elles réfléchissent les rayons du soleil, et que par conséquent les plantes que l'on y dépose ne soient pas exposées à se flétrir sous l'influence de la chaleur. Néanmoins, dans les pays méridionaux, les plantes ne se conservent fraîches dans la boîte que si elles y sont en abondance, et se flétrissent si elles n'y sont qu'en petite quantité : une éponge mouillée, placée au fond de la boîte, maintient humide l'air qu'elle renferme, et prévient ce dernier inconvénient.

On doit avoir des boîtes de plusieurs dimensions : une boîte de poche pour les petites promenades ou pour recueillir des parties de plantes isolées; une boîte de moyenne grandeur pour les herborisations ordinaires, et une boîte très vaste pour les herborisations des voyages. Les grandes boîtes doivent toujours présenter plusieurs compartiments destinés à des provisions de bouche, aux objets les plus essentiels de la pharmacie de voyage, et enfin à recevoir les très petites plantes que l'on ne peut, sans danger de les égarer ou de les endommager, placer au milieu des autres. Ces compartiments servent encore à mettre des plantes aquatiques comme les Algues, ou d'un tissu délicat comme les Champignons; des souches de plantes ou des bulbes destinés à être plantés; enfin divers objets d'histoire naturelle, que l'on peut être tenté de recueillir, insectes, reptiles, minéraux, etc.

Flacons de fer-blanc.—Deux flacons de fer-blanc, à large ouverture, doivent aussi être placés dans la boîte et reçus dans des compartiments spéciaux; ils doivent être fermés hermétiquement avec des bouchons de liége. L'un de ces flacons est destiné à recevoir les plantes aquatiques que l'on veut laisser dans l'eau : des Algues, des Chara, des Lemna, etc.; l'autre flacon doit être rempli aux deux tiers d'alcool ; on y plonge les objets que l'on veut conserver sans les sécher, des fleurs isolées, des fruits pulpeux et autres organes charnus, des anomalies végétales destinées à être étudiées et figurées, etc., etc.

Cartable.—Le cartable est un portefeuille renfermant une certaine quantité de feuilles doubles de papier à sécher, du format de l'herbier. Ce portefeuille est destiné à recevoir immédiatement les plantes très délicates, celles, par exemple, dont les pétales très caducs se détacheraient avant la fin de la journée ; les plantes aquatiques qui se dessécheraient et se déformeraient dans la boîte, etc. ; enfin les objets les plus précieux dont on est bien aise d'assurer immédiatement la parfaite conservation. Lorsque l'on herborise seul ou en petit comité, et que l'on peut prendre à volonté le temps de s'arrêter, il est bon, de temps en temps, pendant la durée de l'herborisation, de placer dans le cartable tout ce qui se trouve dans la boîte ; on abrége ainsi de beaucoup le travail qui reste à faire au retour, et la préparation des plantes est bien plus satisfaisante.

Le cartable se compose de deux feuilles libres de carton très fort, revêtu en dehors de basane ou de toile ; deux courroies de fil terminées chacune par une boucle, passées dans des boutonnières pratiquées dans ces feuilles de carton, les réunissent et permettent de varier la distance qui les sépare l'une de l'autre, et par conséquent de les espacer à mesure que le paquet grossit par l'introduction de nouveaux échantillons. Deux boucles spéciales fixées à l'un des deux cartons permettent en outre d'y adapter une courroie de support pour porter le cartable, comme la boîte, en bandoulière. C'est surtout dans les contrées méridionales que l'usage du cartable est indispensable, en raison de l'ardeur du soleil qui flétrirait, immédiatement après la récolte, les plantes délicates, et surtout les plantes aquatiques.

Les plantes doivent toujours être fortement comprimées dans le cartable, au moyen des courroies. On ne doit point entasser les plantes les unes sur les autres dans une même feuille du cartable ; les échantillons doivent être placées avec soin dans le papier, comme lorsqu'il s'agit de les préparer d'une manière définitive. Il va sans dire que les feuilles doubles ne doivent point former un cahier, mais être toutes indépendantes les unes des autres et régulièrement superposées, l'ouverture étant dirigée du même côté. On peut placer dans le cartable une ou deux feuilles de fer-blanc destinées à isoler les plantes aquatiques mouillées des plantes voisines, à séparer les plantes délicates des plantes robustes et épineuses, etc.

VI.

De la récolte des plantes.

Le plus grand nombre des plantes herbacées peuvent et doivent être recueillies entières, y compris la racine, si la plante est à racine pivotante. Si la plante est vivace, on doit, selon que la souche est cespiteuse ou traçante, petite ou très volumineuse, enlever cette souche en entier ou se contenter d'un fragment. Si la souche part d'un centre commun, on doit enlever un fragment de cette partie centrale pour que le mode de végétation de la plante soit indiqué.

Selon la difficulté, on enlève les plantes avec la serpette, le fer-de-lance, ou la pioche. Si elles sont de petite taille et abondantes, on en prend ordinairement plusieurs échantillons. Lorsque les plantes sont plus longues que le papier de l'herbier, on ne les casse pas, on les plie une ou plusieurs fois sur elles-mêmes, d'une longueur de trois décimètres environ ; les plis doivent être pratiqués non en courbant la tige, mais en la pliant franchement à angle aigu, après avoir pincé cette tige, si elle est succulente et fragile, à l'endroit où doit être fait le pli, afin d'éviter de la rompre.

La plante ainsi pliée est déposée isolément dans le cartable ou dans la boîte, et, dans ce dernier cas, de manière à former une couche régulière sur les plantes qui s'y trouvent déjà ; cette précaution empêche les plantes de se froisser, et permet d'en introduire dans la boîte un nombre beaucoup plus grand que si on les y mettait en désordre. Il va sans dire que les plis de la tige auront dû, autant que possible, être faits de manière à laisser au port de la plante son élégance ; pour cela, les plis ne doivent pas être pratiqués trop près de la sommité fleurie. On peut, du reste, sans inconvénient, plier la tige en tronçons inégaux ; il faut surtout se garder de la plier trop longue, car si elle dépassait la longueur du papier de l'herbier, elle ne tarderait pas à être mutilée par des froissements inévitables : il vaut beaucoup mieux que la plante pliée n'atteigne pas les limites de la longueur du papier. Du reste, on prend très facilement l'habitude de plier les tiges de la longueur convenable.

Certaines *plantes herbacées* peuvent offrir, sur un seul spécimen de la taille du papier d'herbier, *racine, feuilles radicales, feuilles caulinaires, fleurs* et *fruits*, c'est-à-dire, tous les organes nécessaires à l'étude complète de l'espèce ; mais il est assez rare qu'il en soit tout à fait ainsi. En effet, à l'époque où les fruits commencent à mûrir, les feuilles radicales se détruisent, et, la plupart du temps, elles n'existent plus à la maturité. Pour posséder la plante complétement, il est donc presque toujours indispensable d'en recueillir des échantillons à diverses époques de l'année : lorsqu'elle commence à germer et ne présente que les feuilles cotylédonaires et primordiales, lorsqu'elle ne présente qu'une rosette de feuilles radicales, lorsqu'elle est en pleine floraison, et enfin lorsqu'elle est en fruit et que les graines sont mûres. — Si les *graines* ou les *fruits* se détachent, on les recueille à part et on les place dans un sachet de papier que l'on joint à l'échantillon.

Si la plante, bien qu'herbacée, est de *très grande taille*, on recueille à part : des feuilles radicales, des feuilles prises à la partie moyenne de la tige, des rameaux florifères et des rameaux fructifères ; en outre, pour donner une idée de la tige, on en prend un tronçon que l'on fend en deux moitiés pour éviter une épaisseur inutile ; on peut également fendre en deux moitiés les capitules très gros de certaines composées, ainsi que les fortes racines, et détacher un fragment des souches les plus volumineuses.

Si la plante est un *arbre* ou un *arbrisseau*, on recueille des *rameaux en fleur*, des *rameaux en fruit*, et des *rameaux stériles* ; les *rejets de la base* sont en général à feuilles plus amples, les *ra-*

meaux du sommet à feuilles plus petites et quelquefois de forme différente. Du reste, un rameau d'arbre donne une idée satisfaisante de l'arbre entier, puisque tous les rameaux, quel qu'en soit le nombre, diffèrent peu l'un de l'autre.

Lorsque la plante est *dioïque*, il est évident que l'on ne possède l'espèce que si l'on a recueilli l'individu mâle et l'individu femelle, et ce dernier tant en fleur qu'en fruit.

L'importance de posséder les fruits mûrs dans certaines familles est des plus grandes, c'est ainsi que tous les genres, et la plupart des espèces, de la famille des Crucifères et des Ombellifères, ne peuvent être déterminés que d'après l'inspection du fruit et de la graine mûrs.

Chez certaines plantes, les fleurs se développent avant les feuilles (c'est ce que les anciens nommaient *filius ante patrem*); on doit recueillir les plantes d'abord au point de vue de la fleur, puis au point de vue des feuilles et des fruits. C'est ainsi que, pour posséder en herbier une espèce complétement représentée du genre *Salix*, on doit avoir : un rameau de l'individu mâle en fleur, un rameau de l'individu femelle en fleur, des rameaux de l'individu femelle à fruits demi-mûrs et complétement mûrs, et des rameaux des individus à feuilles complétement adultes. Afin d'être sûr de recueillir les feuilles sur les arbres même qui ont fourni les échantillons en fleur, il est indispensable d'attacher à chaque arbre une étiquette de plomb portant un numéro semblable à celui qu'on a eu soin d'attacher à l'échantillon en fleur préparé pour l'herbier, de manière à pouvoir faire avec certitude une série de récoltes, à diverses époques de l'année, sur le même arbre.

Des recherches pleines d'intérêt consistent à chercher les diverses *variétés* d'une plante signalées par les auteurs, variétés qui, pour la plupart, sont susceptibles d'être rencontrées dans les pays où l'on trouve le type. Les variétés qui ont le plus d'importance, et méritent le plus d'attention, sont celles qui ont paru à quelques auteurs devoir être élevées au rang d'espèce, et qui sont encore considérées comme telles par un certain nombre de botanistes.

Les variétés les moins importantes à recueillir sont celles qui ne consistent que dans une modification dans la couleur de la fleur, par exemple, la couleur rose ou bleue, remplacée par la couleur blanche : ces diverses couleurs se conservent rarement sur la plante sèche.

On doit, lorsqu'on possède la forme-type d'une plante, en rechercher les *formes exceptionnelles* : les petits échantillons des grandes plantes, les grands échantillons des petites plantes, et les individus qui, placés en dehors de leur station habituelle, ont pris un *facies* inaccoutumé. C'est ainsi que les plantes des années sèches ou des lieux très arides sont rabougries et chargées de fleurs, et que les plantes des années pluvieuses ou qui ont cru à l'ombre et à l'humidité sont très succulentes, de grande taille, à feuilles très amples, et à fleurs peu nombreuses et souvent mal développées.

Il est surtout intéressant de recueillir dans des *stations diverses* les plantes polymorphes, c'est-à-dire, de formes extérieures variables, et dont on trouve rarement deux individus d'aspect tout à fait identique. Telles sont plusieurs espèces des genres *Rubus*, *Rosa*, *Chenopodium*, *Atriplex*, etc.

On doit, autant que possible, recueillir les *plantes parasites*, en conservant leurs adhérences avec la plante nourrice. Chez les *Orobanches*, où ces adhérences sont souterraines, et se rompent par la plus légère traction, pour éviter cet accident, il faut mettre en usage les précautions les plus minutieuses : on enlève d'abord la plante avec une motte de terre volumineuse; puis, si l'on se trouve près d'un ruisseau, on porte la motte dans le courant de l'eau, les racines se trouvent lavées et les adhérences mises à nu sans rupture; si l'on n'est pas à proximité de l'eau, on détache la terre sans secousse et lentement.

VII.

Des objets nécessaires à la préparation des plantes.

Papier à sécher.—Papier gris, demi-collé, assez fort, de 44 centimètres de hauteur sur 26 de largeur ; trois rames ou davantage.

Papier en feuilles séparées. — Une des trois rames précédentes (ou une rame de papier blanc non collé, de même format) doit être divisée en feuilles séparées. C'est dans chacune de ces feuilles doubles que l'on place les plantes fraîches en les retirant de la boîte.

Papier en coussins. — Les deux autres rames doivent être divisées en coussins : pour cela, on en fait des cahiers composés de quatre feuilles doubles placées l'une dans l'autre ; puis, pour empêcher les feuilles de se séparer, et faciliter le maniement des coussins, on pique chacun de ces coussins de deux ou trois points avec du gros fil. Ces coussins, que l'on place sous la presse entre les feuilles qui renferment les plantes fraîches, sont destinés à en absorber l'humidité.

Une ou deux presses. — La presse la plus commode et la plus simple, se compose de deux planches de bois blanc terminées à chacun des deux bouts, pour les empêcher de se déjeter, par une traverse de bois dur ; ces planches portent en outre chacune, sur une de leurs faces, deux coulisses formées de traverses surajoutées, creusées en gouttières, et situées vers les deux extrémités. Ces traverses sont destinées à augmenter la solidité des planches et à faciliter le jeu des courroies. La presse est complétée par deux longues et fortes courroies de cuir, terminées chacune par une forte boucle, et percées d'œillets dans presque toute leur longueur. Le paquet de plantes à sécher étant placé entre les deux planches, on le serre, à volonté, au moyen des courroies.

Les planches peuvent être remplacées par des châssis de bois dur, pourvus de deux traverses croisées. Ces châssis sont plus légers que les planches, et présentent l'avantage de laisser une partie de la surface du paquet en contact avec l'air, et par conséquent de hâter la dessiccation ; mais ils offrent moins de solidité que les planches.

Les courroies sont indispensables en voyage, mais on peut les remplacer chez soi en plaçant sur la planche supérieure deux poids en fonte de 20 kilogrammes, une grosse pierre, ou des in-folio. L'emploi de ces corps lourds présente l'avantage d'une pression continue, tandis qu'il est nécessaire de serrer les courroies à mesure que le paquet a perdu une partie de son volume, par suite de la compression qu'on lui a déjà fait subir.

Feuilles de fer-blanc. — Pour empêcher les plantes de consistances diverses de nuire les unes aux autres, j'ai imaginé de séparer les diverses couches par des feuilles de fer-blanc qui empêchent l'humidité des unes d'atteindre les autres, ou les inégalités des plus robustes de gâter les plus délicates. Les feuilles de fer-blanc peuvent être, en outre, fort utiles en voyage, pour multiplier le nombre des presses, lorsque l'on a sécher une grande quantité de plantes en même temps : pour ce dernier usage, il est bon que les feuilles de fer-blanc soient percées de trous circulaires afin de fournir une issue à l'humidité.

VIII.

De la préparation des plantes phanérogames.

Au retour de l'herborisation, si l'on ne peut s'occuper immédiatement de la préparation des plantes, on doit mettre à la cave la boîte qui les renferme, afin de les maintenir fraîches ; on peut aussi, au besoin, les retirer de la boîte et les envelopper d'une toile cirée ou d'un linge mouillé. Mais le mieux est, s'il est possible, de les préparer sans différer. — Pour cela, on se place devant une vaste table sur laquelle on dépose les plantes que l'on retire de la boîte avec précaution, puis on groupe par lots les espèces de diverse taille et de diverse consistance : ainsi on réunit, d'une part, les Graminées, Cypéracées, ou autres plantes non succulentes, puis les très petites plantes ; d'autre part, les grandes plantes herbacées, puis les plantes ligneuses, et enfin les plantes grasses, charnues ou bulbeuses, qui doivent recevoir une préparation spéciale. On épuise successivement chaque lot avant de commencer la préparation d'un autre. — Chaque plante doit être placée dans une des feuilles doubles de papier, dont on doit avoir la provision sous la main. Si ce sont de petites plantes, on peut en placer plusieurs sur la même feuille, de manière à la couvrir complétement; cependant on doit éviter qu'elles se touchent entre elles. — La plante doit être laissée dans le papier dans la position où elle y est tombée naturellement; il faut se garder, sous prétexte d'élégance ou de régularité, de redresser ou d'écarter de leur position naturelle, en les courbant, des feuilles, des rameaux, des rhizomes, des stolons, ou des tiges rampantes; bien loin de les embellir, on ferait perdre aux plantes leur aspect naturel en les déformant. Si l'échantillon est excessivement touffu, et que l'on ait à redouter un feutrage confus, on peut supprimer une partie des branches et même des feuilles, mais en laissant la base de ces organes de manière à laisser voir la place qu'ils occupaient. Les tiges sèches des années précédentes, ou au moins leurs bases, doivent être respectées toutes les fois que cela est possible. On doit également n'enlever que rarement de la base de la plante, sous prétexte de nettoyer l'échantillon, les feuilles qui commencent à se détruire, car ces feuilles, ou même leurs débris, peuvent présenter des caractères importants et contribuent d'ailleurs à donner à la plante son port naturel, et par conséquent de l'élégance et de la grâce.

On ne doit pas non plus s'efforcer d'empêcher les feuilles de faire les plis longitudinaux qui résultent de leur forme et de la compression, on doit seulement empêcher les plis accidentels transversaux. Si les échantillons se sont flétris à l'air depuis la récolte, ils seront toujours mauvais, quelque soin que l'on prenne pour déplisser les feuilles; il ne faut, dans ce cas, conserver ces échantillons que s'il n'est pas possible de les remplacer par d'autres.

Lorsque la racine ou la souche est chargée de terre, cette terre, si elle est sablonneuse, tombe d'elle-même ou s'enlève aisément au moyen d'une brosse; si la terre est argileuse, on fera bien de laver la racine à grande eau, mais en ayant soin de l'essuyer avec un linge avant de mettre la plante sous la presse.

On croyait, autrefois, obtenir de plus beaux résultats en séparant les diverses parties des plantes par de petits morceaux de papier pour les empêcher d'adhérer entre elles ; ces soins minutieux, qui entraînent une grande perte de temps, n'aboutissent en général qu'à altérer la direction naturelle des feuilles. On peut seulement, si l'on veut, mettre un peu de coton dans l'intérieur de certaines corolles gamopétales, pour empêcher les deux parois d'adhérer intimement et permettre de voir, sans avoir besoin de les ramollir à l'eau chaude, le gynécée et l'androcée.

Si les plantes ont été déposées pendant l'herborisation entre les feuilles du cartable, on ne doit point les en retirer ; on traite la feuille double qui les contient comme la feuille double dans laquelle on vient de mettre une plante fraîche. Si plusieurs plantes ont été entassées sans soin dans une même feuille du cartable, et qu'il faille les en retirer pour les séparer, alors qu'elles sont déjà flétries, ces plantes seront nécessairement gâtées, et constitueront des spécimens très défectueux. En effet, l'usage du cartable n'est profitable que lorsque l'on peut donner aux plantes tous les soins convenables, en les y plaçant ; lorsque le temps manque pour cela, il est plus avantageux de les mettre dans la boîte.

Lorsque toutes les plantes sont dans le papier, chaque échantillon étant accompagné d'une étiquette indiquant le lieu et la date de la récolte, et les couleurs (souvent utiles à connaître) des organes de la fleur, ces couleurs ne se retrouvant plus sur la plante sèche, on place alternativement l'une sur l'autre une feuille pleine de plantes et un coussin ; quand on passe d'une série à une autre, on sépare les deux séries par une feuille de fer-blanc, enfin on place le paquet général entre les deux planches de la presse.

On s'assure que le paquet ne présente pas plus d'épaisseur à un bout qu'à l'autre, l'épaisseur de certaines souches occasionnant souvent une inégalité d'épaisseur qu'il est facile de corriger, en mettant alternativement quelques fascicules en sens inverse l'un de l'autre ; puis on comprime le paquet entre les deux planches de la presse, au moyen des deux courroies. On serre d'abord médiocrement les deux extrémités pour ne point faire dévier le paquet, après quoi on le serre le plus fortement possible.

Après douze heures ou vingt-quatre heures au plus, on desserre la presse, et sans ouvrir les feuilles qui renferment les plantes, on retire les coussins humides pour les remplacer par des coussins secs; puis on rétablit la presse, et l'on étale, en les imbriquant sur un parquet ou au grand air, les coussins humides pour les faire sécher. Si l'on a un four à sa disposition, ainsi que cela est possible à la campagne, on fait sécher les coussins humides sur le four, et on les emploie lorsqu'ils sont encore chauds : la dessiccation des plantes en est plus rapide. Pendant les deux ou trois premiers jours, les coussins doivent être renouvelés de douze en douze heures, ou au moins toutes les vingt-quatre heures; puis, on peut ne les changer que tous les deux jours. Huit à douze jours suffisent pour la dessiccation de la plupart des plantes, lorsque le temps est chaud et sec. Quant aux plantes à feuilles épaisses, il faut quelquefois beaucoup plus longtemps; c'est pour cela qu'il est si utile de les grouper selon leur consistance : en effet, lorsque des plantes sont presque sèches et parfaitement préparées, il suffit du voisinage d'une plante succulente encore chargée d'humidité pour les faire noircir et les gâter complétement.

Les plantes doivent être fortement comprimées, car il est important qu'elles cessent de vivre brusquement; sous une presse peu serrée, elles continuent à végéter, se décolorent, noircissent et sèchent plus lentement. La compression ne doit pas aller cependant jusqu'à l'écrasement des feuilles et des fleurs : on donnerait ainsi à la plante une transparence désagréable, et l'on rendrait l'analyse des fleurs impraticable.

En voyage, il est embarrassant et dispendieux de transporter avec soi une grande quantité de papier; aussi renonce-t-on souvent alors à l'emploi des coussins pour préparer les plantes. On se contente d'empiler sous la presse les feuilles doubles qui renferment les plantes fraîches, en ayant le plus grand soin de faire des fascicules des plantes de consistances diverses, et de séparer ces fascicules par des feuilles de fer-blanc. Au bout de douze heures, on retire les feuilles de dessous la presse, et sans les ouvrir, on les étale sur le parquet en les imbriquant, c'est-à-dire, en les recouvrant à demi les unes par les autres. En général, le lieu le plus convenable pour cette opération est un vaste grenier, surtout s'il est parqueté; la dessiccation se fait plus lentement sur le carreau. Si la température est très élevée, c'est pendant la nuit qu'il faut étaler les plantes; le soleil, en les séchant très rapidement, les ferait se crisper et les mettrait hors d'usage. Lorsqu'on les étale pendant le jour, il faut les relever au bout de quelques heures. Les plantes aquatiques et autres plantes dont le tissu est très délicat se déforment promptement à l'air; elles se crispent quelquefois en peu d'instants, au point de devenir méconnaissables; aussi n'est-il jamais prudent de les étaler pour les faire sécher; il faut toujours, pour la dessiccation de ces espèces, être pourvu d'une certaine quantité de coussins. — Lorsque le temps devient orageux, les plantes à demi sèches tendent à fermenter, et noircissent souvent en dépit de toutes les précautions.

On doit rarement sécher les plantes en mettant les paquets dans un four très chaud. En effet, si le paquet renferme un trop grand nombre de plantes, ces plantes cuisent dans l'eau qu'elles exhalent, et elles noircissent inévitablement. Ce système peut cependant réussir, si les paquets sont très minces et serrés entre des châssis à claire-voie qui permettent à la vapeur de s'échapper par une grande étendue de leur surface; mais les plantes séchées de cette manière ont l'inconvénient d'être très fragiles et de se briser au choc le plus léger. — On achève rapidement en route la dessiccation des plantes demi-sèches par le transport des paquets à l'air libre sur le dos des mulets.

En voyage, lorsque les plantes sont sèches, afin de réduire le paquet au plus petit volume possible, on les retire des feuilles doubles où elles ont séché, et on les place sur des feuilles simples de papier mince et collé; puis on les groupe en un certain nombre de fascicules, dont chacun doit être enveloppé dans une feuille double, et l'on réunit ces fascicules en un ou plusieurs paquets, en ayant soin de séparer les fascicules de plantes délicates des fascicules de plantes robustes ou épineuses. Les paquets doivent être complétement entourés d'un papier d'emballage très fort, puis solidement ficelés au moyen d'une corde qui se croise à trois hauteurs différentes de la longueur du paquet. Ces paquets sont ensuite disposés dans des caisses de bois léger hermétiquement closes, pour être expédiés à leur destination.

IX.

De la préparation à l'eau bouillante.

Les plantes grasses, les Orchidées, les Liliacées, etc., noircissent, malgré les soins les plus assidus, si l'on se contente, pour les préparer, des procédés ordinaires de dessiccation que nous venons d'indiquer. Certains *Sedum* et *Sempervivum* continuent même à végéter en s'étiolant sous la presse le plus fortement serrée ; il faut, pour parvenir à dessécher complétement et rapidement ces plantes, les désorganiser subitement : pour cela, on a recours à l'eau bouillante.

On fait bouillir de l'eau dans un vase profond sur un fourneau ; puis l'eau continuant de bouillir sur le feu, on y plonge pendant quinze à vingt secondes chaque plante grasse, l'une après l'autre, en ayant bien soin de ne plonger la tige que jusqu'au point où commencent les fleurs. Les plantes, ainsi échaudées, sont déposées sur une serviette où on les laisse s'égoutter pendant quelques instants, puis on les place avec soin dans la feuille double de papier à sécher, en redressant, pour les placer dans leur direction habituelle, les parties que l'eau bouillante a flétries.

Il s'agit alors de désorganiser les sommités florifères qui n'ont point dû être atteintes par l'eau et qui continueraient à végéter isolément sous la presse ; les ovaires des Orchidées, dont la souche et la tige ont été échaudées, mûrissent ainsi en épuisant les autres parties de la fleur. Lors donc que les plantes ont été placées dans la feuille double de papier gris, on ferme cette feuille, puis, au moyen d'une bouteille de verre dont on se sert comme d'un rouleau, on écrase légèrement la partie encore vivante de la plante, de manière à la désorganiser, sans cependant l'aplatir entièrement.

Les plantes, ainsi préparées, sont traitées comme les plantes ordinaires ; cependant on peut mettre doubles coussins, en raison de la quantité d'eau qu'elles répandent.

Un autre procédé, meilleur encore que les précédents, et par lequel on peut les compléter, mais qui exige plus de temps, consiste à sécher les plantes grasses au moyen d'un fer à repasser. Pour cela, la plante étant placée dans la feuille de papier gris fermée, on promène le fer fortement chauffé sur le papier au point où se trouve la plante; la plante, ainsi comprimée sous le fer chaud, rend l'eau qu'elle contient et dont le papier s'imprègne; on la change de place avec précaution, ou mieux on remplace par un papier sec le papier humecté qui la couvrait, et l'on continue l'opération avec le fer chaud. Par ce procédé on parvient en quelques minutes à sécher complétement un échantillon; les feuilles et la tige restent parfaitement vertes, et les couleurs de la fleur sont plus ou moins conservées.

On peut aussi désorganiser assez sûrement les plantes grasses en les plongeant dans un bocal d'alcool, d'où on les retire pour les préparer après une journée de macération. Ce procédé présente l'avantage de moins altérer la forme de leurs organes.

Quant aux objets charnus ou d'une texture très délicate, que l'on désire conserver pour l'étude sans les sécher ni les comprimer, on les met dans un flacon d'alcool rectifié, soit chacun isolément dans un flacon spécial portant une étiquette, soit mêlés dans un vaste flacon d'où on les retire au besoin. Il existe des épingles à tête d'émail portant un numéro : on peut fixer à chaque objet une de ces épingles, en ayant soin d'inscrire sur un catalogue le nom des objets que l'on peut placer successivement dans le flacon et les numéros qui correspondent à ces noms. Lorsqu'il s'agit d'étudier ces objets racornis et rendus fragiles par l'alcool, on les laisse séjourner pendant quelques heures dans l'eau tiède, où ils reprennent leur forme et leur flexibilité.

Enfin, il est des objets qu'il est important d'étudier immédiatement, tant leur texture est fugace et délicate, et tant leur volume est peu considérable; l'alcool détruit d'ailleurs complétement les couleurs, et l'on peut tenir à conserver le souvenir d'une coloration : dans ces différents cas, le dessin est indispensable; on analyse et l'on dessine immédiatement ces objets, et si le dessin est exact, on les possède de la manière la plus complète et la plus indestructible.

X.

De la recherche, de la récolte et de la préparation des Fougères, des Mousses et des Lichens.

Les Fougères sont des plantes généralement très faciles à préparer, elles ne demandent aucun soin particulier. On aura dû choisir les échantillons à divers états de développement, surtout à l'état de maturité des fructifications ; si la plante présente des frondes fertiles et des frondes stériles, il est inutile d'ajouter que l'on a dû recueillir les unes et les autres.

Je n'ai rien à dire de spécial relativement aux Lycopodiacées, Équisétacées, Marsiléacées, Isoétidées, etc. On les prépare par les mêmes procédés que les phanérogames.

Quant aux plantes de la famille des Mousses et de la famille des Lichens, elles présentent une particularité bien curieuse, et qu'il est utile de connaître pour leur récolte et leur préparation. Ces plantes étant complétement desséchées, et mortes en apparence depuis plusieurs mois et même depuis plusieurs années, si on les humecte et qu'on les expose à l'air libre, elles reprennent l'apparence de la vie, comme si leur existence n'avait point été interrompue. On peut donc conserver ces plantes indéfiniment avant de les préparer ; ou les récolter sèches, et se contenter de les humecter la veille du jour où l'on désire les préparer ; il faut seulement avoir soin de les conserver à l'abri de l'humidité, car si elles avaient moisi et fermenté, on conçoit qu'elles seraient détruites sans retour.

Pour récolter les Mousses et les Lichens, si l'espèce croît sur une écorce on la détache avec la serpette en enlevant un fragment de l'écorce ; s'il s'agit d'un Lichen de petite taille et qui croisse sur la terre humide, on l'enlève avec le fer-de-lance. Certains Lichens, qui croissent sur les pierres et les rochers, y sont tellement incrustés, qu'on ne peut les avoir sans détacher en même temps un fragment de pierre ; on se sert pour cela d'un ciseau et d'un marteau, comme pour enlever un échantillon de roche.

18.

C'est après la pluie et pendant les journées humides qu'il faut aller à la recherche des Mousses et des Lichens : on les détache alors facilement, et sans les briser, des écorces et des rochers auxquels ils sont adhérents ; si l'on essayait de les récolter par un temps très sec, ils tomberaient en poussière et l'on ne pourrait en recueillir que de mauvais débris.

Certaines Mousses, et la plupart des Lichens, peuvent être recueillis dans toutes les saisons de l'année, mais c'est surtout en automne, vers la fin de l'hiver et la première partie du printemps, que les Mousses et les Hépatiques se trouvent en bon état, c'est-à-dire, en fructification.

Pour recueillir les Mousses et les Lichens, on doit se munir de plusieurs douzaines de sacs de papier blanc assez fort, de 20 centimètres de haut sur 10 centimètres de large. Chaque espèce récoltée se place dans un sac particulier, sur lequel on écrit au crayon les renseignements relatifs à la récolte et le nom de la plante, s'il vous est indiqué. Les sacs sont entassés au fur et à mesure dans la boîte de fer-blanc. Ce procédé de récolte est indispensable pour ces petites plantes, qui, si elles étaient déposées librement dans la boîte, se mêleraient ensemble et avec la terre qui les accompagne, et seraient, au retour, fort difficiles à séparer les unes des autres, tandis que leur préparation se fait, grâce à ce procédé, méthodiquement et sans que l'on ait à craindre de mêler les espèces voisines, ou d'oublier les lieux où chacune a pu être récoltée.

Les Mousses et les Lichens, étant placés dans la feuille double de papier à sécher, sont traités comme les plantes ordinaires ; mais leur préparation ayant lieu souvent pendant l'hiver, alors que l'air est chargé d'humidité, et ces plantes étant d'ailleurs d'un degré de vitalité susceptible d'une longue résistance, il faut les laisser entre les coussins plus longtemps qu'on ne le ferait l'été, même pour des espèces plus succulentes.

Les expansions foliacées ou crustacées des Lichens ne demandent aucun soin particulier ; il en est de même des Mousses à tiges allongées et dendroïdes : mais les très petites espèces qui constituent, sur la terre humide, un gazon court et serré, demandent des précautions assez minutieuses ; on ne peut guère placer dans l'herbier de larges plaques de terre revêtues d'une couche de mousses feutrées, la plante serait presque méconnaissable. On doit diviser, avec un couteau, ces plaques de terre couvertes de petites mousses, en tranches minces, que l'on place sur le papier, de telle sorte que la terre soit au-dessous de la mousse, et que la mousse se détache sur la couleur blanche du papier; on détache la terre adhérente aux racines, en en laissant néanmoins assez pour que la Mousse reste en gazon. Lorsque ces tranches sont sèches, on les fixe sur un carré de papier blanc, avec une dissolution de gomme arabique, et l'échantillon ainsi préparé est placé dans l'herbier.

XI.

De la recherche, de la récolte et de la préparation des Algues et des Characées.

Les Algues vivent les unes dans l'eau douce, les autres dans l'eau salée. Nos eaux dormantes en renferment un grand nombre de genres et d'espèces; quelques unes même habitent la surface de la terre humide. Mais c'est l'eau de la mer qui recèle les plus belles et celles dont la taille est la plus grande; elles sont attachées aux rochers sous-marins laissés à découvert sur les côtes à la marée basse, et aussi aux rochers toujours submergés qui occupent les plus grandes profondeurs.

Un grand nombre d'espèces d'Algues, tant d'eau douce que d'eau salée, sont constituées par des filaments longs et flexibles ou des membranes minces et délicates; ces plantes prennent la forme d'un pinceau mouillé lorsqu'on les retire de l'eau, et, si on les plaçait dans cet état sur le papier pour les sécher, elles formeraient une masse compacte dans laquelle il serait impossible de distinguer aucun caractère, ni de retrouver la forme de la plante vivante.

Pour préparer convenablement les Algues, et les posséder dans toute leur beauté, on doit se munir d'un vase large et peu pro-

fond que l'on remplit d'eau, et dans lequel on place la plant[e]
puis, au moyen d'une plume ou d'un manche de pinceau, on agi[te]
légèrement les filaments, pour qu'ils prennent la direction q[ui]
leur est naturelle. On introduit alors dans l'eau, et au-desso[u]
de l'Algue, une feuille de papier fort, soit du format de l'herbie[r]
si l'Algue est de grande dimension, soit un carré plus petit d[u]
même papier, s'il s'agit d'une espèce de petite taille. (Plusieurs d[e]
ces carrés se placent dans l'herbier sur une même feuille et son[t]
traités comme des échantillons ordinaires.) La feuille de papie[r]
étant introduite sous l'Algue flottante dans l'eau, on la retien[t]
au moyen du doigt ou de la baguette, par sa base, à l'une de[s]
extrémités de la feuille de papier; puis, inclinant légèrement l[e]
papier, on le tire doucement hors de l'eau, avec l'Algue qui l[e]
recouvre, en ayant bien soin d'agiter les filaments encore dan[s]
l'eau, de telle sorte qu'ils se déposent sur le papier dans l'atti-
tude qu'ils avaient lorsqu'ils flottaient librement.

Le carré de papier sur lequel l'Algue s'est déposée étant retir[é]
de l'eau, on le dépose quelques instants sur une planche inclinée,
pour laisser s'écouler une partie de l'eau, puis on place le carr[é]
de papier dans une feuille double de papier à sécher (1).

Avant de refermer cette feuille double, on recouvre l'échantillon d'un carré de papier mince dont on a légèrement graissé
la surface avec du suif; on enlève la quantité surabondante du
suif, en plaçant le papier graissé entre du papier non collé, et en
le repassant avec un fer chaud. Le papier ainsi graissé, que l'on
place sur la plante, a pour but d'empêcher l'échantillon
d'adhérer au papier à sécher qui enveloppe le tout. On doit avoir,
préparé à l'avance, un nombre suffisant de carrés de papier
ainsi graissés de suif. — Les Algues étant ainsi placées dans les
feuilles de papier à sécher, on traite ces feuilles comme celles qui

____

(1) Pour les cryptogames et pour les phanérogames, il est commode de
ne se servir de papier gris que pour faire les coussins à sécher, et d'employer,
comme feuilles à sécher, du papier blanc également fort et *non collé*. Ces
feuilles de papier blanc ne présentent pas, comme les feuilles de papier gris,
l'inconvénient de s'égarer quelquefois au milieu de coussins de la même
couleur. En outre, le grain plus fin du papier blanc convient mieux à la
préparation des plantes délicates que le grain souvent rugueux du papier
gris.

contiennent des plantes phanérogames fraîches ; c'est-à-dire qu'on les sèche au moyen de coussins de papier qui alternent avec elles. On met le tout sous la presse, et l'on serre fortement. Quelques heures après, on remplace les coussins humides par des secs, et ainsi de suite, jusqu'à parfaite dessiccation de l'échantillon ; on enlève alors les papiers graissés, et l'échantillon peut immédiatement être placé dans l'herbier, car les insectes attaquent peu les Algues, et il est inutile de traiter par le préservatif les échantillons qui sont ainsi préparés.

Le vase de terre où l'on fait flotter les Algues peut être remplacé avantageusement par un vase de tôle ou de fer-blanc du format du papier de l'herbier ; il est bon de se munir d'un vase de ce genre, si l'on veut préparer les Algues sur place, un vase de terre de la forme convenable n'étant pas toujours facile à se procurer dans les localités où l'on peut séjourner.

On recueille, en y mettant le soin et le temps nécessaires, les Algues même microscopiques ; on dépose la goutte d'eau qui les renferme sur une lame de mica disposée pour cet usage.

Les Algues ainsi préparées, même les espèces les plus délicates, ne s'altèrent point par la dessiccation ; elles conservent non seulement leur forme et toute l'élégance de leur port, mais leurs magnifiques couleurs. Pour les étudier au microscope, il suffit d'en faire ramollir un fragment dans l'eau : ce fragment reprend complétement la consistance de la plante vivante.

Les grandes espèces de Fucus se préparent comme les plantes phanérogames. On se contente de les placer dans le papier à sécher, en repliant leurs frondes sur elles-mêmes, si leur taille excède la dimension du papier. Mais on doit préalablement avoir soin de les faire séjourner dans un vase plein d'eau douce, afin d'enlever une partie du sel dont elles sont imprégnées, et qui les expose à noircir et à se ramollir, lorsque l'air est chargé d'humidité. On peut se dispenser de préparer les grandes Algues immédiatement et sur place, et se contenter de les faire sécher à l'air en les accrochant à une corde tendue ; on les met en paquet pour les rapporter, et, de retour chez soi, on les prépare à loisir, après les avoir fait séjourner dans l'eau pour les ramollir.

XII.

De la recherche, de la récolte et de la préparation des espèces de la famille des Champignons.

Certains Champignons sont vivaces et d'une consistance ligneuse; on les trouve par conséquent et l'on peut les recueillir dans toutes les saisons de l'année. Les espèces microscopiques parasites sur les feuilles n'existent évidemment que pendant la durée de ces mêmes feuilles, et par conséquent pendant le printemps ou l'été; mais c'est surtout pendant l'automne que se développent la plupart des grandes espèces dont la durée est éphémère.

Pour conserver les petites espèces qui végètent sur les écorces et sur les feuilles, et même les moisissures qui végètent sur les substances en putréfaction, on sèche dans du papier, comme des plantes ordinaires, les feuilles, les lambeaux d'écorce ou la surface des corps en fermentation, recouverts par ces plantes de dimensions souvent microscopiques.

Mais si l'on peut consacrer un temps suffisant à l'étude des Champignons, on doit, avant de les sécher, étudier au microscope et dessiner grossies, avec le plus grand soin, ces petites espèces dont les formes sont des plus curieuses et des plus variées; ces dessins doivent être placés dans l'herbier, à côté des échantillons eux-mêmes.

Quant aux grandes espèces, il n'est pas moins important de les reproduire par le dessin, en raison de la difficulté extrême de les préparer de manière qu'elles soient reconnaissables. Ces dessins doivent toujours être faits à l'aquarelle, ou au crayon revêtu d'une teinte d'aquarelle, car la couleur est, chez les Champignons, un caractère important pour la distinction des espèces.

Les Champignons ligneux se conservent assez bien; mais la plupart peuvent difficilement trouver place dans l'herbier, en raison de leur volume et de leur épaisseur; on doit les conserver à part dans des tiroirs ou dans des bocaux. Ces plantes sèches sont des plus exposées à la destruction par les insectes, et l'on doit, pour les en préserver, les imprégner de temps en temps de la dissolution de sublimé corrosif.

Un certain nombre de Champignons de grande taille peuvent être préparés pour l'herbier. On les laisse d'abord se flétrir, et sécher en partie en l'air; puis on les met en presse avant qu'ils se soient complétement déformés; on les sèche avec les coussins, comme les plantes phanérogames, enfin on les imprègne complétement de préservatif. Mais ces échantillons secs sont nécessairement plus ou moins déformés; ils ont perdu leur couleur, et sont difficilement reconnaissables; un bon dessin colorié leur est toujours infiniment préférable.

Si l'on veut consacrer une place suffisante à cette collection, on peut encore conserver les Champignons dans l'esprit-de-vin en plaçant isolément chaque espèce dans un bocal sur lequel on fixe une étiquette. Les Champignons conservent ainsi leur forme, mais ils sont complétement décolorés.

Enfin certaines espèces peuvent être séchées, en conservant à peu près leur forme, dans du sable fin, dont on les recouvre entièrement, et que l'on fait chauffer lentement; au bout d'un certain temps on retire les champignons secs du bain de sable, et on les conserve dans des bocaux; ou bien on se contente de les sécher ainsi à demi, et l'on achève la préparation en les comprimant sous la presse, pour les placer ensuite dans l'herbier.

Je ne saurais terminer ce paragraphe relatif aux Champignons sans engager les personnes qui les recueillent à la plus extrême prudence, relativement à leur emploi comme plantes comestibles; chaque année de nombreux accidents sont la suite de funestes méprises. Aucun caractère culinaire ne distingue les espèces comestibles des espèces vénéneuses, et les prétendus moyens de vérification qui ont été indiqués ne peuvent, si on les emploie, aboutir qu'à donner une dangereuse sécurité; il faut, pour reconnaître ces espèces, posséder à fond la connaissance des caractères botaniques de chacune d'elles, et surtout avoir acquis, par une longue habitude, une complète expérience. A Paris, la vente d'une seule espèce, le Champignon de couche (*Agaricus campestris*), est autorisée sur les marchés publics; cette espèce étant obtenue isolément et sur couche par les cultivateurs, ne peut,

dans aucun cas, être nuisible; ses caractères botaniques sont
d'ailleurs des plus faciles à saisir. Une espèce appartenant à une
autre genre, la *Morille*, peut également être employée sans inquiétude, le genre auquel elle appartient, et qui est si caractérisé, ne renfermant aucune espèce vénéneuse.

XIII.

Des collections de fruits, de tranches de bois, de végétaux fossiles.

Une des collections les plus intéressantes à faire est une collection de fruits et de graines; mais on doit pouvoir y consacrer
un espace assez considérable.

Les fruits de consistance sèche et ligneuse doivent, ainsi que
les graines, être conservés dans des flacons qui portent l'étiquette
de l'espèce. Si l'on fait une collection aussi complète que possible, et que l'on s'efforce de posséder tous les genres des familles,
et toutes les espèces des genres, on peut, pour ménager la place,
mettre les graines de petite taille dans des tubes courts fermés à
une extrémité, et bouchés à l'autre par un bouchon de liége; une
étiquette est collée à chaque tube, puis les espèces d'un même
genre sont réunies dans un même flacon à large ouverture.

Les fruits charnus ou pulpeux sont conservés dans des flacons
ou des tubes que l'on remplit d'alcool, et que l'on classe parmi
les autres: les fruits ainsi conservés sont nécessairement décolorés; mais leur forme se conserve parfaitement, et l'on peut, au
besoin, les soumettre à l'analyse et à l'étude.

Le flacon qui renferme les graines doit être placé près du flacon
qui renferme les fruits; la collection doit être classée dans le
même ordre que l'herbier, c'est-à-dire, par genres et par familles.
La collection de flacons doit être disposée sur des rayons fermés par des portes vitrées, pour les préserver de la poussière.

Les collections de tiges et de tranches de bois des végétaux
ligneux sont aussi d'un grand intérêt. On doit, pour une même
espèce, réunir, autant que possible, un lambeau de l'écorce du

tronc, quelques tronçons de rameaux, et deux tranches ou planchettes polies, l'une provenant d'une coupe horizontale, l'autre de la coupe longitudinale du tronc de l'arbre; ces coupes doivent, autant que possible, avoir le demi-diamètre du tronc, c'est-à-dire partir du canal médullaire, et présenter toute l'étendue d'un rayon de la tige, y compris l'écorce. Ces coupes sont, par conséquent, de diverses grandeurs, selon la grosseur des arbres; il est plus difficile de les placer méthodiquement dans les armoires, en revanche elles sont beaucoup plus utiles que celles auxquelles on donne une dimension uniforme. Cette collection doit être classée selon l'ordre des familles, et déposée dans des armoires vitrées ou dans un meuble à tiroirs superposés.

Les collections de végétaux fossiles sont aussi d'un grand intérêt; on classe les objets pétrifiés et les roches qui présentent des empreintes végétales, selon un ordre méthodique, et dans des meubles disposés comme pour les collections précédentes.

XIV.

Conservation des plantes sèches.

Lorsque les plantes sont sèches, on doit, avant de les classer et de les placer dans l'herbier, procéder aux soins qui assurent leur conservation; si l'on néglige de prendre ces précautions, dans l'espace de quelques années et souvent même de quelques mois, les plantes sont dévorées par les larves de certains insectes coléoptères qui font leur principale nourriture de substances végétales. La larve de l'*Anobium castaneum* est celle qui fait le plus de ravages dans les herbiers; on y trouve plus rarement celle du *Ptinus fur*; les larves des *Dermestes* et des *Anthrenus* (1) s'y rencontrent aussi quelquefois, bien qu'elles attaquent plus particulièrement les collections de zoologie; enfin certaines

(1) Les *Anthrenus* à l'état d'insecte parfait se trouvent sur les fleurs des plantes vivantes.

espèces d'*Acarus*, de taille presque microscopique, rongent les pétales et autres tissus de consistance délicate. — Les feuilles de papier qui renferment les plantes attaquées par les larves d'insectes se trouvent agglutinées entre elles, et sont perforées dans tous les sens comme un crible. Il semble que les insectes aient une fâcheuse prédilection pour les plus belles plantes; ils perforent les échantillons par tous les points à la fois, et manquent rarement d'attaquer les ombellifères par le centre de l'ombelle, de telle sorte que tous les rayons se détachent aussitôt que l'on touche à l'échantillon.

Il est peu de botanistes qui ne sachent par expérience avec quel sentiment d'amertume et de découragement on trouve, le jour où l'on veut les consulter, de précieux échantillons, que l'on avait déposés intacts dans son herbier, complétement réduits en poussière.

Les plantes de certaines familles sont plus particulièrement exposées aux ravages des insectes. Les familles les plus fréquemment attaquées sont : les Crucifères, les Ombellifères, les Gentianées, les Euphorbiacées, les Salicinées, les Liliacées, etc. Les plantes recueillies dans les jardins et autres lieux cultivés étant, en général, plus charnues et plus substantielles, sont aussi des plus exposées à être dévorées; ce sont ces plantes préférées par les insectes qui doivent les premières être mises à l'abri de la destruction par les procédés que je vais indiquer.

Les plantes provenant d'acquisitions ou d'échanges doivent, comme les plantes qui proviennent des herborisations, être soumises à la préparation au sublimé aussitôt qu'elles sont arrivées. Du reste, un aide intelligent peut suppléer le botaniste dans cette longue manipulation, pourvu qu'il mette la plus grande attention à n'intervertir l'ordre d'aucune étiquette.

Les objets que l'on doit se procurer pour le travail de préservation sont les suivants :

Un grand vase plat de terre vernie ou de porcelaine, de la longueur du papier d'herbier;

Une paire de pinces à mors aplatis et allongés, pour saisir la plante, la plonger dans le liquide et l'en retirer;

Une ou plusieurs rames de papier à sécher, disposé en coussins, et ne servant qu'à sécher les plantes passées au préservatif, et non les plantes fraîches ;

Une provision de plusieurs litres d'alcool rectifié ;

30 grammes, ou plus, de sublimé corrosif (1).

Faites une dissolution composée de 15 grammes de sublimé corrosif par litre d'alcool rectifié. Cette dissolution doit être conservée dans un grand bocal de verre blanc portant une étiquette qui en indique le contenu.

On verse une certaine quantité de cette dissolution dans le plat long ; puis, saisissant les échantillons un à un, avec les pinces de fer à mors plats, on les plonge bien complétement dans le liquide (2). Quand ils en sont imprégnés, on les retire et on les dépose sur des feuilles simples de papier non collé placées chacune sur un coussin ; on place auprès de chaque plante son étiquette provisoire (3), et l'on superpose alternativement une feuille

(1) Les pharmaciens ou fabricants de produits chimiques ne délivrent cette substance dangereuse que d'après une ordonnance de médecin qui en indique l'emploi. On doit, pour s'en servir, prendre les plus grandes précautions, surtout si l'on veut la pulvériser pour en faciliter la dissolution ; dans ce cas on doit avoir soin de n'en pas respirer de poussière ou que cette poussière n'aille dans les yeux. Afin d'éviter les accidents, on doit placer cette substance dans un flacon tenu soigneusement renfermé, et dont l'étiquette indique le contenu.

(2) Quelques botanistes, au lieu de plonger la plante dans le liquide, se contentent de l'en imprégner avec un pinceau après l'avoir déposée sur une lame de verre inclinée au-dessus d'une cuvette. Cette opération est plus longue et moins efficace que le bain complet, qui n'empêche pas d'ailleurs d'éponger la plante avec le pinceau pendant qu'elle est plongée dans le liquide. — Néanmoins on doit préparer sur le verre toutes les plantes délicates à rameaux longs et flexueux qui se chiffonneraient ou se mettraient en pinceau en sortant du liquide. Ces plantes délicates doivent être placées sur une feuille de papier que l'on dépose sur le verre pour y être doucement épongées avec le pinceau, puis transportées avec la feuille de papier entre les coussins. — Afin d'éviter l'encombrement et l'odeur de l'alcool, ces préparations doivent être faites dans une pièce bien aérée, autre que le cabinet de travail.

(3) Les étiquettes sont souvent tachées pendant cette opération par la matière colorante des plantes dissoute dans l'alcool ; c'est pour cela que les plantes doivent être accompagnées alors d'étiquettes provisoires. On doit surtout ne pas exposer à être maculées pendant ce travail les étiquettes appartenant à des plantes qui proviennent d'acquisitions ou d'échanges. On doit les remplacer par des étiquettes provisoires très abrégées, ou constituées seulement par les numéros d'ordre que portent en général les étiquettes des collections publiées.

chargée de sa plante et un coussin. Lorsque le paquet est assez volumineux, on le met sous la presse, mais on ne le comprime qu'autant qu'il est nécessaire pour empêcher les plantes de se crisper : une trop forte pression aurait l'inconvénient de les rendre transparentes. Au bout de douze heures on remplace les coussins humides par des coussins secs, on les renouvelle encore le lendemain et le surlendemain, puis on laisse séjourner les plantes entre les derniers coussins pendant quinze jours ou plus, afin de compléter leur dessiccation ; c'est alors seulement que les échantillons doivent être placés dans l'herbier.

L'immersion des plantes sèches dans la dissolution alcoolique de sublimé a l'inconvénient de les décolorer plus ou moins complétement et de leur faire prendre une légère teinte brunâtre, mais il n'y a point à hésiter entre l'altération de leur couleur et la destruction complète dont elles sont menacées si on ne les soumet point à cette manipulation. Quelle que soit d'ailleurs la conservation de leur couleur immédiatement après la dessiccation, les plantes les mieux préparées finissent par prendre une teinte uniforme brune au bout d'un certain nombre d'années.

<hr>

XV.

De l'organisation d'un cabinet de travail.

Le local destiné à recevoir le casier de l'herbier doit être vaste et aéré, mais surtout exempt d'humidité en toute saison. Si, pendant l'hiver, on peut avoir à redouter la plus légère humidité, la pièce doit être soigneusement et régulièrement chauffée ; quelques semaines d'humidité peuvent suffire pour causer, par la moisissure, la destruction de l'herbier le plus considérable et le plus soigné. Si, malgré les précautions prises, quelques plantes ont été atteintes par la moisissure, on doit toucher légèrement toutes les parties moisies avec un pinceau imbibé d'alcool.

Ce local doit être, autant que possible, éloigné du bruit, et indépendant du mouvement extérieur. Le milieu de la pièce doit être occupé par une vaste table de travail, sans rebords ni montants. Cette table est destinée à recevoir les plantes, afin qu'elles puissent être étalées sur une grande surface, soit pour les travaux de classification et d'intercallation, soit lorsqu'il s'agit de les comparer entre elles et de les étudier. Les parois de la pièce doivent être occupées par le casier de l'herbier et par la bibliothèque, ou du moins une partie de la bibliothèque, composée des ouvrages d'un usage journalier.

Une table d'étude moins grande que la précédente doit être placée dans le voisinage d'une fenêtre prenant directement jour sur une vaste étendue de ciel, et où l'on puisse se livrer aux études microscopiques. Enfin une tablette sera destinée à recevoir les instruments employés à l'étude des plantes : les microscopes sous leurs globes de verre, la lampe à alcool, etc. Afin de ne point se fatiguer la vue, on doit se placer à côté et non en face d'une fenêtre pour travailler, écrire ou dessiner.

Le casier destiné à recevoir les fascicules de plantes qui composent l'herbier est formé de planches de 5 décimètres de largeur, distantes entre elles de 3 décimètres environ. Des montants verticaux espacés entre eux également de 3 décimètres subdivisent les rayons, et les transforment en cases dont l'ouverture est quadrilatère. Chacune de ces cases reçoit un des fascicules de l'herbier posé à plat, la base en avant. Le paquet n° 1 doit être placé sur le rayon le plus haut, à droite; le n° 2 sur le même rayon, à gauche du premier, et ainsi de suite, jusqu'à ce que toutes les cases de ce rayon soient occupées, puis on place le paquet suivant sur le deuxième rayon, dans la case à droite, et successivement de droite à gauche et de haut en bas. — On peut, du reste, se dispenser de subdiviser les tablettes en compartiments, et ne faire placer que le nombre de montants suffisants pour les empêcher de fléchir, les paquets occupent moins de place par ce procédé.

Pour éviter la poussière, des rideaux d'une étoffe souple et solide doivent être placés devant le casier. Divers systèmes sont employés pour faire mouvoir ces rideaux. Dans plusieurs établissements importants ils s'enroulent, à la manière des stores, sur un rouleau placé sous la corniche du casier, et se déroulent de

19.

haut en bas, devant l'herbier, au moyen de cordes et de poulies. Après avoir essayé de ce système pour ma collection particulière, j'y ai renoncé, et j'ai trouvé plus commode des rideaux pourvus supérieurement d'anneaux placés sur des tringles de fer, et se tirant de droite à gauche ou de gauche à droite, comme les rideaux des fenêtres, au moyen de cordons terminés par une boule de cuivre plombée, destinée à servir de contre-poids et à maintenir les cordons tendus. Ces rideaux ne sont fixés sur la tringle qui les porte ni à droite ni à gauche, de sorte que l'on peut à volonté les faire mouvoir de droite à gauche ou de gauche à droite (1), et mettre ainsi, successivement et à volonté, à découvert toutes les parties de chaque casier.

XVI.

Des objets nécessaires à l'arrangement des plantes en herbier.

Plusieurs rames de papier collé, fort, et de grand format (44 centimètres de hauteur sur 26 de largeur), soit toutes de papier blanc, soit toutes de papier bulle (papier d'une teinte gris clair), ou plusieurs rames de chacune de ces deux sortes, le papier blanc étant, dans ce cas, destiné à recevoir les échantillons, le papier bulle étant destiné à servir de gaînes pour chaque espèce.

Le papier destiné à recevoir les échantillons doit être coupé en feuilles simples. Le fabricant ou le marchand se charge de le livrer à cet état.

Le papier destiné à servir de gaînes ou chemises doit évidemment être laissé en feuilles doubles ; ces feuilles doivent être livrées, superposées (et non en cahiers), après avoir été soumises à la presse. Ces deux sortes de papiers doivent être à marges ébarbées.

(1) Pour obtenir ce résultat, chaque rideau doit être muni de deux cordons pendants tant à droite qu'à gauche, et aux quatre extrémités desquels sont fixés autant de contre-poids ; les cordons doivent être de couleurs différentes pour les rideaux voisins, afin que l'on puisse distinguer immédiatement les uns des autres.

Étiquettes pour les espèces, de papier blanc collé. — On doit en faire couper par le papetier une provision plus ou moins considérable. Elles doivent être toutes de même format, et d'une grandeur suffisante pour écrire le nom de l'espèce, les synonymes, la date et le lieu de la récolte, etc. — Il est commode d'en faire imprimer ou lithographier le canevas ; ces étiquettes imprimées portent le nom du possesseur de l'herbier, les mots invariables *récolté, année*, etc., des lignes tracées y marquent la place des indications qui doivent être complétées et écrites à la main.

Étiquettes pour les genres et les familles. — Ces étiquettes, qui doivent être placées en saillie, à la base de la feuille qui termine le genre ou la famille, doivent être de carton mince, comme les cartes à jouer, et de couleur différente pour les genres et pour les familles.

Feuilles de carton assez fortes, du format adopté pour le papier. — Ces feuilles de carton doivent être revêtues de papier de couleur foncée, pour éviter qu'elles soient déchirées par le frottement des courroies et qu'elles soient tachées par la poussière. Deux feuilles semblables sont placées l'une dessous et l'autre dessus chaque paquet.

Ruban de fil de couleur de 25 millimètres de largeur, divisé en courroies de 2 mètres de longueur. — Chacune de ces courroies reçoit à l'une de ses extrémités une boucle d'acier. Deux de ces courroies de fil sont destinées à comprimer, entre les deux feuilles de carton, chacun des paquets qui composent l'herbier.

Des épingles fines et courtes pour fixer les étiquettes d'espèces. Les étiquettes de genres et de familles doivent être fixées avec de la colle, au bas et en saillie d'une feuille de papier fort sur lequel est posé le paquet de la famille ou le fascicule du genre.

Du papier gommé (par le même procédé que le sont les timbres-postes), et coupé par le papetier en petites bandelettes de 2 millimètres de large, et de 2 à 3 centimètres de long, pour fixer les échantillons sur le papier ; ou mieux en bandelettes plus larges et plus longues, dont une extrémité est roulée et collée autour de la tige de la plante, et l'autre extrémité est fixée au papier de l'herbier avec une petite épingle.

Une paire de pinces dites Bruxelles, à mors larges et plats, pour saisir les échantillons de plantes sèches, et les transporter d'une place à une autre.

De grands ciseaux de bureau; une pelote de ficelle; un flacon contenant une dissolution épaisse de gomme arabique; un pinceau pour coller, etc., etc.

XVII.

Des étiquettes.

Les étiquettes des familles et des genres, de carton mince, et qui doivent être attachées à la base de la dernière feuille de chaque famille et de chaque genre, portent le nom de la famille ou du genre écrit en gros caractère; ces étiquettes doivent dépasser de 3 à 4 centimètres la base des feuilles auxquelles elles sont fixées, de telle sorte que le paquet étant placé à plat dans le casier, ces étiquettes soient en évidence et puissent être rapidement consultées.

Les étiquettes d'espèces sont de papier collé fort; elles sont de plusieurs sortes pour une même espèce. La première étiquette doit être attachée à l'extérieur de la gaîne de l'espèce sur la page antérieure, vers le dos et immédiatement au-dessus de la base. Cette étiquette doit porter le nom de l'espèce écrit en gros caractère; elle permet de feuilleter aisément les espèces contenues dans le genre, et de trouver rapidement celle dont on peut avoir besoin; cette même étiquette générale doit présenter la synonymie de l'espèce et les observations générales.

Une deuxième étiquette, destinée à indiquer la provenance de chaque échantillon, doit être fixée à la base de chaque feuille simple portant les échantillons, et du côté extérieur à droite. De manière que, en soulevant la corne de chacune des feuilles simples contenues dans une même gaîne, on puisse parcourir rapidement la liste des localités desquelles les divers échantillons peuvent provenir.

Cette étiquette (remplaçant l'étiquette provisoire qui accompagnait la plante lors de la dessiccation et de la préparation au sublimé) doit porter le nom du possesseur de l'herbier, le nom latin de l'espèce, le lieu et la date de la récolte, et les observations sur la nature du sol où croissait la plante, sur la hauteur de la station si c'est une plante de montagne, etc.

Les observations relatives aux caractères de l'espèce, les détails organographiques ou physiologiques, les dissertations synonymiques, doivent faire l'objet de notes distinctes, que l'on fixe avec une épingle à côté de l'étiquette normale; il en est de même des dessins de la plante et des analyses de ses organes. — Si une même feuille est chargée d'échantillons provenant de localités différentes, chaque échantillon doit être accompagné d'un numéro que l'on reproduit sur l'étiquette normale, ou ce numéro est suivi de l'indication de la localité où l'échantillon correspondant a été recueilli.

Un herbier est riche, non seulement lorsqu'il renferme un grand nombre d'espèces représentées chacune par de nombreux échantillons provenant de diverses localités, recueillis avec discernement, préparés avec soin, mis à l'abri de la destruction par le préservatif, bien déterminés, et convenablement classés; il est riche, instructif et utile à consulter, surtout s'il renferme un grand nombre de plantes déterminées et étiquetées par des auteurs de flores et de monographies estimées; ces plantes, étiquetées, sont des monuments qui constatent d'une manière positive quelle plante l'auteur a désignée sous tel nom et a caractérisée dans telle description. On comprend, d'après cela, l'importance qu'il y a à conserver aux plantes-types, envoyées par un auteur, les étiquettes qui les accompagnent, et à ne point détruire, pour les remplacer par d'autres, ces étiquettes donnant à l'échantillon la plus grande partie de sa valeur. On doit avoir le plus grand soin d'éviter le déplacement de ces étiquettes, puisqu'il en résulterait les plus fâcheuses erreurs, erreurs dont l'auteur ne saurait être responsable, et que l'on pourrait cependant être tenté plus tard de lui attribuer.

Ces étiquettes autographes doivent être attachées auprès de l'échantillon, sans préjudice de l'étiquette régulière de la collection qui doit, dans tous les cas, occuper sa place normale.

Quant à l'effet désagréable que peuvent produire sur la feuille les étiquettes autographes d'écriture, de couleur ou de format différent, il est racheté, et au delà, par l'importance et l'utilité que ces étiquettes donnent à l'échantillon ; si l'auteur de l'étiquette ne l'a pas signée, on doit écrire son nom, au crayon, à l'un des angles.

Les plantes provenant d'échanges, d'acquisitions de collections, d'envois, etc., entrent naturellement dans l'herbier. Quant aux plantes publiées en exsiccata, et dont il existe un certain nombre de collections semblables, ces collections étant citées comme des livres, quelques botanistes les conservent à part ; d'autres, au contraire, en enrichissent leur herbier. Si l'herbier est parfaitement en ordre, ces plantes sont même plus faciles à trouver lorsqu'elles y sont distribuées, que dans les collections isolées qui, en général, ne peuvent être livrées par leur auteur dans un ordre méthodique, mais seulement selon les hasards de la récolte ; il est bon néanmoins d'avoir le soin, avant de les disperser dans l'herbier, d'en dresser le catalogue selon les numéros d'ordre portés par les plantes de la collection, et aussi, si l'on veut, selon l'ordre naturel, afin de pouvoir se rappeler celles dont se compose la collection, et de les retrouver aisément au besoin.

XVIII.

De l'arrangement des plantes dans l'herbier.

Pour classer aisément les échantillons ou spécimens de plantes sèches, on doit les placer isolément sur autant de feuilles simples du papier de l'herbier. L'usage des feuilles simples est commode pour le maniement et le classement des plantes ; il est, de plus, très avantageux dans l'herbier, en ce qu'il rend plus facile la comparaison des espèces d'un même genre entre elles, que l'on peut étaler sur une table les unes près des autres, sans avoir besoin, pour cela, de détacher les échantillons de la feuille où ils sont fixés. En outre, l'usage des feuilles simples diminue d'un tiers le volume de l'herbier, et diminue d'autant les frais d'acquisition de papier.

Les feuilles doubles sont destinées à servir de gaînes aux feuilles simples qui portent les échantillons d'une même espèce. Quand cette espèce est très riche en variétés, on peut, afin d'éviter que le paquet soit trop volumineux, et pour faciliter les recherches, placer dans autant de gaînes spéciales les échantillons de chacune de ces variétés.

L'ensemble des espèces d'un même genre ne doit point être renfermé dans une gaîne générale : cette gaîne aurait pour inconvénient de faire glisser les unes sur les autres et de chiffonner les gaînes propres à chacune des espèces du genre ; le paquet général qui en résulterait ne pourrait être comprimé uniformément et les plantes pourraient être brisées. Les genres ne doivent être séparés entre eux que par la feuille de papier fort ou de carton mince qui porte l'étiquette du genre placée en saillie.

On ne doit jamais placer sur une même feuille simple, ni deux espèces différentes, ni même deux variétés appartenant à une même espèce. Mais une même feuille simple peut sans inconvénient recevoir plusieurs échantillons de la même plante, s'ils sont d'assez petite dimension pour ne pas être recouverts les uns par les autres ; néanmoins, si les plantes ne sont point fixées à la feuille, il peut y avoir de l'inconvénient à placer sur la même feuille des échantillons provenant de localités différentes, même accompagnés de leur étiquette, si cette étiquette n'y est pas attachée, car ces échantillons peuvent se mêler les uns avec les autres.

Les échantillons d'une même plante recueillis dans des localités éloignées les unes des autres doivent être admis, pour peu que l'on s'intéresse à la géographie botanique et que l'on tienne à posséder toutes les formes d'une même espèce. On reçoit d'ailleurs quelquefois sous le même nom des plantes différentes, et c'est un moyen de contrôler la synonymie admise par les différents botanistes, et de rectifier, à l'avantage des uns et des autres, les opinions qui pourraient être mal fondées.

La figure des plantes rares qui manquent à la collection, ou des plantes charnues qu'on ne conserve qu'en les déformant; les dessins complémentaires des espèces, par exemple des fruits charnus ou succulents, ou des fruits très volumineux; les dessins organographiques : les analyses de fleurs, les organes microscopiques grossis, etc., constituent l'une des principales richesses d'un herbier; ces dessins doivent être attachés à leur place respective, comme les échantillons de plantes sèches.

Il est utile de fixer les échantillons sur les feuilles simples de l'herbier où ils sont déposés, non seulement pour les empêcher de se mêler, s'ils proviennent de diverses localités, mais aussi dans la crainte qu'ils ne soient brisés ou ne soient exposés à être égarés. — On est dans l'usage de les attacher au moyen de bandelettes très étroites de papier fortement gommé sur l'une de ses deux faces (1). On doit éviter de multiplier le nombre des bandelettes; il suffit que la plante ne puisse vaciller dans le papier. Quelques botanistes fixent les plantes avec des bandelettes non gommées, attachées avec de petites épingles: ce système a l'avantage de permettre plus facilement de détacher et de rattacher la plante au besoin, mais il demande plus de temps et expose à briser les échantillons; aussi est-il d'un usage peu répandu. Enfin, un système mixte et qui me semble le meilleur, consiste à fixer la plante en enroulant autour de sa tige l'extrémité d'une forte bandelette gommée, et de fixer au papier l'autre extrémité de la bandelette avec une petite épingle.

Les plantes étant séchées, passées au préservatif, classées, attachées sur le papier et étiquetées, on les répartit en fascicules ou paquets de 2 centimètres environ d'épaisseur, que l'on serre entre deux cartons avec des courroies de fil, sans trop se préoccuper si le paquet est plus gros dans sa partie inférieure que dans sa partie supérieure, en raison de l'épaisseur déterminée inférieurement par la souche des plantes. Il est important que ces paquets soient maintenus assez fortement comprimés par les courroies; on les soustrait ainsi à la poussière et aux alterna-

(1) On peut préparer soi-même ce papier : une feuille de papier étant tendue sur une planche, on y étale avec un large pinceau plusieurs couches successives d'une forte dissolution de gomme arabique avec addition de sucre.

tives de sécheresse et d'humidité qui noircissent et déforment les plantes. On les préserve aussi plus complétement, par cette précaution, de l'attaque des insectes, que le sublimé ne réussit pas toujours à éloigner indéfiniment.

Il ne reste qu'à inscrire un numéro d'ordre sur chaque fascicule, pour rendre facile le rangement dans les circonstances où l'on a pu être obligé d'en déplacer simultanément plusieurs, ce déplacement étant difficile à opérer sans confusion. — Puis on place les fascicules à plat dans le casier qui leur est destiné.

XIX.

De l'intercalation des plantes sèches dans l'herbier.

A l'exception de quelques plantes des plus précieuses et des plus intéressantes, que l'on place dans l'herbier immédiatement après que la préparation en est terminée, dans la crainte qu'il ne leur arrive quelque accident, les plantes sèches de chaque herborisation, et celles qui proviennent de divers échanges ou acquisitions, ne sont, en général, introduites dans l'herbier qu'une ou deux fois par année, alors qu'il s'en est accumulé une certaine quantité. On s'exposerait à une perte de temps considérable si l'on intercalait les espèces au fur et à mesure de chaque acquisition nouvelle. On doit provisoirement faire un paquet distinct des plantes de chaque herborisation, et attacher à ce paquet une étiquette qui indique le lieu et la date de la récolte des plantes qu'il renferme.

Lorsque l'on veut procéder à l'intercalation de ces plantes dans l'herbier, on doit commencer par les classer dans le même ordre que les plantes de l'herbier lui-même. Pour cela, on dépose isolément sur des feuilles simples de papier à herbier chaque échantillon accompagné de son étiquette provisoire. Toutes les plantes étant ainsi isolées, un deuxième travail commence, et consiste à les classer (avec les feuilles simples qui les portent) d'abord par grandes sections : dialypétales, gamopétales, apétales, monocotylédones, etc. On peut même traiter à part, comme sections de premier ordre, les familles qui renferment un grand nombre d'espèces : les Légumineuses, les Composées, les Graminées, etc.; on subdivise alors une à une chaque section en familles, puis successivement chaque famille en genres, et enfin on termine en mettant les échantillons de chaque espèce en ordre dans chaque genre.

Cette subdivision du travail a pour résultat de faire éviter la perte de temps considérable qui résulterait des longues recherches qu'il y aurait à faire dans l'herbier à l'occasion de chaque échantillon, si l'on procédait à l'intercalation des plantes avant de les avoir mises en ordre.

Les plantes à intercaler constituent alors un herbier partiel, parallèle, dans sa disposition, au corps de l'herbier principal. Il ne reste qu'à comparer successivement les deux herbiers, depuis la première famille jusqu'à la dernière; et chaque échantillon, se présentant selon l'ordre qu'il doit occuper dans la série, trouve naturellement sa place.

C'est en faisant ce travail de classement que l'on doit mettre à part, pour les envois et les échanges, les échantillons surnuméraires ou recueillis dans l'intention de les distribuer. Ces plantes destinées aux échanges doivent être classées à part, et constituer une collection rangée méthodiquement, afin que l'on puisse y trouver, sans perte de temps, les plantes que l'on peut avoir à y puiser.

XX.

Du catalogue de l'herbier.

Si l'on fait un herbier local, soit d'un département, soit d'une grande contrée comme la France, on devra classer les plantes d'après le meilleur ouvrage qui existe sur les plantes du pays, à moins qu'un autre ouvrage d'un mérite égal ou supérieur, plus récent, et par conséquent mieux au niveau de la science, n'ait été publié sur les plantes d'un pays voisin ; car on pourra alors, avec avantage, en adopter la classification pour les familles ou les genres qui renfermeraient les mêmes espèces dans les deux pays.

J'engage à classer les plantes des environs de Paris d'après l'ordre adopté dans notre *Flore descriptive et analytique* (1). Pour un herbier général de la France, on devra suivre, pour la classification des genres et des espèces, l'ordre adopté par Koch dans son *Synopsis Floræ germanicæ*; on adoptera l'ordre de la *Flore française* de De Lamarck et De Candolle pour le classement des espèces appartenant à des genres méridionaux non représentés dans la flore de l'Allemagne; on pourra se servir utilement aussi de la *Flore de France* de MM. Grenier et Godron, et des diverses Flores locales qui existent pour plusieurs parties de la France: celle *du centre de la France*, par M. Boreau; *de la Loire-Inférieure*, par M. Lloyd, etc. On devra se servir aussi des monographies de certaines familles ou de certains genres publiés isolément par divers auteurs, en ayant soin d'indiquer dans l'herbier, par une note placée à la tête de la famille ou du genre, l'ouvrage dont on a adopté la classification, afin de suivre régulièrement cette classification dans les intercalations successives de plantes, et de pouvoir y recourir au besoin.

On dressera le catalogue méthodique, sur un registre spécial, de toutes les espèces énumérées dans l'ouvrage ou les ouvrages dont on adopte la classification, et l'on indiquera sur ce catalogue, par un signe précédant le nom de l'espèce, quelles sont celles que l'on possède, afin d'avoir le tableau résumé de son herbier et des lacunes qui restent à remplir; ce catalogue a également pour objet de faciliter les recherches dans l'herbier (2).

Quant à l'herbier général qui renferme des plantes de toutes les contrées du globe, on ne saurait mieux faire, pour le classement des familles et des genres, que de suivre l'ordre adopté par Endlicher dans son *Genera* et son *Enchiridion*. On devra avoir soin d'ajouter, après le nom de chaque genre, le numéro d'ordre qu'il porte dans le *Genera*. Grâce à ce moyen, il sera toujours

---

(1) Voir la liste des Flores locales de la France, p. 77.
(2) Le catalogue publié par M. Lamothe peut, dans certaines limites, remplacer ces catalogues manuscrits.

facile, en cherchant d'abord dans la table du *Genera* d'Endlicher le numéro d'ordre d'un genre, de vérifier rapidement si l'on possède des espèces appartenant à ce genre, et de les trouver dans son herbier; tandis que, sans cette précaution, cette recherche serait longue et souvent infructueuse, surtout si l'herbier est considérable. On se servira, pour classer les espèces renfermées dans chacun de ces genres, du *Prodromus* de De Candolle et de l'*Enumeratio plantarum* de Kunth, pour les familles traitées dans ces ouvrages; et pour celles qui n'y sont pas traitées, des diverses monographies qui existent, des Flores des différentes parties du monde, et enfin du *Synopsis plantarum* de Persoon, du *Species plantarum* de Willedenow, du *Systema vegetabilium* de Sprengel, etc. Les plantes de certaines familles ou de certains genres qui n'ont point encore trouvé de monographe seront classées d'une manière telle quelle, en attendant qu'ils soient devenus l'objet de travaux publiés dont on puisse se servir, ou que, à défaut de ces publications, on veuille les étudier soi-même.

XXI.

A quoi cela sert-il?... — Conclusion.

Comment répondre à cette question si souvent répétée par les personnes complétement étrangères à nos études et à nos plaisirs? Ferez-vous valoir la satisfaction que trouve l'esprit dans la recherche et la découverte d'une loi naturelle, et dans la contemplation des merveilles de la nature? Parlerez-vous du bonheur inépuisable et vrai qui, pour le naturaliste, remplace les plaisirs factices, et de la beauté réelle, qu'il sait préférer à la beauté de convention? du sentiment d'admiration qu'il éprouve à la vue du port élégant de la plus vulgaire plante de nos champs, du plus humble *Convolvulus*, par exemple, entourant de sa spirale fleurie la tige flexible d'une Graminée, qu'il préfère aux ornements comparativement si roides, si incorrects et si mesquins de nos meubles les mieux dorés? des perles et des diamants de la rosée qui scintillent sur les feuilles aux premiers rayons du soleil, et dont l'éclat ne lui paraît pas inférieur à celui des pierreries les plus recherchées ? — Le questionneur, peu touché de la beauté des plantes, et qui, le plus souvent, n'a jamais pensé qu'elles pussent être envisagées autrement qu'au point de vue de la consommation alimentaire, vous regarderait d'un air étonné, et le plus bienveillant aurait souvent peine à réprimer un sourire. Eh! quoi, non seulement le botaniste recueille avec soin une *mauvaise herbe*, et semble attacher à sa découverte et à sa possession une extrême importance, mais il détache parfois un fragment presque imperceptible de sa fleur, et passe des heures, des journées entières à examiner ces quelques atomes!... — Si vous faites entrevoir les services que l'étude approfondie des plantes, de leurs propriétés, et des différents modes de culture qui leur sont applicables, peut rendre aux sciences médicales, à l'agriculture, à l'horticulture et à l'économie domestique, on vous comprendra davantage; mais si vous ne retirez pas vous-même une utilité matérielle directe de ces travaux, *à quoi cela sert-il?* sera remplacé par : *à quoi cela vous sert-il?* Si l'on consent d'ailleurs à voir dans ces études un prétexte à quelques heures de distraction, on ne se persuadera jamais que vous puissiez, avec raison, y consacrer votre vie tout entière.

Quant à nous, ne reprochons pas au coq de préférer *le grain de mil* à la perle, mais trouvons-nous heureux, tout en rendant justice au grain de mil, de savoir apprécier *la perle* à sa valeur.

« ... Ergo vale, Lector amice; sylvas ruraque lætè peragra, et
» Scientiam amabilem auge. » (D. C.)

20.

LIVRE QUATRIÈME.

PROPRIÉTÉS MÉDICALES ET USAGES ÉCONOMIQUES
DES PLANTES INDIGÈNES OU NATURALISÉES EN FRANCE.

I.

Du rôle qui appartient aux végétaux dans les différentes branches des sciences médicales.

Les études médicales ont pour objet la connaissance des maladies (pathologie), et pour but la science de les guérir (thérapeutique). — La thérapeutique emprunte ses moyens d'action à l'hygiène, à la pharmacologie et à la chirurgie.

Nous allons jeter un coup d'œil rapide sur le rôle qui appartient aux produits végétaux dans ces trois différentes parties de la science de guérir.

Les moyens fournis par l'*Hygiène* ont pour résultat, non seulement de conserver la santé, mais aussi d'aider l'action des médicaments pour la rétablir. — La connaissance des propriétés des végétaux joue un assez grand rôle dans la science hygiénique.

Il résulte de la conformation de l'appareil digestif de l'homme, et il est démontré particulièrement par la forme de ses dents, qu'il est destiné à se nourrir simultanément de substances végétales et de substances animales. Une nourriture exclusivement végétale fournit à l'organisme une alimentation insuffisante, et ne saurait entretenir la santé : cette nourriture exclusive peut être rangée au nombre des remèdes débilitants; c'est le premier degré de la diète (abstinence) ou privation d'aliments. L'alimentation végétale convient dans les affections qui sont regardées comme résultant d'une alimentation trop animale : dans la goutte et la gravelle, par exemple.

Les substances animales diffèrent chimiquement des substances végétales en ce qu'elles contiennent de l'azote, outre le carbone, l'oxygène et l'hydrogène, qui font la base des unes et des autres. Aussi les substances végétales qui, par exception, contiennent de l'azote, sont-elles nutritives au même degré que les substances animales : les champignons comestibles sont dans ce cas. La farine de froment contient une certaine proportion d'azote, la farine de seigle n'en contient pas ; il en résulte que le pain de froment a des qualités beaucoup plus nutritives que le pain de seigle.

Au point de vue hygiénique, les végétaux n'ont pas seulement une importance extrême comme aliments, ils en ont une très grande aussi comme modificateurs de l'air respirable. — L'air atmosphérique ou air respirable est, comme on sait, un mélange de 79 parties d'azote et· de 21 parties d'oxygène, plus une très faible quantité d'acide carbonique (1).

L'air qui est introduit par l'inspiration dans les organes de la respiration de l'homme ou des animaux s'y dépouille d'une partie de son oxygène, qu'il cède au sang, et en revient chargé d'une certaine quantité de l'acide carbonique que le sang lui a cédé. L'air ainsi respiré par les animaux pourrait donc être altéré au point de devenir de plus en plus impropre à la respiration, s'il ne se trouvait simultanément modifié dans un sens inverse par un phénomène opposé : ce phénomène est celui de la respiration des végétaux. En effet, pendant le jour, les végétaux absorbent une très grande quantité de l'acide carbonique contenu dans l'air ; cet acide carbonique se trouve décomposé dans leurs organes en carbone, qui y reste fixé, et en oxygène, qui est exhalé et retourne dans l'air à l'état libre. Il est vrai que, pendant la nuit, les choses se passent différemment ; car, dans l'obscurité, les végétaux absorbent de l'oxygène et exhalent de l'acide carbonique ; mais des expériences précises ont prouvé que le résultat définitif est pour les végétaux une grande consommation de carbone, et la mise en liberté d'une grande quantité d'oxygène.

(1) L'oxygène et l'azote sont deux corps simples qui, à l'état libre, sont gazeux comme l'air qui résulte de leur mélange. L'acide carbonique, qui entre en si petite proportion dans l'air, est un gaz composé qui résulte de la combinaison de 8 parties en poids d'oxygène avec 3 parties de carbone ; le carbone est un corps simple qui, à l'état libre, est solide et constitue la plus grande masse du charbon végétal ; pur et cristallisé, il constitue le diamant.

De ces observations il résulte que les pays les plus sains sont ceux qui renferment de vastes forêts, et que, à partir du jour où les forêts auraient disparu du globe, l'air se trouverait de plus en plus vicié, et finirait par devenir impropre à la respiration ; qu'il est par conséquent dans l'intérêt général de l'humanité de respecter les forêts, et de résister aux spéculations individuelles qui, dans un but d'intérêt privé, tendent à les faire disparaître dans les pays civilisés, au détriment de la population tout entière. — Les courants d'air qui règnent successivement dans toutes les directions rétablissent l'équilibre entre les points occupés par de vastes forêts et les points occupés par de grandes agglomérations d'hommes et d'animaux.

Un des enseignements hygiéniques qui résultent de la connaissance des effets différents de la respiration des végétaux pendant le jour et pendant la nuit, est qu'il faut éviter de laisser, pendant la nuit, séjourner des plantes vivantes dans les appartements habités, puisqu'elles contribuent alors, comme les animaux, à y augmenter, dans des proportions nuisibles, la quantité d'acide carbonique contenu dans l'air. — Les odeurs aromatiques qu'exhalent les fleurs contribuent également à donner des qualités malfaisantes à l'air renfermé dans un étroit espace, et qui s'en trouve saturé.

Les moyens fournis à la thérapeutique par la *Pharmacologie* sont extrêmement nombreux, et peuvent être appliqués à la plupart des affections internes ou externes, soit générales, soit locales ; ils sont connus sous le nom de *médicaments*. Les médicaments s'appliquent à l'extérieur ou sont administrés à l'intérieur. Un grand nombre des plus actifs appartiennent au règne minéral. Tels sont : l'Iode, les Préparations mercurielles, le Soufre, l'Émétique, les Purgatifs salins, l'Ammoniaque, les Acides minéraux, l'Alun, les Sels de fer, de plomb, d'argent, de cuivre, les Eaux minérales, etc. Quelques agents médicaux ou chirurgicaux des plus usités appartiennent au règne animal : tels sont les Sangsues et les Cantharides, le Musc, etc. Si à ces moyens importants on ajoute les moyens chirurgicaux : la Saignée, les Ventouses, les Moxas, les Exutoires, etc., et certains moyens hygiéniques, tels que l'abstinence, les bains, le changement d'air, le repos, l'exercice, etc., on pourra se convaincre que, quelle que soit l'importance des propriétés médicales des végétaux, il ne faut pas, comme on est vulgairement porté à le faire, s'attendre à trouver chez les plantes une pharmacopée universelle.

Néanmoins un grand nombre de substances végétales constituent des médicaments précieux et des plus usités, soit que ces substances soient isolées ou qu'elles soient associées entre elles ou à d'autres substances dans diverses combinaisons. — Beaucoup de substances végétales médicamenteuses des plus importantes proviennent de plantes exotiques. Tels sont : le Quinquina, l'Aloès, l'Ipécacuanha, la Gomme arabique, le Sucre de canne, le Thé, le Café, le Chocolat, l'Opium, la Casse, le Séné, le Girofle, le Gingembre, la Cascarille, le Gayac, la Rhubarbe, la Cannelle, le Camphre, l'Asa fœtida, le Ricin, le Tabac, le Cubèbe, le Cachou, le Kino, le Quassia amara, le Ratanhia, la Manne, le Jalap, le Baume du Pérou, etc.

Les plantes médicinales indigènes ne sont ni moins nombreuses, ni moins utiles que les précédentes. Tels sont : l'Absinthe, l'Aconit, l'Angélique, l'Anis, l'Armoise, l'Asarum, l'Asperge, la Belladone, la Benoîte, la Bistorte, le Bleuet, la Bryone, la Busserole, la Camomille, le Chardon-bénit, le Chêne, la Chicorée amère, le Chiendent, la Ciguë, le Cochlearia, le Colchique, la Consoude, le Coquelicot, le Cresson de fontaine, le Datura Stramonium, la Digitale, la Douce-amère, l'Épurge, l'Ergot de seigle, la Fougère mâle, la Fumeterre, le Genièvre, la Gentiane, le Grenadier, la Guimauve, le Houx, l'Hyssope, la Germandrée, la Jusquiame, la Laitue vireuse, la Lavande, le Lichen d'Islande, le Lierre terrestre, le Lin, le Marrube, la Mauve, la Mélisse, la Mousse de Corse, la Menthe poivrée, la Morelle, la Moutarde, le Nerprun, l'Oranger, l'Ortie, la Pariétaire, la Petite-Centaurée, le Polygala, le Pyrèthre, le Raifort, la Réglisse, la Rue, la Sabine, le Safran, la Sauge, le Saule, la Scabieuse, la Scille, la Soldanelle, le Sureau, le Tilleul, le Trèfle-d'eau, la Vigne, la Valériane, la Violette, etc.

Je ne pense pas d'ailleurs que l'on doive attacher une importance telle à l'avantage de trouver des médicaments parmi les plantes indigènes, que l'on doive préférer l'usage de ces plantes à l'usage des produits exotiques doués de propriétés analogues, et abondants dans le commerce, toutes les fois que ces derniers l'emportent en activité.

Les analyses chimiques et l'expérience médicale tendant à simplifier les médicaments et à en réduire le nombre en élaguant les doubles emplois, il est possible, jusqu'à un certain point, de remplir toutes les indications thérapeutiques avec un nombre assez limité de substances médicamenteuses; il est néanmoins indispensable aux médecins, surtout aux médecins qui exercent à la campagne, de pouvoir au besoin, et avec connaissance de cause, substituer une espèce à une espèce analogue, et aussi distinguer les plantes inertes des plantes actives ou vénéneuses.

Les moyens fournis à la science de guérir par la *Chirurgie* ont pour résultat de retrancher de l'organisme des parties solides ou liquides devenues nuisibles, de réunir les parties divisées, de remettre en place les organes déplacés, de déterminer la cicatrisation des plaies, etc.

Plusieurs produits employés dans les procédés chirurgicaux sont empruntés à la pharmacologie, et appartiennent au règne végétal : telles sont certaines substances âcres en usage pour l'entretien des exutoires, les plantes qui produisent la rubéfaction et l'urtication, etc. Celles qui entrent dans la composition des onguents ou autres préparations destinées à activer la suppuration, ou à déterminer la cicatrisation des blessures et des plaies, sont aussi du domaine des connaissances chirurgicales.

On a peut-être trop négligé, dans ces derniers temps, les traditions que nos pères nous ont transmises à ce sujet; car, au milieu de pratiques absurdes justement livrées au ridicule, on rencontre des indications excellentes dont un grand nombre ne font point partie des formulaires d'aujourd'hui.

Si les plantes médicinales méritent le plus grand intérêt, les plantes d'un usage vulgaire dans l'économie domestique et dans les arts ne sont pas moins dignes de fixer notre attention.

Parmi les plantes indigènes ou naturalisées en France, et qui sont, à ces divers points de vue, l'objet d'une grande culture, les unes fournissent des substances alimentaires, d'autres servent à la nourriture des animaux domestiques, plusieurs fournissent les

bois de construction et de chauffage; d'autres fournissent
matières textiles, des substances tinctoriales, etc.; enfin [
servent à la décoration des parcs, des promenades et des jard

---

II.

Énumération comparative des médicaments végéta indigènes, des médicaments végétaux exotiques, des médicaments puisés en dehors du règne végét

1° TEMPÉRANTS. — *Moyens hygiéniques* : Repos de corps
d'esprit, Régime, Diète, etc. — *Moyens chirurgicaux* : Saign
Sangsues, etc. — Médicaments tirés du *règne minéral* : Ba
tièdes, Tartrate acide de potasse. — Médicament tiré du *règ
animal* : Petit-lait. — Médicaments tirés du *règne végétal* : e
tique : Tamarin; indigènes : *Cerises, Chiendent, Citron, Épi
Vinette, Framboises, Groseilles, Limons, Mûres, Oseille, Crang
Raisins*, Semences froides (graines de *Calebasse*, de *Pastèqu
de *Melon* et de *Concombre*), inusité.

2° ÉMOLLIENTS. — Aucun de ces médicaments n'est emprun
au *règne minéral*; quelques uns, comme la Corne de Cerf,
Gélatine, le Bouillon de Poulet, de Veau, d'Escargots, de Tortu
d'Écrevisses, les Grenouilles, l'Axonge ou Graisse de Porc,
Mou de Veau, la Cire, le Miel, le Jaune d'œuf, le Lait, sont en
pruntés au *règne animal*. — La plupart sont empruntés au *règ
végétal*. Un certain nombre sont d'origine exotique, comme
l'Arrow-root, le Cacao, les Dattes, la Gomme arabique, la Gomm
adragante, le Racahout, le Sagou, le Salep, le Sucre de canne
le Tapioka. — Les autres sont des produits indigènes : le *Chie
dent*, la *Citrouille*, le *Concombre*, le *Coquelicot*, le *Lichen d'I
lande*, la *Réglisse*, les Fleurs de *Bouillon-blanc*, de *Guimauve*, [
Mauve, de *Pied-de-chat*, de *Tussilage*, de *Violettes*, la Grain
de *Lin*, l'Oignon de *Lis*, la Racine de *Guimauve*, l'Émulsio
d'*Amandes douces*, les *Jujubes*, les *Figues* sèches, les *Raisin*

secs, les Pruneaux, le Gruau, la Mie de pain, l'Amidon, le Son, etc.

3° NARCOTIQUES (à haute dose), ANODINS (à faible dose). — Ces médicaments sont la plupart empruntés au *règne végétal*. Produits exotiques : Opium, Acétate de morphine, Codéine, Narcotine, Laudanum, Pavot, Camphre, Laurier-Cerise, Mandragore, etc. Plantes et produits indigènes : *Aconit, Belladone, Ciguë, Coquelicot, Digitale, Datura Stramonium, Jusquiame, Laitue vireuse, Morelle, Safran.*

4° CONTRO-STIMULANTS. — A l'exception de l'Ipécacuanha, qui appartient au règne végétal, la plupart de ces médicaments sont des préparations minérales. Je citerai : l'Émétique (Tartrate de potasse et d'antimoine) et le Protochlorure de mercure.

5° ASTRINGENTS (nommés aussi *styptiques* quand ils sont faibles et bornent leurs effets constricteurs aux surfaces du corps). — Un certain nombre d'astringents étaient autrefois classés dans les *résolutifs*, classe peu limitée, en ce sens que tous les médicaments pourraient y rentrer, puisque tous sont destinés à contribuer à la résolution ou guérison des maladies. — On nomme *détersifs* les astringents faibles employés à l'extérieur pour déterminer la cicatrisation des ulcères, et les lotions excitantes faites dans le même but. — On nommait *dessiccatifs* les détersifs d'une nature très astringente, susceptibles de provoquer une cicatrisation prompte, mais quelquefois trop brusque de la plaie. — Enfin, on nomme *antiseptiques* les astringents destinés à modifier avantageusement les ulcères putrides ou gangréneux.

On doit réserver le nom d'*astringents* aux médicaments dont la propriété est de resserrer les tissus. — On les emploie pour arrêter les hémorrhagies, résoudre les inflammations superficielles, provoquer la cicatrisation des plaies, etc.

Les principaux *astringents minéraux* sont : l'Eau froide, la Glace, l'Acétate de plomb (sel de Saturne), le Vinaigre, l'Alun, l'Oxyde de zinc, le Carbonate de magnésie, le Sulfate de fer, le Sulfate de zinc, etc. Les principaux *astringents végétaux* sont, parmi les exotiques : le Bois de Campêche, le Cachou, le Columbo, la Colophane, la Gomme-kino, la Noix de galle, le Ratanhia, le Sangdragon, l'Eau-de-vie camphrée, etc. ; et parmi les indigènes : l'*Aigremoine*, l'*Aspérule*, la *Benoîte*, la *Bistorte*, le *Caille-lait*, l'Écorce de *Chêne* et le Tannin, la conserve de fruits d'*Églantier*, la *Garance*, la *Grenade*, le *Myrte*, la *Pervenche*, le *Plantain*, les *Roses de Provins*, les Feuilles de *Ronce*, la *Tormentille*, les *Sorbes*, les *Coings*, les *Nèfles*, l'*Uva-ursi*. — Parmi les produits animaux, le Blanc d'œuf délayé dans l'eau constitue une boisson qui agit mécaniquement à la manière des astringents, en mettant obstacle à l'absorption.

6° TONIQUES (nommés aussi *amers* en raison de la saveur d'un grand nombre). — On les nomme *dépuratifs* lorsqu'ils sont considérés, dans la médecine populaire, comme purifiant le sang en le dépouillant, par l'intermédiaire des sécrétions, de divers principes morbides ; ces dépuratifs sont toujours des médicaments végétaux. — Enfin, on nomme *antiscorbutiques* les toniques employés contre le scorbut, et *fébrifuges* ceux qui déterminent la cessation des fièvres réglées. Les toniques ont, comme les astringents, la propriété de resserrer les tissus ; mais tandis que l'action des astringents est locale, c'est-à-dire, ne se manifeste que sur les points même où ils sont appliqués, l'action des toniques est générale. Les toniques agissent en modifiant la nature du sang : les uns déterminent l'accroissement de la proportion relative des globules du sang ; d'autres y introduisent de l'oxyde de fer.

Les médicaments toniques les plus importants appartiennent au *règne minéral* et ont pour base le Fer. Le plus usité de ces médicaments est le Sous-carbonate de fer. — Parmi les *toniques végétaux* exotiques, nous citerons : l'Écorce de Quinquina, le Columbo, l'Angusture vraie, le Quassia amara, la Rhubarbe et le Simarouba ; — et parmi les végétaux indigènes : l'*Aunée*, la *Bardane*, le *Chardon-bénit*, le *Chardon-étoilé* (*Eryngium campestre*), la *Chausse-trape* (*Centaurea Calcitrapa*), la *Chicorée sauvage*, la *Douce-amère*, la *Fumeterre*, la *Gentiane*, le *Houblon*, les Feuilles de *Houx*, le *Lichen d'Islande*, le *Ménianthe* (*Trèfle-d'eau*), la *Patience*, la *Pensée sauvage*, la *Petite-Centaurée*, le *Pissenlit*, le *Polygala*, la *Saponaire*, la *Scabieuse des prés*, l'Écorce de *Saule*, le *Teucrium Chamædris*, et le *Tussilage*.

7° ANTIPÉRIODIQUES. — *Minéraux :* Arsenic, Fer. *Végétaux :*

Quinquina, Angusture vraie, Serpentaire de Virginie, Café; végétaux indigènes ou naturalisés : *Absinthe, Houx, Marronnier d'Inde, Petite-Centaurée, Saule.*

8° STIMULANTS GÉNÉRAUX. — On nomme *stimulants généraux* des médicaments qui agissent comme les toniques, en ce qu'ils excitent le jeu des diverses fonctions, mais dont la plupart diffèrent des toniques en ce qu'ils stimulent la circulation moins en modifiant la nature du sang qu'en s'adressant au système nerveux; du reste, on pourrait presque indifféremment en classer un certain nombre parmi les toniques proprement dits. Quelques uns sont remarquables par leur odeur pénétrante ou aromatique. — Ces médicaments étaient autrefois répartis dans les classes suivantes : toniques, résolutifs, astringents, cathérétiques, styptiques, détersifs, antiseptiques, antiscrofuleux, fébrifuges, antiscorbutiques, stomachiques, analeptiques; — sudorifiques, expectorants, diurétiques; — aromatiques, antispasmodiques, antihystériques, balsamiques; — antiasthmatiques, antiophthalmiques, antiépileptiques, antihydropiques, carminatifs, antidartreux, anthelmintiques, etc.

Les stimulants généraux empruntés au *règne minéral* sont : l'Ammoniaque liquide et autres Préparations ammoniacales, diverses Préparations arsenicales, le Nitrate d'argent, le Sulfate de cuivre, l'Acide hydrochlorique, l'Acide nitrique, le Chlore et les Chlorures, l'Acide carbonique, et par conséquent les Eaux minérales acidules gazeuses, comme : l'Eau de Seltz et l'Eau du Mont-Dore, les bains d'Air chaud, l'Électricité, etc. Parmi les *substances végétales* exotiques, nous citerons l'Angusture-vraie, la Badiane, le Benjoin, le Bétel, le Café, le Camphre, la Cannelle, le Cardamome, la Cascarille, le Chocolat, l'Eau-de-vie de Gayac, l'Écorce de Winter, l'Encens, le Gingembre, le Girofle, la Gomme ammoniaque, le Macis, la Muscade, le Polygala de Virginie, la Résine-élémi, le Sagapenum, la Serpentaire de Virginie, le Cresson-de-Para, le Thé, la Vanille, la Zédoaire, le Copahu, le Cubèbe et le Styrax. Nous citerons, parmi les plantes, ou les produits végétaux indigènes : l'*Absinthe*, l'*Ail*, l'*Anémone pulsatille*, l'*Angélique*, l'*Anis*, l'*Arum*, l'*Aunée*, l'*Aurone*, le *Beccabunga*, la *Bétoine*, la *Camomille romaine*, le *Carvi*, la *Cataire*, le *Cochlearia*, le *Cresson*, le *Cumin*, l'Écorce de *Citron*, le *Fenouil*, les Baies de *Genièvre*, le *Goudron*, l'*Hyssope*, la *Lavande*, la *Livèche*, la *Mélisse*, la *Menthe*, le *Millepertuis*, l'*OEillet rouge*, les Feuilles et Fleurs d'*Oranger*, l'*Origan*, le *Pyrèthre*, le *Raifort sauvage*, le *Romarin*, les Feuilles de *Ronce*, le *Safran*, la *Sauge*, le *Stœchas*, la *Véronique officinale*.

Outre les stimulants généraux, il est des médicaments stimulants qui agissent plus spécialement sur un appareil ou sur un organe particulier.

Les stimulants de l'appareil digestif sont ceux qui excitent la sécrétion de la salive, la contraction de l'estomac (vomitifs), et les fonctions d'excrétion du tube intestinal (purgatifs).

9° STIMULANTS DES GLANDES SALIVAIRES. — Beaucoup de substances astringentes ou aromatiques peuvent être rangées dans cette classe. Nous citerons les Acides faibles, le Tabac, le Girofle, et, parmi les plantes indigènes, le *Pyrèthre*.

10° VOMITIFS OU ÉMÉTIQUES. — Médicaments provoquant la contraction du diaphragme et de l'estomac, et par suite l'expulsion des matières alimentaires ou autres qui y sont contenues. — Les *vomitifs minéraux* sont : l'Eau tiède, le Tartrate de potasse et d'antimoine (vulgairement Émétique), le Kermès, le Sulfate de cuivre, le Sulfate de zinc, etc. — Les *vomitifs tirés du règne végétal* sont, parmi les produits exotiques, l'Ipécacuanha, et parmi les plantes indigènes : la Racine d'*Asarum* (médicament dangereux et peu usité) et la Racine de *Violette*.

11° PURGATIFS. — Ces médicaments se divisent en *laxatifs*, *cathartiques* et *drastiques*. On nomme *laxatifs* les purgatifs qui déterminent la purgation sans irriter le tube intestinal. Les *laxatifs minéraux* les plus usités sont : le Tartrate de potasse (Crème de tartre), le Tartrate de potasse et de soude (Sel de Seignette). — Les *laxatifs végétaux* sont, parmi les produits non indigènes : la Casse, l'Huile de Ricin, la Manne et le Tamarin. — Les Laxatifs végétaux indigènes sont : le Bouillon aux herbes (*Laitue, Cerfeuil, Oseille, Bette*, etc.), l'Huile d'*Amandes douces*, et la *Mercuriale*.

On nomme *cathartiques* les purgatifs plus actifs que les laxatifs, et moins violents que les drastiques. — Les *cathartiques minéraux* sont : le Sulfate de soude (Sel de Glauber), le Sulfate de magnésie (Sel d'Epsom), le Sulfate de potasse, la Magnésie calcinée, le Citrate de magnésie, le Nitrate de potasse (Nitre, Salpêtre), le Nitrate de soude, le Protochlorure de mercure, l'Eau de Sedlitz, et autres Eaux minérales purgatives.

Les *cathartiques végétaux* exotiques sont : l'Aloès, la Rhubarbe et le Séné. Nous citerons parmi les indigènes : la *Gratiole*, les Feuilles de *Noyer* et le *Nerprun*.

On nomme *drastiques* les purgatifs violents qui agissent en irritant la membrane muqueuse du tube digestif. On a vu que la plupart des purgatifs cathartiques sont des sels minéraux ; les purgatifs drastiques *sont*, au contraire, *tous puisés dans le règne végétal.* — Parmi les produits exotiques, nous citerons : l'Aloès à forte dose, la Coloquinte, le Croton tiglium, l'Euphorbe officinale, l'Hellébore noir, la Gomme-gutte et le Jalap ; — et parmi les végétaux indigènes : l'*Agaric blanc*, la *Bryone*, l'*Épurge* (*Euphorbia Lathyris*) et la Vératrine.

12° DIURÉTIQUES. Stimulants des glandes urinaires (reins). — Les *diurétiques minéraux* sont : le Nitrate (ou Azotate) de potasse (Salpêtre, Nitre), l'Acétate de potasse, le Nitrate de soude, l'Acétate de soude, et le Bicarbonate de soude ; certaines plantes, la *Pariétaire*, par exemple, ne sont diurétiques que par le Nitrate de soude qu'elles contiennent. — Les diurétiques végétaux non indigènes sont : l'Aralia hispida, la Cannelle, le Parcira brava, et la Scille maritime. — Les diurétiques indigènes sont plus nombreux ; nous citerons : l'*Ache*, l'*Alkékengé*, l'*Arrête-bœuf*, l'*Asperge*, le *Chardon-étoilé*, *Roland* ou *roulant* (*Eryngium campestre*), le *Chiendent*, le *Colchique* à faible dose, la *Digitale* à faible dose, le *Petit-Houx*, le *Fraisier*, la *Pariétaire*, le *Persil* et l'*Uva-ursi*.

13° SUDORIFIQUES OU DIAPHORÉTIQUES. Stimulants de l'exhalation de la peau. — *Règne minéral* : Préparations sulfureuses, Eaux minérales sulfureuses, Douches de vapeur, Bains chauds, Bains de vapeur, Bains aromatiques. — *Règne végétal*, produits exotiques : Salsepareille, Squine, Camphre, Contrayerva, Résine de gayac, Opium, Sassafras, Serpentaire de Virginie, Vétiver, Thé ; — produits indigènes : *Absinthe*, *Arrête-bœuf*, *Bétoine*,

Bourrache, *Bugle*, *Calament*, *Camomille*, *Canne de Provence*, *Carex arenaria*, *Chamædrys*, *Dompte-venin*, *Douce-amère*, *Hyssope*, *Lavande*, *Lierre-terrestre*, *Mélisse*, *Menthe poivrée*, *Origan*, *Pervenche*, Bourgeons de *Peuplier*, *Romarin*, *Sanicle*, *Saponaire*, *Sauge*, *Scabieuse*, *Scordium*, Fleurs de *Sureau*, *Thym*, *Tussilage*, *Véronique*.

14° EXPECTORANTS. Stimulants de l'exhalation bronchique et pulmonaire. — *Règne végétal*, produits exotiques : Baume du Pérou, Baume de Tolu, Benjoin, Ipécacuanha, Polygala de Virginie, Scille ; — plantes indigènes : *Bouillon-blanc*, *Capillaire*, *Guimauve*, *Hyssope*, *Lierre-terrestre*, *Mauve*, *Pied-de-chat* (*Gnaphalium dioicum*), *Polypode*, *Pulmonaire-de-Chéne*, *Tussilage*, *Véronique*, *Violettes*.

15° STIMULANTS DE L'APPAREIL RESPIRATOIRE. — Séjour sur les montagnes, sur le bord de la mer ; — substances végétales balsamiques énumérées dans les *excitants généraux*.

16° STIMULANTS DE L'APPAREIL CIRCULATOIRE. — *Règne minéral* : Nitrate de potasse. — *Règne végétal*, plante indigène : *Digitale pourprée*.

17° ANTISPASMODIQUES. Stimulants du système nerveux. — *Règne minéral* : Éther sulfurique, Sous-nitrate de bismuth. — *Règne animal* : Musc, Castoréum, Ambre gris, Huile animale de Dippel, Huile de foie de morue. — *Règne végétal*, produits exotiques : Camphre, Asa fœtida, Gomme ammoniaque, Tabac, Strychnine, Vératrine, Noix vomique, Brucine, Cévadille ; — produits indigènes : *Narcisse des prés*, *Nénuphar*, Feuilles et Fleurs d'*Oranger*, *Pivoine*, Fleurs de *Tilleul*, *Valériane*.

18° EMMÉNAGOGUES. — *Règne minéral* : Hydriodate de fer, Sulfure de carbone, Bains de pieds chauds.— *Règne végétal*, produits tous indigènes : *Absinthe*, *Aristoloche*, *Armoise*, *Polytric*, *Rue*, *Sabine*, *Safran*, *Seigle ergoté*, *Tanaisie*.

19° FONDANTS. Stimulants de plusieurs glandes et de l'appareil absorbant. — *Règne minéral* : Mercure, Protochlorure de mercure, Deutochlorure de mercure, Proto-iodure de mercure, Deuto-iodure de mercure, Oxyde rouge de mercure, Sulfure rouge de mercure, et autres préparations mercurielles, Iodure de potassium, Iodure de plomb, Hydriodate d'ammoniaque,

Iodure de fer, Chlorure d'or, Oxyde d'or, Or divisé, Chlorure de platine, Chlorure de calcium. — *Règne végétal*, plante indigène : *Ciguë* (*Conium maculatum*).

20° ALTÉRANTS. — *Minéraux* : Préparation de Mercure, d'Or, d'Argent, de Platine, d'Iode, de Potassium, de Plomb, de Soufre, d'Antimoine. *Végétaux* : Cubèbe, Copahu, Styrax, Lobelia syphilitica, Squine, Gayac, Salsepareille ; et parmi les végétaux ou produits végétaux indigènes : la *Ciguë*, le *Daphne Mezereum*, la *Douce-amère*, les Baies de *Genièvre*, le *Roseau à balais*, le Goudron, et la Térébenthine.

21° ANTISCROPHULEUX et ANTISCORBUTIQUES. — *Minéraux* : Préparations de Fer, Iode, Chlore, Baryte, Antimoine, Mercure, Argent, Chaux, Or, Soude, Potassium, Soufre, Brome, Zinc. *Végétaux* : Salsepareille, *Aconit, Cochlearia, Cresson de fontaine, Cresson-alénois, Douce-amère, Gentiane, Houblon*.

22° ANTIPSORIQUES (contre les maladies chroniques de la peau). —Médicaments *minéraux* : Préparations d'Arsenic, de Mercure, de Chaux, de Soufre, de Phosphore, de Plomb, de Manganèse, d'Antimoine, d'Iode, de Magnésie. *Végétaux* : Salsepareille, Squine, Gayac ; végétaux indigènes : *Bardane, Douce-amère, Patience, Pensée sauvage, Rue, Saponaire, Scabieuse*.

23°. RUBÉFIANTS. Médicaments externes destinés à irriter la peau et à déterminer l'afflux du sang à la partie du corps où on les applique ; en prolongeant plus longtemps la durée de l'application de ces médicaments sur la peau, ils deviennent VÉSICANTS ou épispastiques, c'est-à-dire qu'ils provoquent l'afflux d'une sérosité qui soulève l'épiderme. Ces médicaments sont employés comme révulsifs, et pour déterminer l'établissement d'une surface suppurante. — *Règne minéral* : Préparations de Tartrate de potasse et d'Antimoine (Émétique), Eau très chaude. — *Règne animal* : Cantharides. — *Règne végétal*, produits indigènes : *Ail, Chélidoine*, Feuilles de *Clématite*, Écorce de *Garou*, Farine de graine de *Moutarde noire*, Poix de Bourgogne, etc.

24° CAUSTIQUES. Médicaments externes employés pour cautériser, brûler et détruire les tissus à une profondeur déterminée. — Tous sont tirés du *règne minéral* : Fer rougi au feu, Potasse caustique, Soude caustique, Nitrate d'argent fondu, Nitrate acide de mercure, Chlorure d'antimoine, Chlorure de zinc, Acétate de cuivre impur, Sulfate de cuivre, Acide arsénieux, Chaux, Alun calciné, Ammoniaque liquide.

25° ANTHELMINTHIQUES ou VERMIFUGES (contre les vers intestinaux). — *Minéraux :* Préparations d'Étain, de Mercure, de Zinc. *Végétaux : Absinthe, Ail, Coralline* ou *Mousse de Corse, Fougère-mâle, Grenadier,* Semen-Contra, Térébenthine.

III.

Propriétés médicales et usages économiques des plantes indigènes (1).

RENONCULACÉES.

Un grand nombre de plantes de cette famille contiennent un principe volatil d'une extrême âcreté ; le suc de ces plantes ou les plantes pilées et appliquées sur la peau agissent selon l'intensité de leurs propriétés âcres et la durée de l'application, comme rubéfiants ou comme vésicants, et peuvent même produire l'ulcération de la peau. Introduites dans le canal digestif, elles déterminent les mêmes accidents ; à petite dose, elles peuvent être

(1) Je me suis inspiré, pour ce travail, de l'*Enchiridion botanicum* d'Endlicher. Telles sont les qualités éminentes de ce livre (dont je ne saurais trop recommander l'étude) : la précision, la clarté et la concision du style ; le choix et l'élégance des expressions ; le tact, la science et l'érudition qui ont présidé au choix des observations, et surtout le sentiment profond des beautés naturelles qui éclate à chaque ligne, et qui donne à un sujet sévèrement traité au point de vue médical tout l'attrait de la poésie ; et tels sont le respect et l'admiration dont je suis pénétré pour cet ouvrage, que je me suis souvent borné, dans cet article, à en reproduire en français la partie médicale, ne trouvant rien à dire de plus exact ni de meilleur.

On pourra juger néanmoins que je ne me suis pas toujours borné, dans cet aperçu élémentaire, au rôle de traducteur, et que j'ai vu ou vérifié par moi-même un certain nombre des faits que je rapporte ; un plus grand nombre reste encore à examiner, et il serait d'une grande utilité et d'un grand intérêt pour la science de les soumettre à une nouvelle étude.

Nous possédons en France un grand nombre de bons ouvrages sur la matière médicale. Parmi les meilleurs je citerai : Ach. Richard, *Éléments*

seulement émétiques ou drastiques; à haute dose, elles produisent l'inflammation, puis l'ulcération de la membrane muqueuse, et agissent à la manière des substances vénéneuses âcres.

.Les qualités actives d'un petit nombre paraissent résider dans un alcaloïde; la souche de quelques espèces vivaces contient un principe extractif amer, et quelques substances résineuses.

Un certain nombre d'espèces ne renferment aucun principe actif, et sont inoffensives. Quant à celles qui contiennent un principe âcre très volatil, on conçoit que ces espèces perdent leurs propriétés âcres en séchant; elles les perdent également, en partie du moins, par la coction dans l'eau.

Clematis Vitalba, L. (la Clématite commune, la Viorne). — Les feuilles pilées appliquées sur la peau produisent la rubéfaction, la vésication et l'ulcération. Je me suis assuré que le *C. Flammula*, L., est doué de la même âcreté; la feuille broyée produit dans la bouche un sentiment de brûlure. Le *C. erecta*, L., possède les mêmes propriétés; il en est de même de plusieurs espèces exotiques.

Thalictrum flavum, L. (fausse Rhubarbe). — La racine était employée autrefois comme purgative; elle est hors d'usage aujourd'hui, et remplacée par des substances purgatives dont l'action est mieux connue et plus facile à diriger.

Anemone Pulsatilla, L. (Pulsatille). — La saveur de la plante fraîche, d'abord presque insipide, finit par devenir brûlante. Les propriétés stimulantes de cette plante, surtout à l'état frais, passent, en Allemagne, pour avoir une certaine efficacité contre la paralysie du nerf optique (amaurose). On en fait quelquefois

<hr>

d'histoire naturelle médicale, 3 vol. in-8 ; — A. Trousseau et H. Pidoux, *Traité de thérapeutique et de matière médicale*, 2 forts volumes in-8 ; — P. De Candolle, *Essai sur les propriétés médicales des plantes*, in-8 (1816); — Guibourt, *Histoire abrégée des drogues simples*, 2 vol. in-8 ; — Soubeiran, *Nouveau traité de pharmacie*, 2 vol. in-8 ; — Bouchardat, *Éléments de matière médicale et de pharmacie*, 1 fort vol. in-8 ; — Galtier, *Traité de matière médicale*, 2 vol. in-8 ; — *Traité de pharmacologie*, 1 vol. in-8 ; — Loiseleur-Deslongchamps, *Manuel des plantes usuelles indigènes*, 2 vol. in-8 (1819); — Milne-Edwards et Vavasseur, *Nouveau formulaire pratique des hôpitaux*, in-18 compacte ; — *Manuel de matière médicale*, 1 fort vol. in-12 ; — Foy, *Formulaire des médecins praticiens*, in-12 ; — Ach. Richard, *Formulaire de poche*, in-12.

usage dans le traitement des dartres rebelles. La poudre de la plante sèche est sternutatoire.

Anemone nemorosa, L. (la Sylvie). — La plante fraîche pilée est vésicante; il en est de même de l'*A. ranunculoides*, L., plante assez rare en France, mais abondante dans le nord de l'Europe.

Anemone Hepatica, L. (l'Hépatique). — La plante est dépourvue d'âcreté; elle a été employée pour ses propriétés astringentes. — Le *Myosurus minimus* (Queue-de-souris) est également astringent.

Adonis vernalis, L. — La fleur de nos *Adonis* annuels (Goutte-de-sang) a été employée comme diurétique. La souche de l'*A. vernalis* possède des propriétés amères, âcres et purgatives analogues à celles de l'hellébore.

Ranunculus acris, L. (Clair-bassin). — Cette espèce et les *R. bulbosus*, L., *R. arvensis*, L., *R. Lingua*, L. (grande Douve), *R. Flammula*, L. (petite Douve), sont également âcres et vésicantes; la médecine n'en fait plus aucun usage. Le *R. Thora*, L. plante des Alpes, et le *R. sceleratus*, L., plante de nos ruisseaux, sont au nombre de celles dont l'âcreté est portée au plus haut degré. Pendant que je séchais au fer chaud un échantillon de *R. sceleratus*, la matière âcre volatilisée détermina chez moi l'éternument et le larmoiement, et une vive irritation des muqueuses nasales et oculaires.

Ficaria ranunculoides, L. (la Ficaire). — L'âcreté est peu prononcée chez cette plante; on prétend qu'après l'avoir soumise à l'ébullition elle peut, sans inconvénients, être employée comme alimentaire. Les médecins du moyen âge lui attribuaient la propriété de guérir les hémorrhoïdes, en raison de l'analogie de forme de ses racines globuleuses avec les tumeurs hémorrhoïdales.

Ranunculus repens, L. (Pied-de-poule, Bouton-d'or). — Cette plante est considérée à tort, par quelques auteurs, comme douée de la même âcreté que les précédentes; il est facile de s'assurer que la plante fraîche a une saveur herbacée qui non seulement est dépourvue d'âcreté, mais n'est pas même astringente; elle était connue dans les anciennes pharmacies sous le nom de *R. dulcis*, par opposition au *R. acris*, et employée comme diurétique.

« *Ranunculus Asiaticus*, L. » (la Renoncule des jardins), dit

Endlicher, « congenerum pulcherrimus, et floribus facile plenis
» multicolor. Hunc e grumosis radicibus multiplicatum magnæ
» patribus inter hortenses curæ fuisse constat. Hodie ex elegan-
» tiorum viridariis pulsus, in monachorum hortulis adversus
» inconstantis moris mutationes tutus est, et apte per tophos
» dispositus, animum, e cœlestium rerum et humanarum vicis-
» situdinum contemplatione ægrum, innocentissimo gaudio de-
» mulcet. »

Caltha palustris, L. (le Populage). — Il paraît que, dans certains pays, on confit dans du vinaigre le bouton de la fleur, à la
manière du bouton du Câprier, et qu'on l'emploie sans inconvénient aux mêmes usages culinaires. — Le *Trollius Europœus* n'a
point de qualités malfaisantes.

Helleborus fœtidus, L. (Pied-de-griffon). — La racine, même
sèche, est un purgatif drastique des plus violents. L'*Helleborus
viridis*, L. et l'*H. niger* (Hellébore) paraissent posséder les mêmes
propriétés; ces plantes sont purgatives à faible dose; à haute dose
elles occasionnent des vomissements, et une superpurgation accompagnée de vives douleurs et de spasmes; une dose encore plus
considérable est mortelle. La souche de l'*Heranthis hiemalis*,
Salisb., est douée de propriétés drastiques non moins énergiques.

Nigella sativa, L. (Toute-épice), *N. Damascena*, L. (Patte-
d'araignée, Cheveux-de-Vénus). — Les graines de ces plantes
sont aromatiques et douées d'une âcreté légère (on développe par
le frottement leur odeur aromatique); elles sont employées en
Orient comme condiment, et mêlées au pain.

Aquilegia vulgaris, L. (Ancolie). — La racine est d'une faible
âcreté, mais d'une amertume prononcée; elle est inusitée.

Delphinium Consolida, L. (Pied-d'alouette). — La médecine
du moyen âge lui attribuait des propriétés vulnéraires et antiophthalmiques: les fleurs sont, en effet, astringentes; les graines
ont été employées à faible dose comme anthelminthiques. Le
D. Staphisagria, L., est anthelminthique, émétique et drastique;
ces propriétés résident dans un alcaloïde qui a reçu le nom de
Delphinine.

Aconitum Napellus, L. (Aconit). — Les propriétés de l'Aconit
sont des plus énergiques; le principe actif qui existe dans les

parties herbacées de la plante se trouve également dans les graines. On prépare avec le suc un extrait que l'on administre à la dose de 2 à 5 centigrammes contre les affections névralgiques. On emploie au même usage l'alcaloïde, que l'on extrait de cette plante, et qui a reçu le nom d'Aconitine. A haute dose, cette substance agit à la manière des poisons narcotico-âcres. La plupart des espèces du genre Aconit sont douées de propriétés non moins énergiques; l'*A. Lycoctonum*, L., et l'*A. Anthora*, L., sont au nombre des plus vénéneuses.

Pæonia officinalis, L. (la Pivoine). — Cette plante était regardée, dans l'antiquité, comme douée de merveilleuses propriétés. On emploie encore sa racine sèche (moins active qu'à l'état frais) en poudre, à la dose de 2 à 4 grammes, comme antispasmodique. Les pétales secs renferment un mucilage légèrement astringent; on en prépare une eau distillée peu usitée.

Actæa spicata, L. — Les parties herbacées et les fruits renferment un suc très âcre. Cette plante, employée autrefois comme drastique, et à l'extérieur contre certaines affections dartreuses, est aujourd'hui inusitée.

BERBÉRIDÉES.

Les parties herbacées et les fruits bacciformes des plantes de la famille des Berbéridées renferment généralement de l'acide malique. L'écorce et la racine renferment une matière colorante jaune d'une saveur amère qui a une certaine analogie avec la Rhubarbe. Cette famille ne renferme point de plantes vénéneuses; elle est représentée en Europe par un petit nombre d'espèces; la patrie du plus grand nombre est l'Amérique méridionale.

Berberis vulgaris, L. (Épine-vinette). — Les feuilles ont une saveur acidule agréable; les fruits avant leur maturité sont amers et astringents; les fruits mûrs sont acidules : on peut en préparer une limonade rafraîchissante et des conserves d'une saveur agréable. On emploie pour la teinture la matière colorante jaune que renferme le liber de la tige et de la racine. La médecine du moyen âge employait contre l'ictère (jaunisse) cette racine qui paraît douée de propriétés purgatives; elle est actuellement inusitée.

Epimedium alpinum, L. — Cette plante, indiquée avec doute en France, se rencontre dans les Alpes de la Suisse, en Piémont, etc. Ses feuilles sont amères, et leur décoction a été conseillée comme sudorifique. Il est avantageux de remplacer, pour l'usage médical, cette plante rare par les plantes communes qui possèdent à un plus haut degré les mêmes propriétés.

CARYOPHYLLÉES. — LINÉES. — RUTACÉES.

Les plantes de la famille des Caryophyllées ne sont douées d'aucune propriété active, ni par conséquent malfaisante; le suc de la plupart est aqueux ou plus ou moins mucilagineux, rarement doué de quelque amertume. La fleur, chez un petit nombre d'espèces, exhale une odeur suave; la plupart sont inodores.

Tunica (Gypsophila, L.) *Saxifraga*, Scop. — Cette plante croissant sur les rochers, on en avait conclu, dans des temps d'ignorance, que sa décoction a la propriété de dissoudre les pierres dans la vessie (1).

Dianthus Caryophyllus, L. (Œillet des jardins). — On prépare avec ses fleurs une eau distillée usitée dans la parfumerie.

Saponaria vaccaria, L. — Ses graines ont été regardées comme diurétiques.

Saponaria officinalis, L. (la Saponaire). — Cette plante renferme un suc mucilagineux qui mousse dans l'eau comme le savon; elle a été employée autrefois contre les engorgements du foie et du mésentère, et dans les affections du poumon qui exigent des stimulants. C'est un sudorifique et un tonique léger qui n'est employé actuellement que dans le traitement des maladies de la peau et des affections rhumatismales. On l'emploie en décoction et en infusion; on en prépare aussi un extrait.

Cucubalus baccifer, L. (le Cucubale). — Cette plante, actuellement inusitée, a été considérée comme possédant des propriétés astringentes.

(1) Ces propriétés chimériques étaient également attribuées à d'autres plantes de diverses familles, et qui portaient également le nom de Saxifrage : le *Pimpinella Saxifraga*, L.; le *Saxifraga granulata*, L., etc.

Silene Otites, L. — Amère et astringent ; c'est un des remèdes insignifiants proposés contre l'hydrophobie.

Lychnis Chalcedonica, L. (Croix de Jérusalem). — Sa racine paraît avoir les mêmes propriétés que celle de la Saponaire.

Lychnis Githago, Lam. (Nielle). — On a prétendu à tort que ses graines, mêlées au blé, pouvaient communiquer à la farine des propriétés malfaisantes.

Stellaria media, Sm. (Mouron des oiseaux, Morgeline). — On a attribué à cette plante de nombreuses propriétés, qui peuvent être réduites à des qualités légèrement diurétiques. Les *Stellaria Holostea*, L., *Cerastium arvense*, L., et *Holosteum umbellatum*, L., comptés autrefois parmi les médicaments réfrigérants, sont aujourd'hui complétement inusités (1).

Le suc des plantes de la famille des Linées est généralement amer et doué de propriétés légèrement purgatives. Le *Linum catharticum*, L., petite plante commune inusitée, doit son nom spécifique à cette propriété.

Linum usitatissimum, L. (le Lin). — Cette plante, spontanée en Orient, est partout cultivée en grand. La nature filamenteuse et résistante de son liber l'a fait ranger au nombre des plantes textiles, dès la plus haute antiquité. Tout le monde connaît les propriétés émollientes de la farine de graine de Lin, si usitée sous la forme de cataplasme ; et de la décoction de graine de Lin que l'on emploie, soit en boisson dans le traitement de la dyssenterie et des phlegmasies des organes pulmonaires, etc., soit à l'extérieur en lotions, etc. Le mucilage appartient au tégument de la graine. On extrait de l'amande de la graine une huile d'une saveur désagréable, laxative à la dose de 15 à 30 grammes, et qui est d'un usage très répandu dans les arts.

(1) Les plantes de la famille des Caryophyllées fournissent de nombreuses espèces à nos parterres. Parmi les plantes vivaces je citerai : *Dianthus Caryophyllus*, L. (l'OEillet) ; *D. plumarius*, L. (la Mignardise) ; *D. barbatus*, L. (l'OEillet-de-poëte) ; *D. Sinensis* (l'OEillet-de-Chine) ; *Lychnis coronaria*, L. (la Coquelourde, le Compagnon-rouge) ; *L. viscaria*, L., à fleurs doubles ; *L. Flos-cuculi*, L., à fleurs doubles ; *L. Chalcedonica*, L. (Croix-de-Jérusalem), etc. ; et parmi les espèces annuelles : *Silene Armeria*, L., etc.

Les Rutacées doivent leurs propriétés stimulantes à une substance amère, à une résine âcre, et à une huile volatile contenue dans les glandes des feuilles et des diverses parties de la fleur.

Ruta graveolens, L. (la Rue). — Cette plante, spontanée en Afrique, et naturalisée, dès l'antiquité, dans les jardins de l'Europe, a joui de tout temps d'une grande renommée (1) ; malgré son odeur forte, et généralement regardée comme désagréable, elle était employée comme condiment par les Romains, et sert encore à cet usage en Orient, et même en Allemagne. « On ne sent point, dit naïvement Matthiole, les Aulx et les Ognons, si on mange de la Rue après. » La Rue est usitée comme anti hystérique, emménagogue, et vermifuge ; on l'emploie en infusion, et en poudre à la dose de 5 à 15 décigrammes sous la forme de pilules. Son huile essentielle est administrée à la dose de 1 à 4 gouttes dans une potion. La Rue était employée, au moyen âge, dans certaines pratiques superstitieuses, et entrait dans la composition de diverses préparations bizarres dont les recettes nous ont été léguées par les alchimistes (2).

A la famille des Zygophyllées, voisine de celle des Rutacées, appartiennent : le *Tribulus terrestris*, L., plante méridionale qui s'avance le long des côtes jusqu'en Bretagne, et à laquelle on attribue des propriétés astringentes ; le *Zygophyllum Fabago*, L., plante de l'Orient et de l'Afrique, qui exhale, quand on la broie, une odeur forte, et dont on en fait usage comme médicament anthelminthique ; et le Gayac (*Gaiacum officinale*, L.), arbre des Antilles, dont on emploie fréquemment la résine et le bois en décoction comme médicament stimulant et diaphorétique.

(1) Plusieurs espèces du genre *Ruta*, spontanées dans la France méridionale (*R. montana*, Clus., *R. angustifolia*, Pers., etc.) et abondantes dans toute la région méditerranéenne, possèdent à divers degrés des propriétés analogues à celles du *R. graveolens* qui leur a été préféré.

(2) « La Rue, dit Matthiole (trad. franç.), a telle amitié avec le Figuier,
» qu'elle croît mieux sous l'ombre d'icelui que ailleurs : Aristote en rend la
» raison en ses problèmes. La Belette voulant combattre contre le Serpent,
» mange de la Rue, sachant bien qu'elle a grande vertu contre les venins.
» Aucuns en usent maintenant pour chasser les mauvais esprits, se fondant
» possible, sur ce que Aristote, en ses problèmes, dit qu'elle est bonne
» contre les charmes et enchantements. »

AURANTIACÉES. — MÉLIACÉES.

Les Aurantiacées, « nobilissimus plantarum ordo (1), » sont originaires les unes de l'Asie tropicale, comme le Citronnier, les autres des Indes, comme l'Oranger. Ces arbres sont actuellement cultivés et naturalisés dans tous les pays chauds habités de la terre ; les serres leur offrent des abris dans le Nord : « … florum de-» core et grata fragrantia, malisque quæ ferunt aureis mortalibus » acceptissimæ. » — Toutes les plantes de cette famille présentent des propriétés presque identiques ; les feuilles, les fleurs et l'écorce du fruit sont criblées de glandes qui contiennent une huile volatile très aromatique stimulante, à laquelle s'ajoute un principe amer tonique, et la pulpe succulente du fruit renferme les acides citrique et malique.

L'Oranger (*Citrus Aurantium*, L.) a donné lieu par la culture à un nombre considérable de variétés, dont plusieurs fournissent des fruits dont la saveur sucrée et légèrement acidule est beaucoup plus agréable que lorsqu'ils sont produits par la plante sauvage. L'infusion amère et aromatique de feuilles d'Oranger est d'un usage vulgaire comme stimulant du système nerveux ; l'eau distillée et les conserves des fleurs d'Oranger sont également des préparations antispasmodiques et stomachiques fort usitées.

L'acidité du fruit du Citronnier (*Citrus Medica*, L.) a résisté à la culture ; coupé en tranches, ce fruit fournit, par infusion ou par macération dans l'eau, avec addition de sucre, une boisson tempérante, agréable aux malades, et d'un usage vulgaire pendant les chaleurs de l'été. L'écorce de la racine du Citronnier est regardée, en Amérique, comme fébrifuge.

Aucune espèce de la famille des Méliacées n'est indigène en Europe. Le *Melia Azedarach*, L., originaire de l'Asie, est actuellement naturalisé dans toute la région méditerranéenne ; on le cultive surtout comme arbre d'ornement. Ses feuilles et l'écorce de ses racines sont douées de propriétés purgatives et

(1) Les phrases latines qui ne sont pas suivies du nom de l'auteur sont empruntées à l'*Enchiridion botanicum* de S. Endlicher.

vermifuges, mais leur administration n'est pas sans danger. A haute dose, ce médicament provoque des nausées et des vertiges, et peut même donner la mort. Ses graines fournissent une huile bonne à brûler.

OXALIDÉES. — BALSAMINÉES. — GÉRANIACÉES.

Le suc des parties herbacées des plantes de la famille des Oxalidées est très riche en acide oxalique; on lui attribue des propriétés réfrigérantes et tempérantes. Certaines espèces exotiques, que l'on tend à naturaliser (*Oxalis crenata*, etc.), produisent des tubercules farineux alimentaires.

Oxalis Acetosella, L. (Alleluia). — Le suc de cette plante est d'une saveur acidule très prononcée; on s'en sert pour préparer le sel d'oseille (oxalate de potasse).

Les Balsaminées sont gorgées d'un suc aqueux d'une certaine âcreté, dont les propriétés ont été peu expérimentées.

L'*Impatiens Noli-tangere*, L., passe pour diurétique; on a conseillé son eau distillée dans le traitement du diabète. — La Balsamine de nos jardins (*Impatiens Balsamina*, L.) est originaire de l'Inde.

Les Géraniacées sont douées de propriétés légèrement stimulantes et astringentes; leur suc aqueux et mucilagineux renferme du tannin et de l'acide gallique, une résine et une huile volatile; le suc de quelques espèces renferme un acide libre.

Geranium Robertianum, L. (Herbe-à-Robert). — Cette jolie plante, qui fait au printemps l'ornement des vieilles murailles, et qui croît abondamment dans les haies, a été classée de tout temps au nombre des substances astringentes et légèrement stimulantes; son odeur est forte, sa saveur âpre et salée. Cette plante appartient encore à la médecine populaire; les médecins lui préfèrent, depuis longtemps, des substances plus actives. — Le *G. sanguineum* possède les mêmes propriétés.

Erodium moschatum, L. — Cette plante, commune sur les côtes de la Méditerranée, exhale au soleil une forte odeur musquée;

elle jouit de propriétés stimulantes et diaphorétiques. — Not
E. cicutarium, L. (Bec-de-grue), possède les mêmes propriété
mais à un degré moins prononcé.

Les *Pelargonium*, originaires du cap de Bonne-Espérance, cu
tivés en si grand nombre dans nos jardins, sont pour la plupa
fortement aromatiques, et possèdent des propriétés stimulantes
la médecine n'en fait point usage.

La famille des Tropæolées a été détachée de celle des Gérania
cées; le genre *Tropæolum* est le plus important de cette famill
Le *T. majus*, L. (la Capucine), si vulgaire dans tous les jardins, o
ses belles fleurs décorent les palissades, est, ainsi que ses congé
nères, originaire du Pérou; il n'y a guère que deux siècles qu'ell
a été introduite en Europe. Toute la plante renferme un su
aqueux, d'une saveur analogue à celle du Cresson et du Cochléa
ria, et qui paraît être doué de propriétés stimulantes et anti
scorbutiques analogues à celles de ces Crucifères. Les médecin
emploient fréquemment, en Amérique, le suc des *Tropæolum*
on n'a point encore pensé à s'en servir en Europe. Les fruits d
la Capucine, recueillis avant la maturité, sont confits dans le vi
naigre, à la manière des boutons du Câprier. — On cultive depuis
peu le *Tropæolum tuberosum*, R. et P., pour ses tubercules alimentaires.

MALVACÉES. — TILIACÉES.

Toutes les espèces qui appartiennent à cette famille nombreuse
et éminemment naturelle renferment un suc mucilagineux vulgairement connu, et journellement employé dans tous les pays
du monde, pour ses propriétés émollientes et adoucissantes. Un
petit nombre d'espèces contiennent une certaine quantité d'acide
oxalique. Les graines renferment une huile grasse dont on ne
fait point usage. Le liber de plusieurs espèces est très résistant, il
peut servir à faire des cordages et de grossiers tissus. Les Coton-
niers (espèces du genre *Gossypium*) appartiennent à cette famille.
Le coton n'est autre chose que les poils dont les graines sont chargées, et qui remplissent la capsule d'une bourre abondante qui

s'en échappe lors de leur déhiscence. Le genre *Theobroma*, qui fournit le Cacao, appartient à une famille voisine.

Althœa officinalis, L. (la Guimauve). — La décoction de sa racine fournit un des médicaments émollients les plus usités; la feuille et la fleur sont moins émollientes, et sont douées d'une légère amertume.

Malva sylvestris, L. et *M. rotundifolia*, L. (la Mauve). — Les Mauves, bien qu'un peu moins mucilagineuses que la Guimauve, servent aux mêmes usages; les feuilles bouillies constituent des cataplasmes émollients; l'infusion des fleurs est adoucissante et pectorale. La plupart des espèces des genres *Althœa*, *Acea*, *Malope*, *Lavatera*, *Hibiscus*, *Sida*, *Abutilon*, etc., peuvent être employées aux mêmes usages.

La famille des Tiliacées a non moins d'affinité pour celle des Malvacées, par les propriétés chimiques et médicales que par les caractères botaniques des espèces. Les arbres qu'elle renferme sont recherchés pour la plantation des promenades, auxquelles ils donnent d'épais ombrages; leur bois léger, et cependant d'un grain fin et assez serré, est employé à de nombreux usages; leur liber sert à faire des cordages. Leur séve est aqueuse et légèrement mucilagineuse.

Tilia parviflora, Ehrh. et *T. grandiflora*, Ehrh. (le Tilleul). —La fleur des Tilleuls exhale une odeur très suave; elle renferme une huile volatile unie à une matière mucilagineuse sucrée et à une petite quantité de tannin; on en prépare une infusion très usitée comme calmante et sudorifique. On doit avoir soin d'en retrancher les bractées, qui, renfermant une assez grande proportion de tannin, communiqueraient à l'infusion une certaine âcreté.

POLYGALÉES.

Les plantes de cette famille possèdent des propriétés stimulantes qu'elles doivent à une substance amère, unie, chez quelques unes, à une matière extractive âcre. On emploie leur décoction dans le traitement des affections des organes respiratoires qui demandent des toniques et des stimulants. A haute dose, ces préparations sont émétiques; on n'en fait point usage sous ce rapport.

Polygala vulgaris, L. (le Polygala). — Cette espèce, recueillie sous le nom de *P. amara*, est employée comme stimulante. Une espèce exotique, le *P. senega*, L. (P. de Virginie), après avoir été en grande réputation, commence à tomber dans l'oubli. Le *P. Chamœbuxus*, L. possède les mêmes propriétés.

ACÉRINÉES. — HIPPOCASTANÉES.

Les arbres de la famille des Acérinées ont une séve plus ou moins sucrée. Chez plusieurs espèces exotiques on recueille cette séve en pratiquant à l'écorce des incisions : on en extrait du sucre; on peut aussi le faire fermenter pour en obtenir une liqueur spiritueuse. L'écorce est astringente; le bois est compacte et d'un grain très fin.

L'*Acer campestre*, L. (Érable), est employé comme bois à brûler. Les *Acer platanoides*, L., *Pseudo-Platanus*, L. (le Sycomore) et *Negundo*, L., sont plantés dans les parcs et les promenades.

Le *Marronnier d'Inde* (*Æsculus Hippocastanum*, L.), maintenant planté comme arbre d'agrément dans les parcs et les promenades publiques qu'il embellit de son magnifique feuillage et de la décoration monumentale de ses fleurs, est originaire de l'Asie, et ne fut introduit en Europe qu'en 1576; les autres espèces de la famille des Hippocastanées appartiennent à l'Amérique du Nord.

L'écorce du Marronnier d'Inde renferme de l'acide tannique, et est amère et astringente; elle n'est pas sans analogie, par ses propriétés, avec l'écorce du Saule : on l'emploie quelquefois en teinture. Les volumineux cotylédons de l'embryon renferment une fécule abondante, unie à une matière âcre et amère. Par la fermentation, on en obtient une liqueur alcoolique; réduite en poudre, on s'en est servi comme de savon; grillée, on a essayé de la substituer au café : on n'est jusqu'ici parvenu qu'à en faire de mauvais alcool, de mauvais savon et de mauvais café. Il serait à désirer que de nouvelles tentatives fussent faites par d'habiles

)chimistes pour donner un utile emploi à ces fruits si abon-
)dants.

AMPÉLIDÉES. — CÉLASTRINÉES.

Vitis vinifera, L. (la Vigne). — Endlicher place en Asie la patrie de la Vigne ; elle ne serait spontanée que dans la Mingrélie
et la Géorgie, entre les chaînes du Caucase, du Taurus et du mont
Ararat. Cette opinion concorde avec les plus anciennes traditions.
La Vigne sauvage, que l'on rencontre çà et là dans les bois et les
haies du midi et du centre de l'Europe, n'y serait donc que sub-
spontanée, et devrait son origine à la Vigne cultivée.

La Vigne, cultivée de temps immémorial, a produit, par les semis, un nombre considérable de variétés, que l'on multiplie par
bouture de génération en génération. Le vin, qui est le produit
de la fermentation du suc du fruit mûr, est de saveur et de qualité très diverses, selon la variété du plant, la latitude à laquelle
il est cultivé, la nature du terrain et son exposition, la température de l'année de la récolte, les procédés de préparation et
le nombre d'années écoulées depuis la récolte. Le vin distillé
produit l'eau-de-vie, et l'eau-de-vie distillée l'alcool.

Les propriétés fortifiantes du vin de bonne qualité pris avec
modération sont assez généralement appréciées pour qu'il soit
inutile de les signaler. Le vin rouge est tonique, le vin blanc est
diurétique et excitant. Le vin rouge de bonne qualité est un des
meilleurs remèdes qui me soient connus pour la guérison des
plaies et des ulcères ; il stimule les tissus et facilite leur cicatrisation ; il est, dans un grand nombre de cas, préférable aux cérats
et onguents journellement employés, et je ne saurais trop en con-
seiller l'usage. On doit, pour l'employer en topique, le faire bouillir avec du persil, laver la plaie de cette décoction, et en imprégner la charpie et les compresses ; on en humecte l'appareil aussitôt qu'il commence à se sécher, et l'on renouvelle les compresses
matin et soir.

L'eau-de-vie prise en très petite quantité est stimulante ; mêlée
à l'eau avec addition de sucre, elle fournit une boisson rafraîchissante. L'eau-de-vie camphrée constitue un topique stimulant,
précieux pour la guérison des contusions et des foulures.

L'alcool sert à de nombreux usages; je n'insisterai que sur son utilité pour la conservation des objets d'histoire naturelle. Les lampes alimentées par l'alcool sont aussi d'un usage fréquent dans le cabinet du naturaliste.

Le vinaigre est obtenu avec du vin auquel on fait subir la fermentation acide. — Le verjus est le suc exprimé du fruit avant sa maturité. — La lie du vin rouge est presque entièrement constituée par du tartrate de potasse uni à une matière colorante dont on le sépare pour les besoins du commerce.

Le raisin contient en diverses proportions les acides tartrique, malique, citrique et racémique, unis, à la maturité, à du sucre d'une nature particulière, à du mucilage et à des substances colorantes et astringentes.

Plusieurs espèces du genre *Vitis* sont spontanées dans l'Amérique septentrionale; la plupart ont des fruits acerbes; chez quelques unes, cependant, le fruit est d'une acidité agréable.

Endlicher parle de la Vigne en ces termes : « Saccharum pecu-
» liaris indolis in baccatis nonullarum fructibus cum acidis di-
» versi generis combinatum est. Harum succus expressus, absoluta
» fermentatione, in quam præceps ruit, *vinum* est quod hominis
» cor lætificat, de cujus laude nihil addam... »

Les arbrisseaux de la famille des Célastrinées contiennent des substances amères, astringentes et âcres, douées de propriétés purgatives et émétiques.

Evonymus Europæus, L. (le Fusain, Bonnet-carré).—L'écorce, les feuilles et les fruits ont une saveur nauséeuse fort désagréable; à faible dose ils agissent comme purgatifs et émétiques. Les tiges, réduites à l'état de charbon, constituent un crayon léger dont la trace s'efface aisément et dont les peintres font usage pour les esquisses.

HYPÉRICINÉES.

Hypericum perforatum, L. (le Millepertuis).—Cette plante et la plupart des autres espèces indigènes contiennent, dans les glandes dont les feuilles et les fleurs sont criblées, une huile résineuse; l'écorce renferme en outre une matière extractive amère. L'huile de Millepertuis, obtenue par la macération dans de l'huile d'olive des sommités fleuries, a une vieille renommée dans la médecine populaire, pour la cicatrisation des blessures.

Les feuilles de l'*Androsæmum officinale* sont amères et aromatiques, et ont été employées comme astringentes.

RORIDULÉES. — RÉSÉDACÉES.

Drosera rotundifolia, L. (le Rossolis). — L'élégance et la singularité des espèces du genre *Drosera* ont dû, de tout temps, attirer l'attention de ceux qui les ont rencontrées; aussi ont-elles été un objet de superstition dans des temps d'ignorance. Les habitants de quelques campagnes croient encore aujourd'hui donner de la force et de la souplesse à leurs membres en les frottant avec des plantes de Drosera. — Le suc des Drosera est acide et amer, et possède une âcreté susceptible de causer de l'irritation à la peau; il paraît qu'on en a fait usage autrefois dans le traitement de l'hydropisie, des fièvres intermittentes, et des ophthalmies. Aucune de ces propriétés si diverses ne paraît avoir été confirmée par l'expérience.

Parnassia palustris, L. — Cette plante est amère et astringente; elle a été employée à l'intérieur comme diurétique, et en collyre comme antiophthalmique. Selon Endlicher, on emploie en Suède, comme stomachique, la bière dans laquelle on a fait bouillir du *Parnassia*.

Pyrola rotundifolia, L. — Les Pyrola renferment un principe amer et résineux, ce qui confirme l'affinité du genre *Pyrola* avec les genres précédents. Le *Pyrola rotundifolia*, plante d'ailleurs peu commune, faisait autrefois partie des espèces dites vulnéraires; son usage est tombé dans l'oubli.

Le nom de *Reseda*, qui vient de *resedare*, guérir, calmer, semblerait indiquer des propriétés que ne justifient pas les plantes de la famille des Résédacées; leur saveur est âcre et piquante, et présente la plus grande analogie avec celle des Crucifères; celle du *R. odorata*, L., me paraît presque identique avec celle du *Lepidium sativum*, L. (Cresson-alénois).

Reseda lutea, L. (là Gaude). — Cette plante, qui renferme dans toutes ses parties une matière colorante, jaune, abondante, est des plus employées dans l'art de la teinture ; on la cultive en grand pour cet usage. On lui attribuait autrefois, ainsi qu'au *R. luteola*, L., des propriétés diurétiques et sudorifiques.—Le *R. odorata*, L. (le Réséda), originaire d'Égypte, est cultivé dans tous les parterres pour la suavité de son odeur.

NYMPHÉACÉES.

Le suc des Nymphéacées renferme de l'acide gallique, qui lui donne des qualités astringentes ; les jeunes rhizomes renferment une fécule abondante et sont comestibles. Les fleurs, douées d'une faible odeur, passent pour légèrement narcotiques. Mais c'est par leur beauté, bien plus que par la nature de leurs propriétés médicinales, que les Nymphéacées ont dès longtemps conquis leur célébrité. « Nymphæaceæ, dit Endlicher, mystico flore decoræ, et
» pulcherrimo foliorum aulæo aquam miraculorum parentem
» tegentes, ab antiquissimis temporibus inter sacras numeran-
» tur… inter nostrates Nymphæa alba, L., planta latissime per
» omnem hemisphæram borealem diffusa, memoranda est, æstate
» pulcherrimum aquarum ornamentum, florem album et inter
» indigenos amplissimum, inter folia lata natantem, hora matu-
» tina septima pandens, pomeridiana quinta claudens… Folia vul-
» neraria perhibent. Flores subnarcotici, antiaphrodisiaci cre-
» duntur. » — Les propriétés du *Nuphar luteum*, Smith. (Nénuphar), diffèrent peu de celles du *Nymphœa*.

Une des plus belles plantes du monde, le *Victoria regalis*, Schomb. (*Euryale Amazonica*, Poepp.), appartient à la famille des Nymphéacées. Endlicher la mentionne en ces termes :
« … In vastis Americæ fluminibus nascitur, Victoriæ, Anglorum
» Reginæ virgini, nunc populorum matri pulcre fecundæ, dicata.
» Planta ingens est, foliis giganteis et bene armatis late per un-
» dam dominans. Flores maximi et fragrantissimi, ubi panduntur
» candidi, deinde sanguineo rubent ; fructum sub aqua maturat,
» seminibus populus victitat. »

PAPAVÉRACÉES. — FUMARIACÉES.

Papaver orientale, L. (le Pavot). — On ne saurait déterminer aujourd'hui la patrie du Pavot, qui est cultivé et presque naturalisé dans tant de contrées diverses. Personne n'ignore que l'opium est le suc concrété que l'on obtient en faisant des incisions superficielles aux capsules du Pavot avant leur maturité. L'opium ne se recueille point en Europe; on a sans doute reconnu que sa qualité y est inférieure à celle de l'opium que l'on prépare en Orient. L'opium du commerce provient de Smyrne et de Constantinople, de la Perse et de l'Égypte. Cette substance doit ses propriétés narcotiques si puissantes à plusieurs alcaloïdes, dont les plus importants sont la morphine, la codéine et la narcotine. On cultive en grand le Pavot pour l'huile grasse que l'on extrait de ses graines, et qui est connue sous le nom d'huile d'œillette; cette huile passe pour ne contenir aucun principe narcotique. Endlicher dit néanmoins avoir eu la preuve que cette huile récemment exprimée peut provoquer l'assoupissement. Le fruit de cette variété de Pavot est beaucoup plus volumineux que celui de la variété cultivée pour la beauté de ses fleurs; on le recueille avant la maturité, et on le conserve sec sous le nom de *Têtes de Pavot*. On se sert des capsules du pavot, après en avoir retiré les graines, pour préparer une infusion calmante; ces capsules servent aussi à la préparation du *Sirop diacode*.

Papaver Rhœas, L. (le Coquelicot). — Les pétales frais du Coquelicot ont des propriétés narcotiques; secs, ils agissent comme amers et mucilagineux, leur infusion est plutôt adoucissante que calmante.

Chelidonium majus, L. (la Chélidoine, Grande-Éclaire). — Cette plante, froissée, répand une odeur nauséeuse; le suc d'un jaune rougeâtre qu'elle contient en abondance est âcre plutôt que narcotique; il produit la rubéfaction de la peau; on s'en servait autrefois pour détruire les verrues et dissiper les taches de la cornée. L'extrait de Chélidoine était classé au nombre des médicaments âcres et excitants. Cette plante est aujourd'hui inusitée.

Le suc aqueux des plantes de la famille des Fumariacées renferme un acide particulier et une substance amère.

Fumaria officinalis, L. (la Fumeterre). — Sa saveur est amère. Elle agit comme tonique et légèrement stimulante; son infusion est très usitée dans le traitement des maladies de la peau et des affections scrofuleuses et scorbutiques. On emploie le suc exprimé, et l'on en prépare une eau distillée, un sirop et un extrait.

CRUCIFÈRES.

Cette importante famille, si éminemment naturelle par la structure des plantes qu'elle renferme, ne l'est pas moins par les propriétés de ses nombreuses espèces. La saveur des Crucifères est en général âcre et piquante; elles doivent cette saveur et leurs propriétés excitantes à un principe volatil répandu dans tous leurs organes, et qui est souvent uni à du soufre; elles contiennent aussi un principe amer et différents sels; enfin les graines d'un assez grand nombre contiennent une huile grasse associée, chez quelques unes, à une huile volatile. Le suc d'un grand nombre de crucifères fait la base des médicaments dits antiscorbutiques; les propriétés stimulantes de ces médicaments peuvent, en effet, contribuer à la guérison de l'affection scorbutique; mais cette médication serait complétement impuissante si elle n'était secondée par les moyens hygiéniques : l'air pur, l'exercice, et une alimentation convenable.

Parmi les espèces employées comme antiscorbutiques, je citerai : *Cochlearia officinalis*, L. (le Cochléaria), *Cochlearia Armoracia*, L. (le Raifort-sauvage), *Raphanus sativus*, L. (le Radis noir), et *Nasturtium officinale*, L. (le Cresson-de-fontaine). On en prépare des infusions, des sucs, des teintures alcooliques, des bières et des vins médicinaux. Les deux premières espèces que nous avons mentionnées font la base du sirop dit antiscorbutique. Ces préparations sont administrées avec succès, non seulement dans l'affection scorbutique, mais aussi dans les cas d'affections scrofuleuses et dartreuses.

Parmi les espèces employées autrefois pour leurs propriétés stimulantes, mais dont l'usage est à peu près abandonné aujourd'hui, nous citerons : *Cardamine amara*, L., *C. pratensis*, L. et *C. asarifolia*, L., *Senebiera Coronopus*, L., *Kakile maritima*, L., *Barbarea vulgaris*, L., *Sisymbrium Alliaria*, Scop. (Alliaire), *S. Sophia*, L. (Sagesse-des-chirurgiens), *Eruca sativa*, Link. (la Roquette), *Lepidium sativum*, L., etc.

L'infusion du *Sisymbrium officinale*, Scop. (Herbe-aux-chantres) est tonique et pectorale, et est encore regardée comme remède contre l'enrouement qui résulte d'une angine ou d'une bronchite légère.

Sinapis nigra, L. (*Brassica nigra*, Koch., Moutarde noire). — Personne n'ignore que les sinapismes, les cataplasmes sinapisés et les pédiluves sinapisés, se préparent avec la farine de graine de Moutarde noire. Cette farine doit son âcreté et les propriétés irritantes et rubéfiantes qui en font un des meilleurs révulsifs, à une huile volatile associée à l'huile grasse que les graines renferment. C'est avec la farine de cette même espèce, associée au vinaigre, que l'on prépare la moutarde qui sert de condiment.

Sinapis alba, L. (Moutarde blanche). — La graine de Moutarde blanche, préconisée en Angleterre, puis en France, comme un précieux stimulant des organes digestifs, n'a pas, à beaucoup près, répondu aux bons effets qu'on en attendait. On la prend ramollie dans l'eau à la dose de deux à trois cuillerées à café dans le courant de la journée.

La consommation de plusieurs espèces du genre *Brassica*, cultivées en grand comme plantes alimentaires, et aussi pour la nourriture des bestiaux, est des plus considérables. Il suffit ici de mentionner les noms du *Brassica oleracea*, L. (le Chou), *B. Rapa*, L. (la Rave), *B. Napus* L. (le Navet), espèces qui, par une longue culture, ont produit de si nombreuses variétés, pour en constater l'importance. Les diverses variétés du *Raphanus sativus* L. (Radis rose, Radis noir) doivent aussi être ajoutées à cette liste. Enfin nous devons mentionner également le *Nasturtium officinale*, L. (Cresson de fontaine) et le *Lepidium sativum*, L. (Cresson-alénois, Fausse-Roquette), comme appartenant à la culture potagère.

Le *Camelina sativa*, L. (la Cameline), et les variétés *Oleifera* du *Brassica Napus* (le Colza) et du *B. rapa* (la Navette), sont cultivés en grand pour l'huile grasse que l'on extrait de leurs graines. Cette huile est employée pour l'usage alimentaire, à défaut d'huile d'olive ou d'huile de noix ; elle sert peu pour l'éclairage, mais elle a un grand nombre d'usages dans les arts.

Isatis tinctoria, L. (le Pastel). — Cette plante est cultivée en grand pour la matière colorante que l'on en retire ; elle est d'un grand usage dans la teinture.

Je ne terminerai pas cet article sans faire remarquer que plusieurs des fleurs les plus agréables de nos parterres, tant par leur beauté que pour leur odeur suave, les *Cheiranthus* et les *Mathiola* (les Giroflées), l'*Hesperis matronalis*, L. (la Julienne), etc., appartiennent à la famille des Crucifères.

CISTINÉES. — VIOLARIÉES.

Helianthemum vulgare, L. — Cette plante est légèrement astringente ; elle était admise, dans les anciennes pharmacies, au nombre des espèces dites vulnéraires.

Cistus ladaniferus, L. — Cette espèce appartient à la région méditerranéenne ; elle est rare en France et abondante en Espagne ; on recueillait autrefois le suc résineux sécrété par l'écorce sous le nom de *Ladanum*. Cette résine est associée à une petite quantité d'une huile volatile ; elle est douée de propriétés excitantes. La falsification de la résine dite *Ladanum* avec des résines d'origines diverses a sans doute été cause de l'abandon de cette substance.

Les tiges souterraines et les racines des Violariées renferment un principe actif (Violine) âcre et doué de propriétés émétiques. Plusieurs espèces du genre *Ionidium* (Amérique méridionale) ont des propriétés émétiques presque aussi actives que celles de l'Ipécacuanhà (*Cephelis*), et ont reçu le nom de faux Ipécacuanha.

Viola odorata, L. (la Violette). — La souche, qui est d'une saveur âcre et amère, est douée de propriétés émétiques ; elle est inusitée. On fait par infusion, avec les fleurs, une tisane émolliente et diaphorétique d'un usage vulgaire. On en prépare un sirop destiné à édulcorer les tisanes pectorales.

Viola tricolor, L. (la Pensée sauvage). — Cette plante est douée d'une certaine âcreté; son infusion est excitante, et est d'un emploi fréquent dans le traitement des maladies de la peau. On en prépare un sirop qui remplit les mêmes indications.

TÉRÉBINTHACÉES.

Rhus Cotinus, L. (le Fustet). — Cette espèce méridionále est cultivée comme plante d'ornement. Son écorce et ses feuilles sont astringentes. Le bois fournit une couleur jaune en usage pour la téinture.—*R. coriaria*, L. (le Sumac), arbrisseau fort élégant fréquemment planté dans les parcs. Les fruits ont une saveur acide prononcée. On s'en sert quelquefois pour augmenter la force du vinaigre.—Le *R. toxicodendrum*, L., naturalisé dans les parcs, et plusieurs autres espèces également originaires de l'Amérique du Nord, ont des propriétés vénéneuses des plus intenses; l'application de leurs feuilles sur la peau produit une vive irritation, et donne lieu à des phlyctènes remplies de sérosité; leurs émanations longtemps respirées peuvent produire la tuméfaction de la tête. On a essayé de tirer parti de propriétés si actives : ayant reconnu que les préparations qui ont ces plantes pour base agissent surtout sur le système nerveux, on les a employées dans le traitement des paralysies, et aussi contre les affections dartreuses. On a renoncé aujourd'hui à l'emploi de ces dangereux médicaments.

Pistacia Lentiscus, L. (le Lentisque). — Sans usage en France. En Orient, on recueille la substance résineuse unie à une huile volatile qui s'écoule par incision de son écorce. On s'en sert pour raffermir les gencives et donner à l'haleine une odeur agréable. —*P. Terebinthus*, L. (le Térébinthe). Cet arbrisseau croît dans la région méditerranéenne avec le précédent; on en recueille par incision une résine âcre et amère d'une odeur aromatique agréable. — *P. vera*, L. (le Pistachier), cultivé dans le Midi, originaire de la Perse. Ses amandes contiennent une huile douce; elles sont recherchées pour leur saveur agréable.—Le Manguier, *Mangifera Indica*, L., arbre voisin des *Pistacia*, produit un des meilleurs fruits de l'Inde. L'*Anacardium occidentale*, L. (Acajou), qui croît en Amérique et aux Antilles, appartient également à la même famille.

23.

RHAMNÉES.

Rhamnus catharticus, L. (le Nerprun). — Les baies renferment, à la maturité, une pulpe d'une saveur amère et nauséeuse, assez fréquemment employée comme purgatif, et regardée autrefois comme fébrifuge; avant leur maturité elles fournissent une matière colorante verte.

Rhamnus Frangula, L. (la Bourdaine). — Les baies paraissent douées des mêmes propriétés purgatives que chez l'espèce précédente; elles ne sont employées que pour la teinture. Le suc contenu dans l'écorce a été employé à l'intérieur comme antipsorique.

Les *R. saxatilis*, L., *infectorius*, L., et *Alaternus*, L., fournissent avant leur maturité les fruits employés dans la teinture, et vulgairement connus sous le nom de graines d'Avignon.

Zizyphus vulgaris, Lam. (le Jujubier). — Cet arbrisseau, originaire de la Syrie, n'est pas rare aujourd'hui dans les haies de la Provence; ses fruits sont mucilagineux et comestibles. On en prépare une pâte pectorale d'un usage vulgaire.

Paliurus aculeatus, Lam. — Cet élégant arbrisseau, fréquent dans les haies de la région méditerranéenne, renferme dans ses feuilles un suc astringent; les graines sont oléagineuses et pectorales. On les met rarement en usage.

PAPILIONACÉES.

Cette famille si vaste, et en même temps si naturelle, renferme un nombre considérable de plantes utiles comme alimentaires et médicinales. Quant à leurs propriétés, elles sont des plus diverses; aucune espèce néanmoins ne peut être considérée comme vénéneuse.

Nos Papilionacées indigènes ou naturalisées ne fournissent aucun médicament important, si ce n'est la racine de Réglisse. En revanche, les graines farineuses de plusieurs espèces cultivées en grand sont des plus utiles comme substances alimentaires; et, la consommation en est considérable. Il suffit de mentionner, sans nous y arrêter, le Haricot (*Phaseolus vulgaris*, L.) et ses nombreuses variétés, le Petit-Pois (*Pisum sativum*, L.), la Lentille (*Ervum Lens*, L.), la Fève (*Faba vulgaris*, L.), le Pois chiche (*Cicer arietinum*, L.), le Lupin (*Lupinus albus*, L.) et l'*Arachis hypogœa*, L. Ces trois dernières espèces ne sont cultivées que dans le midi de la France et les autres contrées méridionales.

Les fourrages les plus importants appartiennent à la famille des Papilionacées. Il nous suffira de citer les diverses espèces de Trèfle (*Trifolium pratense*, L., *T. repens*, L., *T. incarnatum*, L.), la Luzerne (*Medicago sativa*, L.) et le Sainfoin (*Onobrychis sativa*, L.).

Les graines du *Vicia sativa*, L. (Vesce), des *Ervum monanthos*, L. et *Ervilia*, L., et du *Pisum arvense*, L. (la Pisaille), servent à la nourriture des volailles. Les plantes fraîches peuvent aussi être récoltées comme fourrage.

Glycyrrhiza glabra, L. (la Réglisse). — Cette plante est spontanée dans le Midi de la France; mais c'est l'Espagne qui en fournit la plus grande quantité au commerce. La racine contient une matière sucrée et mucilagineuse soluble dans l'eau, et douée de propriétés adoucissantes et pectorales. Dans la décoction se trouve dissoute avec la matière sucrée une matière âcre dont la saveur est désagréable; on doit donc préparer la racine par infusion, et même par simple macération dans l'eau froide. L'infusion de racine de Réglisse constitue la tisane la plus usitée; des marchands en plein vent la vendent l'été comme boisson rafraîchissante. Le suc condensé constitue des tablettes pectorales connues sous les noms de Pâtes et de Sucre de réglisse ou Sucre noir.

Robinia Pseudo-Acacia, L. — Cet arbre est originaire de l'Amérique boréale; la racine et le liber sont d'une saveur qui se rapproche de celle de la racine de Réglisse; les fleurs fournissent une couleur jaune; les graines renferment une huile grasse; mais ces diverses propriétés sont peu appréciées. On plante cet arbre dans les parcs et les promenades publiques, dont il fait l'ornement au printemps par l'élégance de son feuillage et la beauté de ses fleurs, dont l'odeur suave rappelle celle de la fleur d'Oranger.

Astragalus glycyphyllos, L. — Ses feuilles ont une saveur douceâtre et nauséeuse; il paraît que leur infusion était employée autrefois contre la dysurie. — *A. excapus*, L. Cette plante alpine était regardée comme diaphorétique; elle est inusitée.

L'*Anthyllis vulneraria*, L., est doué de propriétés astringentes ; on le comptait autrefois au nombre des espèces vulnéraires.

Le *Galega officinalis*, L. (le Galega), a une saveur amère ; on lui attribue des propriétés diurétiques, diaphorétiques et anthelminthiques.

Les *Spartium junceum*, L. (Genêt-d'Espagne), *Sarothamnus scoparius*, Wimm. (Balais), *Genista sagittalis*, L., *G. tinctoria*, L. (Genêt-des-teinturiers), *Cytisus Laburnum*, L. (Faux-Ébénier), *Coronilla varia*, L., et *C. Emerus*, L., *Colutea arborescens*, L. (Baguenaudier), etc., renferment un principe âcre et amer, et sont doués de propriétés émétiques et purgatives.

Le *Genista tinctoria*, L., renferme en outre un principe colorant jaune ou vert employé dans la teinture.

L'*Ononis repens*, L. (Arrête-bœuf, Bugrane), et sans doute aussi l'*O. spinosa*, L., contiennent dans leurs racines un principe stimulant diurétique.

Le *Melilotus officinalis*, L., est doué d'une légère odeur aromatique ; sa saveur est amère et aromatique. On emploie son infusion en lotions comme médicament résolutif, et en collyre.

Trigonella Fœnum-Græcum, L. (Fenu-grec). — Odeur fortement aromatique, saveur amère-aromatique. Médicament employé à l'extérieur comme résolutif, à l'intérieur comme stimulant des organes digestifs.

Psoralea bituminosa, L. — Odeur forte, amère et aromatique. A été employé contre l'hystérie et l'épilepsie, comme fébrifuge et comme odontalgique.

Anagyris fœtida, L. — Odeur forte, propriétés stimulantes.

L'usage médical des Papilionacées indigènes est très limité, et la plupart de ces espèces ne sont mentionnées ici que pour mémoire. Il n'en est point ainsi d'un assez grand nombre de produits exotiques fournis par le groupe des Légumineuses, et dont l'importance est des plus considérables : la gomme arabique et la gomme adragante sont produites par plusieurs espèces du genre *Astragalus*, le baume du Pérou par plusieurs *Myrospermum*, la casse et le séné par plusieurs espèces du genre *Cassia*, le sangdragon par le *Pterocarpus Draco*, L., etc. Nous citerons aussi, parmi les matières tinctoriales, l'indigo, *Indigofera tinctoria*, L.; le bois de Campêche, *Hœmatoxylum Campechianum*, et le bois de Brésil, *Cæsalpinia echinata*, L.

LYTHRARIÉES. — PORTULACÉES.

Les plantes de la famille des Lythrariées sont, en général, douées de propriétés assez actives; parmi les exotiques, il en est d'émétiques, de purgatives et d'astringentes.

Lythrum Salicaria, L. (la Salicaire).—Cette plante possède des propriétés astringentes. — *L. hyssopifolia*, L. On lui a attribué des propriétés vulnéraires et antiscorbutiques.

Portulaca oleracea, L. (le Pourpier). — Les feuilles charnues du Pourpier contiennent un suc mucilagineux d'une saveur légèrement salée. Cette plante était considérée comme antiscorbutique et rafraîchissante; elle est cultivée dans les jardins potagers comme alimentaire.

Une plante de la famille des Portulacées, originaire de la Sibérie, et peut-être susceptible d'être naturalisée en France, — le *Claitonia tuberosa*, Pall., présente une souche charnue en forme de tubercule, qui est alimentaire.

PARONYCHIÉES. — CRASSULACÉES.

Herniaria glabra, L., *H. hirsuta*, L. (Turquette, Herbe aux hernies). — Cette plante était autrefois considérée comme vulnéraire et résolutive. Elle est inusitée.

On prépare dans la province d'*Oran*, avec les sommités fleuries du *Paronychia argentea*, L., une infusion d'une saveur agréable, analogue à celle du Thé. Ce Thé a été adopté par nos soldats. M. Durieu pense que l'usage du *Paronychia* a été introduit en Afrique par les Espagnols.

Le *Sempervivum tectorum*, L. (la Joubarbe), le *Sedum reflexum*, L., et le *S. album*, L., étaient considérés comme diurétiques, antiscorbutiques, sédatifs et vulnéraires. Ils sont encore usités dans la médecine populaire.

Les *Sedum Cepœa*, L., *S. Anacampseros*, L., et *S. stellatum*, L., le *Sempervivum arboreum*, Poir., l'*Umbilicus pendulinus*, L. (Ombilic-de-Vénus), et le *Rhodiola rosea*, L. (*Sedum Rhodiola*, D.C.), présentent des propriétés analogues.

Le *Sedum Telephium*, L. (Orpin, Herbe-à-la-coupure), est doué des mêmes propriétés sédatives : les feuilles, dépouillées de leur épiderme sur une de leurs faces, épiderme qui s'enlève aisément, et appliquées sur les blessures légères, calment la douleur et facilitent la cicatrisation. Un remède plus certain, pour les blessures légères comme pour les blessures plus graves, consiste en des pansements avec une décoction de persil et de sucre dans du vin rouge ; ou encore avec une dissolution de sel commun dans de l'eau-de-vie. Selon Dioscoride, la poudre de *Telephium* enlève les taches de la peau ; mais il faut « frotter le cuir *six heures* durant, de jour ou de nuict, et continuer ainsi *six mois* durant. » (Ancienne traduction.)

Le *Sedum acre*, L. (Vermiculaire), renferme un suc âcre, d'une saveur poivrée ; à l'extérieur, la plante réduite en pulpe est rubéfiante ; à l'intérieur, elle est, ainsi que la plupart des substances âcres, émétique et purgative. Cette plante est complétement inusitée.

Les espèces de la famille des Cactées, dites spécialement plantes grasses, présentent les formes les plus bizarres et souvent les plus élégantes ; les fleurs de certaines espèces sont d'une remarquable beauté. Ces plantes renferment un suc aqueux abondant, ordinairement insipide, plus rarement doué de qualités âcres plus ou moins purgatives. Leurs fruits bacciformes sont d'une saveur sucrée et acidule assez agréable ; on les recommande comme rafraîchissants et antiscorbutiques. L'*Opuntia vulgaris*, Mill. (*Cactus Opuntia*, L.), spontané en Amérique, est depuis longtemps naturalisé dans la région méditerranéenne, où il décore les lieux incultes qu'embellit également l'*Agave Americana*, L. Ses fruits (Figues-d'Inde), qui sont d'une saveur douceâtre, passent pour diurétiques.

La famille des Mésambryanthémées renferme le seul genre *Mesambryanthemum*. Les espèces de ce genre contiennent un suc aqueux abondant, d'une saveur légèrement salée. Plusieurs espèces, originaires du Cap de Bonne-Espérance, sont cultivées pour la beauté de leurs fleurs. Le *M. crystallinum*, L. (la Glaciale), remarquable par ses feuilles qui semblent couvertes de gouttes d'eau glacées, est naturalisé dans la région méditerranéenne; son suc est diurétique et en usage dans le traitement de l'hydropisie. Cette plante est une de celles qui fournissent de la soude, dans les îles Canaries.

AMYGDALÉES.

La famille des Amygdalées a été détachée, ainsi que la famille des Pomacées, de l'ancienne famille des Rosacées; ces trois familles, séparées entre elles par des différences importantes, constituent toujours néanmoins un groupe très naturel par leurs caractères généraux et par la nature de leurs propriétés. Les substances qui sont communes aux trois familles sont : le tannin, une gomme, du sucre et une huile grasse; mais, chez la famille des Amygdalées, à ces diverses substances inoffensives se joint un principe très vénéneux, l'acide hydrocyanique : ce principe réside dans les feuilles et dans l'embryon d'un certain nombre d'espèces. Aux propriétés astringentes des Rosacées s'ajoutent donc, chez les Amygdalées, des propriétés narcotiques.

Une gomme de la même nature que la gomme arabique, mais de qualité très inférieure, s'écoule des crevasses et des blessures de l'écorce de plusieurs arbres de cette famille, et particulièrement des Cerisiers, des Pruniers et des Amandiers.

L'importance des fruits comestibles, à chair acidule et sucrée, fournis par les arbres de cette famille, est bien supérieure à l'importance des substances médicamenteuses. Nous devons nous contenter ici de les énumérer.

Le *Cerasus Lauro-Cerasus*, L. (Laurier-cerise, Laurier-à-lait) originaire de l'Asie Mineure, est l'espèce dont les feuilles contiennent la plus grande proportion d'acide hydrocyanique. Les feuilles du Pêcher en contiennent aussi une assez grande quantité ; il en est de même des amandes de ses fruits, et des amandes de la variété amère de l'Amandier.

Le *Cerasus Padus*, D.C. (Bois de Sainte-Lucie), a des fruits d'une saveur amère et nauséeuse ; son écorce est astringente.

Le *Cerasus avium*, L. (Griottier, Merisier), paraît spontané dans nos bois ; il fournit par la culture les nombreuses variétés de Cerises douces et à chair ferme. Le Kirschwasser est le produit de la distillation de ses fruits fermentés. Une variété tardive à gros fruits à suc coloré, dite Griotte à ratafia, sert à préparer les Cerises dites à l'eau-de-vie. — Le *C. vulgaris*, L. (Cerisier), est originaire d'Orient. La Cerise de Montmorency est la variété la meilleure qui ait été obtenue de cette espèce par la culture ; la Cerise anglaise est d'une qualité très inférieure : les jardiniers multiplient cependant, depuis quelques années, cette variété, de préférence, parce qu'elle est plus hâtive, que ses fruits sont d'une plus belle apparence, et que par conséquent la culture en est d'un produit plus avantageux.

Prunus spinosa, L. (Prunellier, Épine-noire). — Son écorce est amère et astringente ; on lui attribuait des propriétés fébrifuges qui sont de peu d'importance depuis la découverte du Quinquina. Ses fleurs sont amères et purgatives ; le fruit est très acerbe ; il le devient moins après avoir subi une forte gelée. On en obtient, par fermentation dans l'eau, une très médiocre boisson.

Prunus domestica, L. et *P. insititia*, L. (Pruniers). — Ces arbres, cultivés dans le monde entier, sont originaires de l'Orient. Parmi les nombreuses variétés qui ont été obtenues par la culture, les meilleures sont le Prunier de Damas et le Prunier de Reine-Claude.

L'*Armeniaca vulgaris* (Abricotier) est spontané en Orient ; cultivé en plein vent, ses fruits sont des plus savoureux. Le type est à Amandes amères. Il existe une variété à amandes douces.

L'*Amygdalus Persica*, L. (Pêcher), fournit un des fruits les plus délicieux. Sa culture, savamment perfectionnée, est, aux environs de Paris, l'objet d'un commerce très étendu ; on ne l'y cultive qu'en espalier, et l'on y préserve ses fleurs de la gelée au moyen d'abris habilement disposés qui empêchent le rayonnement du calorique.

Amygdalus communis, L. (Amandier). — Cet arbre, qui ne prospère que dans le Midi, produit une variété à amandes amères, renfermant une certaine quantité d'acide hydrocyanique, et une variété à amandes douces et comestibles. On en extrait une huile grasse d'une saveur agréable, très usitée pour diverses préparations officinales, et qui constitue un médicament adoucissant et laxatif. Les amandes douces pilées entrent dans la composition des loochs; on ajoute aux loochs et aux émulsions quelques amandes amères pour les aromatiser. L'eau distillée d'amandes amères, à la dose de 10 à 40 gouttes dans une potion, a été employée contre les fièvres intermittentes.

ROSACÉES.

Les plantes de la famille des Rosacées renferment, la plupart, un principe astringent, en usage de temps immémorial, et qui n'est pas des moins importants dans la matière médicale; il s'y joint, chez quelques espèces, un principe résineux et une huile volatile, enfin quelques substances douées d'une certaine âcreté. — Les fruits charnus de la plupart sont d'une saveur acidule agréable, en raison des acides malique et citrique qu'ils renferment unis à une matière mucilagineuse et sucrée; ils ont des propriétés rafraîchissantes et antiscorbutiques. Quelques traces d'acide hydrocyanique qui existent dans les fleurs des espèces de la tribu des Spiréacées indiquent l'affinité des Rosacées avec les Amygdalées.

Spiræa Aruncus, L. (Barbe-de-bouc). — La racine de cette plante alpine exhale une odeur forte; sa saveur est âcre et astringente. Elle est inusitée aujourd'hui; elle a été longtemps employée comme tonique et fébrifuge.

Spiræa Ulmaria, L. (Reine-des-prés, Ulmaire). — Sa racine a été recommandée comme vermifuge.

Spiræa Filipendula, L. (la Filipendule). — Les fleurs de cette plante ont une odeur d'amandes amères. Les renflements de la racine sont amers et aromatiques; ils sont au nombre des remèdes inefficaces qui ont été préconisés pour guérir la rage.

Rubus Idæus, L. (le Framboisier). — Le fruit des *Rubus* résulte d'une réunion d'akènes succulents. Le Framboisier, commun dans les forêts montueuses, est cultivé partout pour la saveur acidule et parfumée de son fruit qui est classé au nombre des aliments tempérants et rafraîchissants. On en prépare des sirops et des conserves sucrées.

Rubus fruticosus, L. (la Ronce). — L'infusion de feuilles de Ronces constitue un gargarisme légèrement astringent ; les fruits (Mûres de Ronces) qui sont recherchés par les enfants, d'abord acidules, deviennent, à la complète maturité, d'une saveur sucrée, mêlée d'une odeur de fourmis : on prétend, dans les campagnes, que leur usage immodéré donne la fièvre. — Le fruit du *Rubus cæsius*, L. (Ronce bleue), qui est d'un noir glauque tirant sur le bleu, se compose d'akènes moins nombreux, espacés et plus gros ; ils sont, même à la complète maturité, d'une saveur franchement acide.

Geum urbanum, L. (la Benoîte). — Sa racine, autrefois très usitée, est rarement employée aujourd'hui ; elle renferme un principe aromatique amer et astringent, uni à une gomme-résine. On la classait au nombre des médicaments toniques et fortifiants. — La racine du *Geum rivale*, L., est amère et astringente, mais non aromatique.

Fragaria vesca, L. (le Fraisier). — C'est le réceptacle des akènes ou gynophore, qui, chez la Fraise, est charnu et succulent, et constitue la partie comestible du fruit. La Fraise, dont il est inutile de faire l'éloge, est un aliment tempérant et rafraîchissant, mais indigeste pour certains estomacs. On en cultive des variétés nombreuses, et plusieurs espèces distinctes, le *Fragaria collina*, Ehrh., et les *F. virginiana*, Ehrh., et *grandiflora*, Ehrh.

Potentilla Tormentilla, Schr. (la Tormentille). — Cette plante est une des plus riches en acide tannique, et par conséquent une de celles dont les propriétés astringentes sont les plus prononcées. — Les *Potentilla anserina*, L. (Argentine), *P. reptans*, L. (la Quintefeuille) et le *Comarum palustre*, L. (Quintefeuille aquatique), sont aujourd'hui complétement inusités.

Agrimonia Eupatoria, L. (Aigremoine). Amère-astringente et légèrement aromatique, cette plante est du nombre des médicaments stimulants, toniques et astringents.

Rosa gallica, L. (Rose de Provins). — Ses pétales renferment un suc astringent ; on en fait une préparation connue sous le nom de *conserves de Roses*, et que l'on emploie à l'intérieur comme tonique et stimulant. Les feuilles de Roses infusées dans du vin rouge servent à faire des injections excitantes ; infusées dans du vinaigre, on s'en sert en gargarisme dans les cas d'angines chroniques ; enfin les infusions dans l'eau, le vin et l'eau-de-vie, sont employées à faire des lotions excitantes pour favoriser la cicatrisation des ulcères. — Le *miel rosat* sert à édulcorer les gargarismes ; on l'emploie seul pour toucher avec un pinceau de charpie les aphthes qui se développent à la membrane muqueuse buccale, et les amygdales dans le cas de gonflement et d'inflammation.

Rosa centifolia, L., et *Damascena*, L. (Rose à cent feuilles, et de tous les mois). — Ces Roses, dont les nombreuses variétés font le plus bel ornement des parterres et l'emportent sur presque toutes les fleurs par la suavité de leur parfum, fournissent une eau distillée employée dans la parfumerie, mais surtout utile comme collyre ; ce collyre, légèrement astringent, est usité dans les conjonctivites légères, et sert de véhicule à d'autres collyres plus astringents.

Les fruits des divers Rosiers, et particulièrement du *Rosa canina*, L. (Églantier), connus sous le nom de *Cynorrhodons*, etc., renferment, à la maturité, une pulpe acidule et astringente ; les poils roides qui revêtent le fruit à l'intérieur irritent fortement la gorge, si l'on n'a pas soin de les enlever. On en prépare une conserve astringente usitée dans le traitement des diarrhées chroniques.

Un insecte hyménoptère du genre *Cynips* dépose ses œufs sous l'épiderme des rameaux ou même des fruits et des feuilles. Les larves, lorsqu'elles sont écloses, déterminent par leur succion un afflux de séve qui donne lieu à la production en forme de mousse verte ou rougeâtre, qui a reçu le nom de *Bédéguar*. Si l'on coupe la masse en travers, on voit que le centre est occupé par un noyau pierreux creusé de petites loges, dont chacune renferme une seule larve. J'ai reçu d'Espagne un bédéguar résultant de la piqûre du *Rosa canina* par une autre espèce de *Cynips*. Dans cette production, le noyau est très volumineux, et au lieu d'être chargé de filaments pennés, enchevêtrés et crépus comme dans l'espèce si commune en France, il ne porte que des tubercules spinescents, assez courts et non rameux. Les bédéguars, ainsi que d'autres productions dont le développement présentait, dans des temps d'ignorance, quelque chose de bizarre et presque de surnaturel, ont été l'objet de croyances superstitieuses : ils constituaient une panacée universelle. Selon Endlicher, c'est encore une croyance, dans certaines campagnes, que le bédéguar, placé sous le lit, détermine un profond sommeil.

« ... Rosas quis nescit, dit Endlicher, formæ decore et odoris
» suavitate inter pulcherrimos orbis terræque flores venustatis
» principatum suo generi vindicantes? Centifoliæ inter has emi-
» nent, incertis natalibus, et innumera varietate... Proxima Da-
» mascenæ gloria est, quæ in hortis perpetuum floret. Gallicæ
» petala validius astringunt. Moschata olei ætherei feracissima
» creditur, ingentis inter orientalium populorum lautitias famæ.
» Oleum Rosarum etiam e Rosa Sempervirente et Indica (Rose
» du Bengale) parari constat. Sempervirentis flore-pleno inter
» hortenses antiquissima memoria. Inter nostrates Canina vulga-
» ris notitiæ est, multæ apud patres etiam in medicina laudis...
» Deglutitis acheniis comosis vermiculi in intestinis hospitantes
» everruntur. Lutea florum odore cimicino degener. »

POMACÉES.

Cette famille ne renferme que des arbres ou des arbrisseaux. Les fruits de plusieurs espèces, d'une saveur âpre à l'état sauvage, sont devenus, par une culture qui date de la plus haute antiquité, les plus utiles et les meilleurs de nos vergers. Ces fruits, dont le suc contient de l'acide malique et du sucre, sont d'une saveur agréable crus, cuits, ou préparés en conserves ou en gelées. Ils peuvent, la plupart, servir à la préparation de la liqueur fermentée connue sous le nom de *cidre*, et qui est d'un si fréquent usage en Normandie, où la latitude nord ne permet pas la culture de la vigne.

Le bois de plusieurs espèces est d'une dureté remarquable;

l'écorce de quelques unes renferme une matière colorante jaune, employée dans la teinture.

Le *Mespilus Germanica*, L. (le Néflier), le *Sorbus domestica*, L. (le Cormier, le Sorbier) et le *S. torminalis*, L. (l'Alisier), ont fourni peu de variétés par la culture. Leurs fruits, *Nèfles*, *Cormes* ou *Sorbes*, et *Alises*, sont d'une saveur très âpre, et ne deviennent sucrés et comestibles que lorsqu'ils ont subi un commencement de fermentation semblable à celui dans lequel sont les poires molles; on les recueille avant qu'ils aient passé à cet état, et on les dépose sur un lit de paille pour les laisser mollir. On prépare, dans quelques campagnes, une boisson fermentée analogue au cidre avec les *Sorbes*. On emploie les fruits pour cet usage avant qu'ils aient subi leur fermentation.

Cydonia vulgaris, L. (le Coignassier). — Les fruits de cet arbre (originaire du midi de l'Europe) exhalent une odeur aromatique. Crus, ils sont d'une saveur fortement astringente; cuits, ils sont d'une saveur sucrée et acidule; ils sont surtout employés à la préparation de confitures et de pâtes sucrées; on en prépare aussi un sirop qui jouit de propriétés astringentes.

Pirus communis, L. (le Poirier), *Malus communis*, Lam. (le Pommier). — Les nombreuses et excellentes variétés de poires et de pommes obtenues par la culture, et perpétuées par la greffe, sont trop connues pour que je doive les mentionner ici. Ces fruits à l'état sauvage sont d'une saveur âpre, et doués de propriétés astringentes; certaines variétés sont cultivées spécialement pour la fabrication du cidre; d'autres, qui produisent des fruits moins abondants, mais meilleurs et plus beaux, sont destinées à la table. — Au nombre des arbres et des arbrisseaux de cette famille qui embellissent les jardins et les parcs, je citerai le Buisson-ardent (*Cratægus Pyracantha*, L.), le Sorbier-des-oiseaux (*Sorbus aucuparia*, L.), le Coignassier du Japon (*Cydonia Japonica*, Pers.), dont les fleurs écarlates sont si remarquables par leur éclat, et surtout l'Aubépine, messagère parfumée du printemps (*Cratægus Oxyacantha*, L.). « ... *Ipsa Spina-alba rusticus frutex et fructu fere inutilis, floribus nobilis est.* »

MYRTACÉES. — GRANATÉES.

Les Myrtacées renferment une huile volatile aromatique unie à du tannin; d'où il résulte que ces plantes, selon la prédominance de l'un ou de l'autre principe, sont douées, les unes de propriétés stimulantes, les autres de propriétés astringentes, ou encore, et dans diverses proportions, des unes et des autres à la fois.

Le genre *Myrtus* est le seul qui soit indigène. Le *M. communis*, L. (le Myrte), décore les lieux incultes de la région méditerranéenne de ses buissons parfumés. Toutes les parties de ce joli arbuste exhalent une odeur suave, présentent une saveur amère et aromatique, et sont douées de propriétés stimulantes et astringentes. Le Myrte a donné lieu à de poétiques allégories; son antique renommée s'est conservée jusqu'à nos jours.

Parmi les végétaux exotiques les plus importants par leurs propriétés et qui appartiennent à la famille des Myrtacées, je mentionnerai le Giroflier (*Caryophyllus aromaticus*, L.). Ses fleurs sèches, non épanouies, sont connues dans le commerce sous le nom de clous de Girofle; l'odeur pénétrante de cette substance rappelle le parfum de l'Œillet. Le Girofle est un médicament stimulant précieux; on l'emploie aussi comme condiment. L'huile distillée de Girofle est employée quelquefois pour calmer les douleurs de dents; c'est un des aromates les plus usités.

La famille des Granatées est constituée par le seul genre *Punica*. — Le *P. Granatum*, L. (le Grenadier) est originaire de la Mauritanie. Ce bel arbrisseau est naturalisé depuis l'antiquité dans toute la région méditerranéenne de l'Europe. Dans le monde entier, ses fleurs, d'une couleur si éclatante, font l'ornement des jardins. Les fruits du Grenadier rafraîchissent et désaltèrent, leur saveur est acidule et légèrement sucrée; on en fait une grande consommation dans les contrées méridionales. La structure de ce fruit est des plus bizarres et est encore inexpliquée. L'écorce de la racine est âcre et astringente; on l'emploie comme anthelmintique, et spécialement contre le *tænia* (ver solitaire).

ONAGRARIÉES. — HALORAGÉES.

Les Onagrariées indigènes en Europe ne sont douées d'aucune propriété active ; leur suc est aqueux ou plus ou moins mucilagineux, et chez les *Epilobes* légèrement astringent. On a attribué jadis à la racine de l'*Epilobium angustifolium*, L., infusée *dans de bon vin*, la propriété de rendre l'esprit aimable et gai.

Les espèces du genre *OEnothera*, L. (Onagre), qui ornent nos parterres, sont originaires d'Amérique ; les racines pivotantes des diverses espèces sont comestibles : on n'en fait pas usage en France. L'*OEnothera biennis*, L., originaire de l'Amérique du Nord, n'est introduite en Europe, où elle est actuellement naturalisée partout, que depuis deux siècles. L'*OEnothera suaveolens*, L., embellit nos jardins de ses larges fleurs odorantes. Les *Epilobium* font l'ornement du bord des eaux.

Les *Fuchsia*, ces jolis arbrisseaux cultivés aujourd'hui partout comme plantes d'ornement, sont originaires du Chili, des Antilles, etc. En Amérique, les fruits de la plupart des espèces sont employés à la préparation de conserves sucrées.

Le genre *Circœa* constitue à lui seul une famille voisine des Onagrariées. Le *Circœa Lutetiana*, L,, est doué de propriétés légèrement astringentes ; on l'employait autrefois en topiques à l'extérieur. Le *Circœa* des anciens paraît avoir été une plante sans aucun rapport avec la nôtre.

Le suc des *Myriophyllum* est aqueux, et ne paraît doué d'aucune propriété.

Le *Trapa natans* (Cornuelle, Châtaigne d'eau, Mâcre) produit en abondance, dans les étangs du centre de la France, des fruits qui renferment une graine volumineuse comestible : cette graine crue est douée de propriétés légèrement astringentes ; cuite dans l'eau, sa saveur se rapproche de celle de la châtaigne ; elle est également de nature farineuse, mais d'une consistance plus ferme et plus cassante.

OMBELLIFÈRES.

Cette famille est une des plus importantes du règne végétal par le nombre des espèces qu'elle renferme, et surtout par les propriétés actives de là plupart, et l'usage alimentaire si répandu de quelques unes. La plus grande partie de ces plantes habitent les régions tempérées de l'hémisphère boréal; elles sont fort abondantes en Europe.

Les propriétés actives des Ombellifères résident dans une huile volatile renfermée surtout dans les fruits, et dans des substances résineuses amères et âcres particulièrement contenues dans la racine; il existe dans le suc de quelques unes un alcaloïde narcotico-âcre qui leur donne des qualités délétères. L'huile volatile est tantôt pure, tantôt mêlée à une matière résineuse.

L'huile volatile du fruit des Ombellifères est renfermée dans des canaux longitudinaux du péricarpe (les *vitta* ou canaux résinifères); aussi les fruits de certaines espèces sont-ils souvent employés comme condiment. Cette huile a beaucoup d'analogie avec les huiles des Composées et des Labiées, et possède les mêmes propriétés stimulantes. Un grand nombre d'espèces, la plupart originaires de l'Europe méridionale ou de l'Asie, et cultivées dans toute l'Europe, fournissent des fruits d'une saveur chaude et aromatique usités comme condiment de temps immémorial. Tels sont : le Fenouil (*Fœniculum officinale*, L., spontané dans les moissons de l'Europe australe); l'Anis (*Pimpinella Anisum*, L., originaire de l'Égypte et de la Grèce); le Cumin (*Cuminum Cyminum*, L., de l'Égypte et de l'Asie Mineure); l'Aneth (*Anethum graveolens*, L., de l'Orient); la Coriandre (*Coriandrum sativum*, de la Tartarie); le Carvi (*Carum carvi*, L., commun dans presque toute l'Europe); le *Sison Amomum*, L. (indigène dans l'Europe australe et l'Asie Mineure), et l'*Ammi majus*, L. (plante commune dans la région méditerranéenne). L'*Ammi Visnaga*, L. (vulgairement Herbe-aux-cure-dents), habite les mêmes lieux que le précédent; ce sont les rayons de l'ombelle durcis par la dessiccation qui constituent des cure-dents aromatiques dont on se sert en Orient.

L'*Archangelica officinalis*, Hoff. (l'Angélique), est spontanée dans les montagnes du nord de l'Europe. Toute la plante renferme en abondance un suc aromatique et stimulant; on la cultive principalement pour les confiseurs, qui préparent avec les jeunes tiges des conserves sucrées, qui gardent le parfum de la plante fraîche, et sont dépouillées de son amertume et de son âcreté. Endlicher décrit en ces termes l'usage que font les Lapons de cette plante commune dans leur pays si pauvre en fruits et en plantes comestibles : « Lappones radicem Archangelicæ hornoti-» nam, antequam caulescat planta, optimam medicinam sani-» tatis tuendæ medicinam putant, exsiccatamque loco tabaci » masticare solent.

« Caules in deliciis habent et fructus æstivi loco. Hos antequam » umbello absoluto explicata est (nam circa florescentiam lignosi » evadunt), prope terram abscindunt, folia avellunt, corticem-» que ad basim cultro, dentibus vel unguibus solutum detrahunt, » manente interiore parte nivea concava et pulposa, leviter » amara et aromatica, quæ rapæ instar crudita editur, et quidem » summo cum appetitu.

« Pueri et puellæ, mense julio cum Rangiferis (les Rennes) in » pascuis alpibus errantes, cum illos circa vespertinum et matu-» tinum tempus ad casam, ut mulgeantur reduces, comitantur, » detruncatis caulibus totum sinum impletum reportant, quos in » familia sua distribuunt et summa aviditate devorant. »

L'*Angelica sylvestris*, L., plante commune au bord des eaux et dans les lieux marécageux, a des propriétés analogues, mais inférieures à celles de l'*Archangelica*. — L'*Imperatoria Ostruthium*, L. (Impératoire), et le *Levisticum officinale*, L. (Livèche), plantes des montagnes subalpines, et dont la dernière a été introduite dans les jardins, ont aussi une certaine analogie avec l'Angélique par leur saveur chaude et aromatique. — L'*Heracleum Sphondylium*, L. (Branc-ursine), si fréquent dans les prairies, est non moins commun dans l'Asie tempérée qu'en Europe. On mange en Asie ses jeunes tiges privées de leur écorce.

Plusieurs Ombellifères occupent une place importante dans nos jardins potagers :

Le *Daucus Carota*, L. (la Carotte), occupe un des premiers rangs parmi les racines pivotantes alimentaires. La plante spontanée est une des plus communes de nos prairies : à cet état, la racine est petite, dure et fibreuse, d'une saveur âcre et aromatique, et sans usage ; cultivée, cette racine devient volumineuse et charnue, contient en abondance une matière féculente unie à un suc aqueux sucré, à un principe aromatique, et à une substance colorante de nature résineuse ; du reste, cette racine est indigeste pour les estomacs peu robustes. Le suc de la racine de Carotte crue est au nombre des médicaments diurétiques ; c'est à ce titre qu'il était employé dans le traitement de l'ictère (jaunisse). — Le *Daucus gummifer*, L., plante de la région méditerranéenne, contient dans sa racine une substance résineuse abondante, et est regardé comme vulnéraire.

Le *Pastinaca sativa*, L. (le Panais), spontané dans les prairies de toute l'Europe, fournit comme la Carotte une racine pivotante que la culture a rendue charnue et alimentaire, mais dont la consistance est pâteuse et la saveur aromatique.

On confit dans le vinaigre les jeunes racines du *Chærophyllum bulbosum*, L. On confit de la même manière, et l'on emploie quelquefois comme condiment, les feuilles charnues du *Crithmum maritimum*, L. (Fenouil marin), plante très répandue dans les rochers de nos côtes ; les feuilles ont naturellement une saveur salée et aromatique ; leur suc exprimé passe pour vermifuge.

Apium graveolens, L. (Céleri, Ache). — Cette plante, si abondante sur le bord des eaux salées ou saumâtres de nos côtes, est l'objet d'une culture assez étendue. Ses racines, d'une âcreté fortement aromatique à l'état sauvage, deviennent d'une saveur plus douce par la culture, en même temps qu'elles deviennent, dans certaines variétés, volumineuses et charnues. On plaçait jadis l'Ache au nombre des plantes apéritives majeures ; son usage est aujourd'hui exclusivement culinaire.

Le petit tubercule charnu du *Carum Bulbocastanum*, Koch., et autres espèces qui présentent la même structure, est comestible ; mais son peu d'abondance le rend complétement inutile. — Il n'en serait pas de même des volumineux tubercules de l'*Arracacha esculenta*, D.C., plante originaire d'Amérique, si sa culture était possible en Europe, où elle a déjà été tentée sans succès; son utilité dans les lieux où elle est cultivée (à Santa-Fé-de-Bogota) est comparable à celle de la *Pomme de terre*.

Plusieurs autres espèces peuvent être employées comme alimentaires, mais sont peu usitées. Tels sont : *Chærophyllum bulbosum*, L. Sa racine se mange confite dans le vinaigre; il en est de même de la racine jeune de l'*Eryngium maritimum*, L. La saveur de l'*Echinophora spinosa*, L., plante de la région méditerranéenne, a de l'analogie avec celle du Panais. — *Smyrnium olusatrum*, L. (Maceron). Cette plante était cultivée autrefois; on en mangeait les feuilles et les jeunes tiges, dont la saveur se rapproche de celle du Céleri; la racine était regardée comme diurétique. — *Sium-Sisarum*, L. On pense que cette plante a été apportée de la Chine en Europe vers le IIIe siècle; sa racine est d'une saveur assez agréable; elle passe pour stomachique.

Parmi les Ombellifères douées de propriétés officinales, nous devons citer, en première ligne, la Grande-Ciguë ou Ciguë-officinale, *Conium maculatum*, L. (qu'il ne faut pas confondre avec la Ciguë vireuse, *Cicuta virosa*, L.). Cette plante est commune dans toute l'Europe et dans l'Asie boréale, et s'est naturalisée en Amérique; elle se plaît dans le voisinage des villages, dans les cimetières, et les jardins négligés. La plante est d'un vert sombre, la tige est marquée de taches livides; elle exhale une odeur désagréable analogue à celle de l'urine de chat. Sa racine, qui est pivotante, contient au printemps un suc laiteux d'une saveur d'abord douce et aromatique, puis âcre. Les propriétés actives de cette plante résident dans un alcaloïde (cicutine, conine); elle renferme, en outre, une résine, une huile volatile, des sels, et un acide particulier. Le suc de cette plante ingéré dans l'estomac détermine l'afflux du sang dans le poumon; une mort rapide est le résultat de cette congestion; les intestins ne paraissent pas subir de lésions graves. Le suc du *Conium maculatum* remplaçait l'opium chez les Grecs, qui s'en servirent pour donner la mort à Socrate. Le suc de la Ciguë, introduit dans le sang au moyen d'une incision, excite violemment le système nerveux, et détermine des spasmes musculaires et une mort presque instantanée. — Cette plante, douée de propriétés si vénéneuses, est d'un usage fréquent en médecine; ses préparations stimulent surtout les

vaisseaux lymphatiques ; elle active l'action résorbante des vaisseaux capillaires. On emploie avec succès l'emplâtre de Ciguë
pour déterminer la résolution des tumeurs du sein et autres organes
glanduleux ; la plante pilée et appliquée sous forme de cataplasme
sur les tumeurs cancéreuses en calme les douleurs lancinantes ; à
l'intérieur, on l'emploie sous la forme d'extrait, de teinture, de
pilules, contre les affections nerveuses, dans les mêmes cas que
la Belladone, et contre les affections scrofuleuses ; on en suspend
l'emploi quand il se manifeste du trouble dans la vue et de l'en-
gourdissement.

Cicuta virosa, L. (Ciguë vireuse). — Cette plante dangereuse
croit dans les marais du nord de l'Europe et de l'Asie. Il est peu
de poisons dont les effets soient plus terribles et mieux caracté-
risés ; le suc le plus vireux est contenu dans l'écorce du rhizome,
qui est volumineux, charnu et cloisonné (par les déchirures de la
partie médullaire). Ce suc est laiteux, d'un blanc jaunâtre deve-
nant safrané par la dessiccation ; sa saveur est caustique, et son
odeur nauséeuse ; il se compose d'une substance résineuse unie à
une huile volatile et à une matière sucrée. Ingéré dans l'estomac,
il détermine une chaleur brûlante en même temps qu'une soif
inextinguible, puis l'inflammation du tube intestinal, le hoquet,
des spasmes, des vertiges, des mouvements convulsifs, et enfin
la mort. A l'autopsie, on trouve les organes tuméfiés, l'estomac
et les intestins enflammés, érodés, et même sphacélés ; les vaisseaux du cerveau sont gorgés de sang (1).

Æthusa Cynapium, L. (la Petite-Ciguë). — Cette plante, qui
se trouve si communément dans les lieux cultivés, et dont la
feuille présente une certaine ressemblance avec celle du Persil, a
souvent occasionné de fâcheuses méprises. La Petite-Ciguë, lorsqu'elle est en fleurs, se distingue aisément du Persil par son invo-
lucre unilatéral plus long que l'ombelle, rejeté en dehors et ré-
fracté ; son fruit est globuleux, et ses carpelles hémisphériques ;

(1) Les empoisonnements par les substances végétales, par la Ciguë, par
exemple, doivent être traités immédiatement par les vomitifs, puis par les
laxatifs ; on administre des potions huileuses pour favoriser les évacuations.
On combat ensuite les accidents inflammatoires et autres par les boissons
émollientes, la saignée, les révulsifs, etc.

chez le Persil le fruit est presque didyme, et chacun des deux carpelles est oblong. Les fleurs de la Petite-Ciguë sont blanches; celles du Persil sont d'un vert jaunâtre. Les feuilles de la Petite-Ciguë sont d'un vert foncé, les supérieures dépassent les ombelles; les feuilles du Persil sont d'un vert lustré, les supérieures sont divisées en segments lancéolés linéaires, et ne dépassent pas les ombelles fleuries. Les feuilles du Persil froissées exhalent une odeur aromatique; les feuilles froissées de la Petite-Ciguë exhalent une odeur vireuse. — L'*Æthusa Cynapium* renferme une substance alcaloïde qui agit à la manière des poisons narcotico-âcres.

L'*OEnanthe crocata*, L. (OEnanthe safranée), passe pour une plante des plus vénéneuses; elle habite les marais de l'Europe méridionale, et s'avance en France jusqu'aux environs d'Angers. Son suc, d'abord laiteux et blanchâtre, devient d'un rouge safrané lorsqu'il est exposé à l'air. Ce sont principalement les tubercules oblongs et charnus de sa souche vivace qui sont regardés comme renfermant en abondance un principe vénéneux (1).

Les tubercules d'une autre espèce commune dans nos marais, l'*OE. pimpinelloides*, L., sont néanmoins, au rapport de De Candolle, d'un usage vulgaire dans l'Anjou comme substance comestible. L'*OE. fistulosa*, L., qui croît dans les mêmes lieux que la précédente, passe pour moins vénéneuse que l'*OE. crocata*; les anciens lui attribuaient des propriétés diurétiques. — Le *Sium latifolium*, L., habite les lieux marécageux; sa racine est d'une saveur âcre et amère, on la regarde comme douée de qualités vénéneuses. — Le *Chærophyllum temulum*, L., et l'*Anthriscus sylvestris*, Hoffm., sont avec raison regardés comme suspects.

La racine de l'*Astrantia major*, L., est âcre et amère. — Toute

(1) D'après M. J. Gay, les qualités vénéneuses de l'*OEnanthe crocata* sont contestables; ce savant botaniste m'a rapporté qu'aux environs d'Angers, il a mangé avec précaution d'abord, puis en plus grande quantité, et sans en être incommodé, plusieurs fragments de tubercules d'*OE. crocata* dépouillés de leur écorce. Cette plante serait-elle non vénéneuse pendant certaines périodes de sa végétation? ou bien y aurait-il deux espèces dans l'*OE. crocata*, l'une dont les tubercules sont vénéneux, l'autre dont les tubercules ne sont doués d'aucune propriété délétère? — Les tubercules en question sont des fibres radicales fusiformes charnues, et non de véritables tubercules.

la plante de l'*Hydrocotyle vulgaris*, L. (l'Écuelle-d'eau), est douée d'une âcreté remarquable; elle était autrefois admise au nombre des médicaments résolutifs, diurétiques et vulnéraires. (Plusieurs espèces d'*Hydrocotyle* de l'Amérique et de l'Asie passent pour être douées de propriétés énergiques.)— La racine du *Thapsia villosa*, L., est d'une âcreté remarquable; c'est un purgatif maintenant inusité. — Le *Sanicula Europœa*, L. (la Sanicle), si commun dans nos bois, est une plante astringente; les médecins du moyen âge la mettaient au nombre des médicaments vulnéraires.— On attribuait autrefois à la racine de l'*Eryngium campestre* (Chardon-Roland) des propriétés diurétiques, résolutives, etc.; sa saveur est âcre et aromatique; on l'emploie encore quelquefois dans la médecine populaire comme fébrifuge. — Le *Buplevrum perfoliatum*, L. (Oreille-de-lièvre, Côte-de-bœuf), était compté au nombre des remèdes vulnéraires; ses feuilles sont amères et astringentes.

L'*Helosciadium nodiflorum*, Koch., et l'*Ægopodium Podagraria* sont inusités aujourd'hui; on les employait autrefois pour leurs propriétés aromatiques, stimulantes et résolutives. — La racine du *Meum Athamanticum*, Jacq., plante alpestre, est âcre et aromatique; on s'en est servi dans la médecine vétérinaire. — L'*Athamantha Cretensis*, L., entrait dans la composition de la thériaque.— Les *Pimpinella magna*, L., et *P. Saxifraga*, employés autrefois, sont sans usage aujourd'hui; il en est de même du *Silaus pratensis*, L., et du *Tordylium maximum*, L.

Phellandrium aquaticum, L. (Phellandre). — La médecine fait un usage assez fréquent de cette plante, commune dans nos marais. Sa saveur est chaude, âcre et aromatique; le suc renferme une substance amère, une substance gommeuse, une huile volatile et une huile grasse, enfin de la cire et de la résine. A faible dose, les préparations du *Phellandrium aquaticum* agissent comme calmants sur le système nerveux; on s'en sert surtout avec avantage dans les maladies du poumon. A haute dose, la plante est narcotique.

Plusieurs gommes-résines sécrétées par certaines ombellifères, la plupart appartenant à l'Asie, sont des médicaments précieux et fréquemment employés pour leurs propriétés antispasmodiques et stimulantes de l'appareil respiratoire, de l'appareil digestif, etc.; tels sont : l'*Asa fœtida* (qui provient du *Ferula Asa fœtida*, L., plante de la Perse); la gomme-ammoniaque (qui est sécrétée par la plante décrite et figurée par MM. Jaubert et Spach sous le nom de *Diserneston gummiferum* (1); *Dorema ammoniacum*, Don. ?'); l'*Opoponax* (sécrété par le *Opoponax chironium*, Koch.); le *Sagapenum* (attribué au *Ferula Persica*, Willd.), et le *Galbanum* (attribué à une plante de la Perse appartenant au genre *Galbanophora*, et non au *Bubon Galbanum*, L., plante du Cap).

« Toutes les anomalies apparentes de la famille des ombelli-
» fères, dit De Candolle (*Essai sur les propriétés médicales des*
» *plantes*), me semblent s'expliquer en admettant que leur extrac-
» tif est narcotique et leurs principes résineux plus ou moins
» stimulants et aromatiques, ou, en d'autres termes, que leur
» sève à moitié élaborée est narcotique, tandis qu'au contraire
» elle devient aromatique ou stimulante, lorsqu'elle est transfor-
» mée en un véritable suc propre. »

HÉDÉRACÉES.

Hedera Helix (le Lierre). — Les baies sont purgatives et éméti-
ques; on les employait dans la médecine du moyen âge. Dans les pays chauds, il s'écoule, des incisions que l'on pratique aux troncs volumineux, une résine amère et légèrement aromatique (gomme de Lierre-en-arbre), employée autrefois comme astringente et résolutive, et qui entre dans la composition de certains vernis. Les feuilles de Lierre sont employées à tenir fraîche la

(1) « D'après le témoignage formel d'Aucher Eloy, cette Ombellifère est
» certainement, sinon la seule plante de la famille, au moins la principale,
» de celles qui produisent la *gomme ammoniaque* du commerce. Ainsi
» se trouve éclairci le doute qui a régné jusqu'à présent à cet égard.
» Olivier avait dit que la gomme ammoniaque s'obtient d'une espèce de
» *Ferula* qui croît spontanément dans les déserts de la Libye, en Arabie,
» à l'est et au sud de la Perse. Aucher Eloy, dans son journal, précise les
» localités (entre Ispahan et Chiraz)... D'après nos observations, elle forme
» un genre aussi bien caractérisé que le sont la plupart de ceux de la même
» famille; nous l'avons nommée *Diserneston* (ou plante des deux Ernest),
» en l'honneur de MM. Ernest Germain et Ernest Cosson, auteurs de la
» *Flore descriptive et analytique des environs de Paris*, etc... » (Jaubert
et Spach, *Illustrationes plantarum orientalium*, p. 79, tab. 40.)

surface dénudée des exutoires; ces feuilles pilées sont aromatiques, leur suc ou leur décoction était autrefois en usage pour obtenir la guérison des ulcères et des brûlures.

Cornus mas, L. (le Cornouiller). — Le fruit est rafraîchissant; il est d'une saveur acidule-sucrée assez agréable. On employait jadis les feuilles comme médicament astringent. — Les fruits du *Cornus sanguinea*, L. (Bois-sanguin), sont d'une saveur amère et nauséeuse; on peut extraire des graines une huile bonne à brûler, mais les fruits sont rarement en assez grande abondance pour qu'on puisse utilement les employer à cet usage.

LORANTHACÉES.

L'écorce et les fruits bacciformes des Loranthacées, et particulièrement du Gui (*Viscum album*, L.), contiennent une matière glutineuse d'une nature particulière, connue sous le nom de *Glu*; cette substance est associée à un suc mucilagineux et à une petite proportion d'huile volatile. — La glu est, par sa consistance et ses caractères, intermédiaire entre les résines et la gomme élastique. La glu que l'on trouve dans le commerce est plus ordinairement extraite du Houx que du Gui; celle qui nous arrive de la Grèce et de l'Italie est extraite du *Loranthus Europœus*, L. La quantité de glu que recèle l'écorce du Gui est différente, dit-on, selon l'arbre sur lequel la plante est parasite : la glu serait surtout abondante quand le Gui croît sur l'Orme et l'Érable, moins abondante si le Gui est parasite sur le Bouleau ou le Sorbier, et enfin en faible quantité s'il croît sur le Prunier ou le Pommier. Ces assertions demanderaient à être vérifiées. Les feuilles du Gui ou du *Loranthus*, réduites en poussière, étaient regardées jadis comme un spécifique contre l'épilepsie (1).

(1) Pline parle du Gui en ces termes : « ...Omnino autem satum nullo
» modo nascitur, nec nisi per alvum avium redditum, maxime palumbis ac
» turdis. Hæc est natura, ut nisi maturatum in ventre avium, non prove-
» niat... Viscum confit ex acinis, qui colliguntur messium tempore imma-
» turi... Non est omitenda in ea re et Galliarum admiratio. Nihil habent
» Druides (ita suos appellant Magos) visco, et arbore in qua gignatur, si
» modo sit robur, sacratius. Jam per se roborum eligunt lucos, nec ulla
» sacra sine ea fronde conficiunt, ut inde appellati quoque interpretatione

Les Loranthacées, représentées par un si petit nombre d'espèces en Europe, sont très nombreuses dans l'Amérique tropicale, en Asie, et dans l'Afrique équinoxiale; presque toutes les espèces sont parasites sur d'autres végétaux vivants, quelques unes cependant sont terrestres. — Les trois espèces qui croissent en Europe sont : 1° le *Viscum album*, L., si commun sur nos arbres fruitiers, et qui était l'objet de cérémonies religieuses chez les Celtes, lorsqu'il était trouvé sur le Chêne où il croît rarement. Il est susceptible de croître sur tous les arbres; on l'a observé pa-

» græca possint Druides videri. Enim vero quidquid adnascatur illis, e cœlo
» missum putant, signumque esse electæ ab ipso Deo arboris. Est autem id
» rarum admodum inventu, et repertum magna religione petitur : et ante
» omnia sexta luna, quæ principia mensium annorumque his facit, et sæculi
» post tricesimum annum, quia jam virium abunde habeat, nec sit sui di-
» midia. Omnia sanantem appellantes suo vocabulo. Sacrificiis epulisque
» rite sub arbore præparatis, duos admovent candidi coloris tauros, quo-
» rum cornua tunc primum vinciantur. Sacerdos candida veste cultus ar-
» borem scandit; falce aurea demetit : candido id excipitur sago. Tum
» deinde victimas immolant, precantes ut suum donum Deus prosperum fa-
» ciat his quibus dederit. »

Voici la traduction de ce passage : « De quelque façon qu'on s'y prenne pour le semer, le Gui ne germe pas; il faut que les graines aient été avalées puis rendues par les oiseaux, principalement les pigeons ramiers et les grives. Ainsi l'a voulu la nature : ce n'est que lorsqu'elles mûrissent dans le ventre des oiseaux, que ces graines acquièrent des facultés germinatives... On prépare la glu avec les baies du Gui. Pour cela, on les recueille avant leur maturité, vers le temps des moissons... Il ne faut point oublier de parler de la vénération des Gaulois pour le Gui. Les Druides (tel est le nom qu'ils donnent à leurs Mages), n'ont rien de plus sacré que le Gui et l'arbre sur lequel il a pris naissance, si cet arbre est un chêne. Du reste, ils choisissent pour bois sacrés des forêts de chênes, et ils n'accomplissent aucune cérémonie religieuse sans le feuillage de cet arbre. Il est même probable que le nom de Druide a pour étymologie le mot grec δρῦς (chêne). Le Gui est, à leurs yeux, une manifestation céleste, et le chêne sur lequel croît cette plante est pour eux marqué au sceau de la divinité. Il est rare d'ailleurs de l'y rencontrer; et lorsqu'on l'a trouvé, on va le recueillir avec une grande pompe religieuse. Avant tout, cette cérémonie doit avoir lieu le sixième jour de la lune (jour qui commence leurs mois, leurs années, et leurs siècles dont la durée est de trente ans) : bien que la lune n'ait point atteint le milieu de son cours, cet astre est déjà dans toute sa force. Le nom qu'ils donnent au Gui signifie, dans leur langue, remède universel. Les sacrifices et le repas étant préparés, selon les rites, sous le chêne, ils amènent deux taureaux blancs dont les cornes sont liées pour la première fois. Le prêtre, vêtu de blanc, monte alors sur l'arbre, et tranche le Gui avec une serpe d'or. On le reçoit sur un drap blanc. On immole ensuite les victimes, en priant la divinité de rendre son présent propice à ceux auxquels il sera distribué. »

25.

rasite même sur le *Loranthus Europæus*, L. ; 2° le *Loranthus Europæus*, L., qui est parasite sur les Chênes et les Châtaigniers dans l'Europe orientale et méridionale, et dans l'Asie; 3° l'*Arceuthobium Oxycedri*, Bbrst. (*Viscum Oxycedri*, L.) qui a le port d'un *Salicornia* et est parasite sur le *Juniperus Oxycedri*, L., dans l'Europe méridionale et le Caucase. — Endlicher rapporte que les naturels de Java ont un respect superstitieux pour le *Ficus religiosa* qui nourrit des Loranthacées parasites : « *Credunt vero* » *ejusmodi vegetalibus plurimum delectari patrum umbras, fana* » *ista circumvolitantes.* »

GROSSULARIÉES.

Les feuilles et l'écorce des Groseilliers renferment un suc résineux aromatique; les fruits mûrs sont gorgés d'un mucilage sucré uni à de l'acide malique et à de l'acide citrique; les fruits du Groseillier rouge (*Ribes rubrum*, L.) renferment ces acides en assez grande proportion. Ces fruits sont d'une saveur agréable, leur jolie forme et leur couleur vermeille invite d'ailleurs à les manger. Tout le monde connaît les conserves sucrées et le sirop qu'on en prépare, et qui n'est pas moins utile pendant les soirées d'hiver que pendant les plus chaudes journées de l'été ; l'eau de groseilles constitue en outre une boisson tempérante fort agréable aux malades et aux convalescents. — Les fruits du *Ribes Grossularia* ou *R. Uva-crispa*, L. (Groseillier épineux), sont aussi d'une saveur acidule-sucrée fort agréable ; on en a obtenu par la culture un grand nombre de variétés. — Les feuilles et les fruits du *Ribes nigrum*, L. (le Cassis), sont doués d'une odeur et d'une saveur résineuses et aromatiques. Ces fruits sont moins recherchés que les précédents ; on s'en sert principalement pour composer, par macération avec de l'eau-de-vie et du sucre, une liqueur fermentée douée de propriétés toniques et stomachiques. On attribue à la décoction de la racine des propriétés emménagogues ; l'infusion des feuilles passe pour diurétique.

Plusieurs espèces de *Ribes* habitent les montagnes et les contrées tempérées ou froides de l'Europe. Les Groseilliers ne paraissent pas avoir été connus des anciens ; ils peuplent depuis longtemps tous les jardins de l'Europe.

SAXIFRAGÉES.

Les propriétés des Saxifragées sont assez insignifiantes. Toute la plante renferme un suc aqueux légèrement acide; quelques espèces pourvues de poils glanduleux sont douées d'une certaine âcreté. On ignore quelle était la plante connue des anciens sous le nom de *Saxifrage* et qu'ils considéraient comme propre à guérir les affections calculeuses; nos pères ont donné au hasard ce nom à plusieurs plantes de nos contrées qui croissent entre les pierres, et auxquelles ils ont attribué les mêmes propriétés imaginaires. Ce sont principalement les bulbilles du *Saxifraga granulata*, L. (la Saxifrage), qu'ils employaient comme spécifique de la gravelle; ces bulbilles n'ont aucune propriété bienfaisante ni malfaisante, la saveur de la plante est légèrement âcre et acidule. Le *Saxifraga tridactylites*, L., a été employé dans le traitement des maladies du foie. On prétend que les feuilles du *Saxifraga crassifolia*, L. (originaire de la Sibérie, et qui fleurit dans nos jardins, presque sous la neige), après avoir été séchées, peuvent donner une infusion d'une saveur analogue à celle du Thé. — Le *Chrysosplenium alternifolium*, L., a été jadis en grande renommée; on lui attribuait des propriétés toniques et résolutives.

ÉRICINÉES.

Les Éricinées renferment des substances amères et astringentes, quelques unes des substances résineuses et balsamiques; elles ont été surtout employées dans les affections des voies urinaires résultant de faiblesse et d'atonie; très peu sont stimulantes sub-narcotiques. — Les *Rhododendrum* ont des propriétés narcotiques.

Calluna vulgaris, Salisb. (la Bruyère commune), plante frutescente, résineuse, subaromatique; elle couvre de vastes terrains dans les plaines de certaines parties du nord de l'Europe. *« Collucatas solitudines aulæo mire decoro tegit. »* Elle est douée de propriétés astringentes, et est employée par les tanneurs et par les teinturiers. — L'*Erica arborea*, L., plante de la région méditerranéenne, a joué, dit-on, un rôle assez important dans la médecine du moyen âge. — L'*Arbutus Unedo*, L., habite les mêmes localités; son écorce et ses feuilles sont astringentes. On préparait jadis avec ses fleurs une eau sudorifique; ses baies à surface granuleuse (Figues ou Raisins-de-loup) ressemblent à des Fraises : elles sont acerbes avant la maturité; lorsqu'elles mûrissent, leur saveur devient fade et insipide. On prétend que si on les mange en abondance, elles fatiguent l'estomac et occasionnent des vertiges. En Corse, on en prépare une liqueur vineuse; en Italie, on en obtient de l'eau-de-vie par la distillation. — L'*Arctostaphylos Uva-ursi*, Spr. (*Arbutus Uva-ursi*, L., l'Arbousier), est un arbrisseau des montagnes du centre et du nord de l'Europe; on le rencontre même en Asie et dans l'Amérique boréale. Les feuilles sont douées d'une odeur légèrement aromatique, leur saveur est amère et astringente; on les emploie fréquemment en infusion, comme diurétique, dans le traitement de la gravelle et de plusieurs affections de la vessie. Les baies de l'*Arbutus Uva-ursi* sont d'une saveur fortement acerbe.

PRIMULACÉES.

Les Primulacées sont recherchées pour la beauté de leurs fleurs plus que pour leurs propriétés médicales. Tout le monde connaît les charmantes et innombrables variétés des *Primevères* (*Primula grandiflora*, Lam.) et des *Oreilles-d'ours* (*Primula Auricula.* L.); les fleurs si élégantes des *Cyclamen* et de plusieurs *Anagallis*, etc. Le *Primula officinalis*, Jacq. (Coucou, Coquelucchon), fait pendant le mois d'avril l'ornement de nos prairies; sa fleur exhale une odeur douce et aromatique; elle renferme une substance amère et une très petite quantité d'huile volatile. On considérait jadis l'infusion de cette fleur comme stimulante, tonique et diaphorétique, et on l'employait dans les maladies des voies urinaires et dans les affections rhumatismales.

On a attribué à l'Oreille-d'ours (*Primula Auricula*) des propriétés analogues à celles de la Primevère. — La *Soldanelle* (*Soldanella alpina*, L.) est légèrement purgative.

La souche tubéreuse du *Cyclamen* (*Cyclamen Europœum*, L.), renferme un suc âcre et amer qui agit comme purgatif drastique et comme émétique; ces propriétés actives et dangereuses disparaissent par une complète dessiccation; le tubercule étant complétement desséché par la cuisson, on en peut retirer une fécule alimentaire abondante. — Le suc de l'*Anagallis arvensis*, L. (Mouron-rouge), est âcre, amer et nauséeux; les anciens l'employaient comme stimulant des organes digestifs, et contre l'hydropisie, la manie, l'épilepsie, la morsure des serpents, et la rage : c'est un médicament dangereux et abandonné complétement aujourd'hui; on prétend qu'il donne lieu à l'inflammation de l'estomac, et qu'à certaine dose il fait périr les chiens. — Les *Lysimachia* ont un suc amer, acide et astringent; on a renoncé à leur usage. On employait autrefois les *Lysimachia nummularia*, L. (Herbe-aux-écus), *L. nemorum*, L., *L. vulgaris*, L., et *L. Ephemerum*, L. — Le *Samolus Valerandi* a un suc amer; il participe aux propriétés du *Veronica Beccabunga*, L. Ces deux plantes croissent dans les marécages. — Le *Coris Monspeliensis*, L., est d'une saveur légèrement amère et aromatique.

PLOMBAGINÉES.

Les *Statice* ont des propriétés astringentes et toniques tombées dans l'oubli, mais qui ont joui autrefois d'une certaine renommée. Les feuilles du *Statice Armeria*, L. (*Armeria vulgaris*, Willd., Gazon-d'Olympe), et la racine du *Statice Limonium*, L., étaient particulièrement employées.

Les *Plumbago* recèlent une matière colorante d'une nature très caustique. Le *P. Europœa*, L. (la Dentelaire), habite le midi de l'Europe. On employait jadis diverses préparations de sa racine pour calmer les douleurs de dents, contre la rage, et dans le traitement de la gale et des ulcères cancéreux; enfin elle était comptée au nombre des plantes vésicantes, et servait aux mendiants à se créer des plaies superficielles, dans le but d'exciter les sentiments charitables des passants.

PLANTAGINÉES.

La racine et les parties herbacées des Plantains sont légèrement amères et astringentes, quelques espèces ont une saveur un peu salée. L'eau distillée de *Plantain* (*Plantago major*, L.) est employée, soit isolément, soit associée à des substances plus astringentes, comme collyre résolutif. On employait autrefois cette espèce, ainsi que les *P. lanceolata*, L., et *P. media*, L., dans le traitement des fièvres intermittentes. Le *P. Coronopus*, L., était au nombre des remèdes contre la rage; les jeunes rosettes sont quelquefois mangées en salade; on leur attribue une action diurétique. Les semences des *P. Psillium*, L. (Herbe-aux-puces), et *P. arenaria*, L., traitées par l'eau bouillante, donnent une décoction mucilagineuse dont on a fait quelque usage en médecine dans le traitement de la dyssenterie, etc.

ILICINÉES.

Le *Houx* (*Ilex aquifolium*, L.) est fréquent dans les forêts de l'Europe occidentale, et rare dans l'Europe orientale. Les feuilles renferment une matière mucilagineuse amère et astringente. On a depuis longtemps cessé d'en faire usage. Les baies, prises au nombre de 10 à 12, sont, dit-on, purgatives comme celles du Lierre. L'écorce fraîche et pilée appliquée à l'extérieur sur les tumeurs inflammatoires passe pour résolutive. On prépare avec cette écorce une glu analogue à celle que l'on obtient avec l'écorce du Gui. Dans des cas de fièvre intermittente, où le quinquina avait échoué, on a administré quelquefois avec succès l'extrait des feuilles de Houx à la dose de 4 à 8 grammes pendant huit à quinze jours. On prétend aussi avoir employé avec succès, contre la goutte, la décoction de feuilles de Houx dans la bière (30 grammes de feuilles par litre de liquide); cette boisson provoque des sueurs abondantes à la suite desquelles les douleurs se dissipent quelquefois.

OLÉINÉES. — JASMINÉES.

L'*Olivier* (*Olea Europœa*, L.) est originaire de l'Asie; sa culture dans les Gaules date de la fondation de Marseille (600 ans avant l'ère vulgaire); il est actuellement naturalisé dans toute la région méditerranéenne, et particulièrement en Provence. Les olives macérées dans l'eau saturée de sel sont comestibles. L'usage culinaire de l'huile d'olive remonte à la plus haute antiquité. Aucune huile n'est préférable par sa saveur. On peut la substituer à l'huile d'amandes douces dans diverses préparations pharmaceutiques; elle entre dans la composition d'un grand nombre de pommades, onguents, cérats, emplâtres, liniments et huiles médicinales; seule, elle constitue un médicament laxatif qui peut être administré sous plusieurs formes. Les potions huileuses et les lavements huileux sont très utiles dans les empoisonnements par les substances végétales, les champignons, par exemple; on doit les administrer en potion lorsque l'action des vomitifs a été complétement épuisée, et aussi en lavements, pour précipiter la partie de ces substances vénéneuses déjà parvenues dans l'intestin, en entravant leur digestion et en en facilitant mécaniquement le glissement. L'écorce et les feuilles de l'Olivier sont amères et astringentes. Les vieux arbres sécrètent des larmes résineuses dont l'odeur se rapproche de celle de la Vanille.

Ligustrum vulgare, L. (le Troëne). — Ses feuilles sont légèrement astringentes, leur saveur est amère et acerbe; les baies fournissent une couleur d'un noir bleuâtre. — *Fraxinus excelsior*, L. (le Frêne). L'écorce du Frêne est d'une saveur amère; on l'a employée autrefois comme fébrifuge; les feuilles sont douées de propriétés faiblement purgatives. La manne, qui constitue un des purgatifs laxatifs des plus usités, est le suc concrété qui s'écoule par des incisions pratiquées sur les branches et le tronc de plusieurs espèces de Frênes, et particulièrement le *F. rotundifolia*, L. On en peut aussi recueillir sur le *F. Ornus*, L. La récolte de la manne se fait principalement en Sicile. — *Syringa vulgaris*, L. (le Lilas). Son mérite est dans l'élégance et la douce odeur de ses panicules fleuries, qui parent au printemps les parcs les plus splendides et les plus modestes jardins avec une somptueuse profusion. — *Jasminum officinale*, L. (le Jasmin). L'huile volatile qui exhale chez ses fleurs une odeur si suave et si pénétrante est recueillie par les parfumeurs.

APOCYNÉES. — ASCLÉPIADÉES.

Vinca minor, L., et *V. major*, L. (la Pervenche et la Grande-Pervenche). — Les feuilles sont astringentes et légèrement aromatiques; on leur attribuait autrefois de nombreuses et actives propriétés; elles sont sans usage aujourd'hui. — Le *Nerium Oleander*, L. (le Laurier-rose), spontané en Orient et dans la région méditerranéenne, et transporté dans les jardins pour la beauté de ses fleurs, recèle un suc doué de propriétés vénéneuses narcotico-âcres.—Le *Vincetoxicum officinale* (Dompte-venin) devait sa réputation d'antidote universel aux propriétés fortement sudorifiques de sa racine, qui agit aussi comme émétique. On a renoncé depuis longtemps à l'usage de cette plante dangereuse. — Les aigrettes soyeuses des *Asclepias* peuvent être mêlées à la laine et à la soie.

Les Asclépiadées doivent leurs propriétés à un suc laiteux âcre et amer, et à diverses substances extractives; ce suc est doué de propriétés émétiques énergiques, et vénéneuses à forte dose. Quelques espèces exotiques ont été employées comme succédanées de l'Ipécacuanha, d'autres comme purgatives, stimulantes, ou anthelmintiques.

GENTIANÉES.

Les Gentianes doivent leurs propriétés médicales à une substance amère et colorante jaune (gentianine), qui, chez la plupart des espèces, est associée à un principe volatil odorant, à des matières huileuses, glutineuses, et à un mucilage sucré. Ces plantes sont fréquemment employées comme substances amères et toniques, pour stimuler les organes digestifs et augmenter l'activité des fonctions d'assimilation.

Gentiana lutea, L. (la Grande-Gentiane). — Cette plante est, des diverses espèces de la famille, celle qui possède au plus haut degré des qualités amères et des propriétés toniques. C'est un des médicaments les plus anciennement connus. La Grande-Gentiane remplace aujourd'hui, dans les pharmacies, un grand nombre d'autres espèces usitées autrefois, et auxquelles on a renoncé aujourd'hui, soit parce qu'elles sont moins abondantes, soit parce qu'elles sont moins actives. Le *Gentiana lutea* habite les pâturages des montagnes subalpines ; il préfère les sols calcaires aux sols granitiques.—*Gentiana punctata*, L., et *G. purpurea*, L. Les racines fraîches de ces belles plantes sont employées en Suisse à la fabrication d'une eau-de-vie regardée comme fortifiante et stomachique. — Il suffit d'énumérer, pour mémoire, les espèces suivantes, autrefois officinales, et dont on ne fait plus que très rarement usage : *Gentiana asclepiadea*, L., *G. Pneumonanthe*, L., *G. acaulis*, L., *G. Germanica*, Willd., *G. campestris*, L. et *G. verna*, L.

Gentiana cruciata, L. — La racine de cette plante a été employée contre les fièvres intermittentes, comme vermifuge, et comme vulnéraire. On la considérait aussi comme spécifique contre la morsure des chiens enragés (on la prenait en poudre dans du vin pendant les repas) ; il est inutile d'ajouter que cette propriété est complétement chimérique. Les remèdes proposés contre la rage par des charlatans et des ignorants se comptent par centaines ; aucun malheureusement, celui-ci pas plus que les autres, n'a jusqu'ici procuré la guérison de cette terrible maladie.

Erythræa Centaurium, Pers. (la Petite-Centaurée).—La plante fleurie contient, outre un principe amer qu'elle cède à l'eau, une substance âcre ; son usage en médecine date des temps les plus reculés. C'est un tonique léger qui stimule les fonctions digestives. Les habitants de la campagne en emploient quelquefois l'infusion comme fébrifuge.—Le *Chlora perfoliata*, L., a des propriétés analogues à celles de la Petite-Centaurée.

Menianthes trifoliata, L. (le Trèfle-d'eau). — Cette plante habite les lieux marécageux des régions froides et tempérées de l'hémisphère boréal ; elle contient un principe extractif amer. On en emploie le suc exprimé ou l'infusion dans le traitement des maladies de la peau et des affections scorbutiques. —Le *Villarsia nymphoïdes*, Vent., habite çà et là les eaux des régions chaudes ou tempérées de l'Europe et de l'Asie. Il joint une saveur chaude à l'amertume du *Menianthes*.

CONVOLVULACÉES. — CUSCUTÉES.

Les propriétés médicales des Convolvulacées résident dans un principe résineux qui constitue un purgatif drastique énergique. Nos espèces indigènes : *Convolvulus arvensis*, L., *Convolvulus* (*Calystegia*) *sepium*, L., et *Soldanella*, L., sont douées, et particulièrement cette dernière espèce dont le suc laiteux a une saveur âcre et salée, de cette propriété purgative; on a néanmoins renoncé depuis longtemps à leur emploi. On se sert, au contraire, fréquemment du suc résineux connu sous le nom de Jalap, et qui provient du *Convolvulus* (*Ipomœa*) *Jalapa*, L., plante du Mexique. Ce suc résineux concrété était connu autrefois sous le nom de Rhubarbe des Indes (1). — Le *Cressa Cretica*, L., petite plante annuelle de la région méditerranéenne, a une saveur salée, légèrement astringente; on lui attribuait des propriétés diurétiques. — Le *Convolvulus Batatas*, L. (la Patate), est originaire de l'Amérique. On l'y cultive en grand pour ses tubercules alimentaires, qui ne renferment aucune trace du principe résineux purgatif, et y sont préférés à ceux de la Pomme de terre. On cultive la Patate dans la région méditerranéenne : en Espagne, en Portugal, en France et en Italie.

Cuscuta Epithymum, L. (la Cuscute). — Cette plante est douée d'une certaine âcreté ; elle était autrefois employée comme purgative; elle est sans usage aujourd'hui.

BORRAGINÉES.

Les Borraginées doivent leurs propriétés médicales à un suc mucilagineux légèrement amer et astringent. — Les tiges et les

(1) L'Amérique était, dans les premiers temps de sa découverte, et avant que l'on connût son étendue, désignée sous le nom de Petites-Indes, par opposition au royaume asiatique des Grandes-Indes ; on donne encore le nom d'Indiens aux peuplades indigènes de l'Amérique.

racines d'un très petit nombre recèlent une substance résineuse colorante.

Un grand nombre d'espèces de cette famille étaient autrefois employées en médecine : le *Symphytum officinale*, L. (Grande-Consoude), est du petit nombre de celles qui sont encore en usage; on en prépare une infusion ou une décoction, et un sirop assez fréquemment employés dans le traitement des bronchites chroniques, de la dyssenterie, etc. Ces préparations agissent comme émollientes et légèrement astringentes. On croyait autrefois que la plante pilée appliquée à l'extérieur aidait à la consolidation des fractures; d'où son ancien nom de *Consolida*.

Borrago officinalis, L. (la Bourrache). — Cette plante se reproduit spontanément dans les jardins. Son infusion est quelquefois employée comme pectorale et diurétique; ses jolies fleurs, d'un bleu azuré, servent à la même décoration culinaire que les fleurs de la Capucine.

Cynoglossum officinale, L. (la Cynoglosse). — Toute la plante présente une saveur légèrement amère et nauséeuse; on lui attribue des propriétés narcotiques. Néanmoins il paraît constant que l'action des pilules dites de Cynoglosse est entièrement due à l'opium qu'elles renferment, et que les pilules d'extrait gommeux d'opium peuvent avantageusement leur être substituées. On employait jadis l'infusion des feuilles et la décoction de la racine de la Cynoglosse, comme calmantes et légèrement astringentes, dans les affections catarrhales, etc.; les feuilles cuites dans l'eau étaient appliquées à l'extérieur comme émollientes et résolutives.

L'*Anchusa sempervirens*, L., et l'*A. Italica*, Retz. (la Buglosse); les *Pulmonaria officinalis*, L., et *angustifolia*, L. (la Pulmonaire); l'*Echium vulgare*, L. (la Vipérine), étaient, ainsi que la Bourrache, employés en infusion comme pectorales. — On attribuait des propriétés détersives au suc de l'*Heliotropium Europæum*, L., qui est doué d'une saveur amère et salée, et l'on en faisait usage pour guérir les verrues.

L'*Anchusa tinctoria*, L. (Orcanette), renferme une matière résineuse, colorante, rouge, employée dans l'art de la teinture. — L'*Heliotropium Peruvianum*, L., qui est au Pérou l'une des plantes les plus communes, est cultivé en Europe dans tous les jardins pour l'odeur suave de ses fleurs, qui rappelle celle de la Vanille.

SOLANÉES.

Les plantes de la famille des Solanées sont douées de propriétés narcotiques qui résident dans divers alcaloïdes (daturine, atropine, nicotianine, solanine) auxquels sont unis, chez la plupart, plusieurs substances âcres. En général, les principes narcotiques sont prédominants; chez quelques unes, il existe une huile aromatique volatile. Les fruits d'un grand nombre sont vénéneux, quelquefois ils sont simplement âcres; plus rarement ils sont comestibles, les principes âcres et narcotiques y étant dominés par un suc mucilagineux acidule. Les graines renferment une huile grasse. Enfin, chez un petit nombre, la souche produit des tubercules farineux dont l'importance est des plus grandes, au point de vue alimentaire.

Le *Solanum tuberosum*, L. (Pomme-de-térre), est originaire des montagnes du Pérou et du Chili; l'usage alimentaire de ses tubercules souterrains est connu dans l'Amérique occidentale depuis les temps les plus reculés, et est aujourd'hui répandu dans le monde entier; il rivalise d'importance avec celui des céréales. « Solani tubera, » dit Endlicher, « amylo copioso fœta optimum » benigni numinis donum, dapes grata diviti, pauperis panis. »

Le *S. Lycopersicum*, L. (Tomate, Pomme-d'amour), est aussi originaire de l'Amérique; l'usage culinaire de ses baies acidules, déformées et rendues très volumineuses par la culture, est répandu dans l'Europe et l'Asie. On cultive pour le même usage, dans la région méditerranéenne, les *Solanum Melongena*, L., et *ovigerum*, Dun. (Pondeuse), qui sont originaires de l'Asie.—Le *S. nigrum*, L. (la Morelle), si commune dans les lieux cultivés, renferme un suc légèrement narcotique dont les propriétés malfaisantes disparaissent par la coction; on en emploie les feuilles sans aucun inconvénient en guise d'épinards. —Le *S. Dulcamara*, L. (la Douce-amère), plante sarmenteuse d'un aspect élégant, mais triste, et qui est commune dans les haies ombragées, renferme dans sa tige des sucs d'une saveur amère, puis sucrée. On fait un usage fréquent de la décoction de Douce-amère dans les maladies chroniques de la peau, les affections scrofuleuses, etc. — *Physalis Alkekengi*, L. (Alkékenge, Coqueret). Ses baies, d'un rouge de corail, renfermées dans un calice accrescent-vésiculeux de couleur orange, ont des propriétés diurétiques; leur saveur est en même temps amère, nauséeuse et acidule.

Atropa Belladona, L. (la Belladone). — Cette plante, qui habite nos forêts, a la taille d'un arbrisseau; elle doit son aspect triste à la teinte de son feuillage et à la couleur de ses fleurs d'un violet livide. Ses fruits, de la grosseur d'une cerise, sont d'un beau noir; elle a l'odeur vireuse de la plupart des Solanées, sa saveur est âcre et amère; le principe narcotique actif qu'elle renferme est surtout abondant dans la racine et dans les feuilles. Les préparations de Belladone sont des médicaments utiles et fréquemment usités. On emploie la poudre, la teinture et l'extrait de Belladone à la dose d'un demi-centigramme à quelques centigrammes. La Belladone agit comme calmant, soit à l'extérieur, par exemple, dans le tic douloureux de la face, soit à l'intérieur dans les toux convulsives, et particulièrement la coqueluche. La Belladone a la propriété de provoquer la dilatation de la pupille. Ses fruits ont occasionné des accidents mortels; ils sont d'autant plus dangereux, que leur saveur douceâtre n'avertit point de leurs qualités vénéneuses.

Les espèces du genre *Mandragora*, originaires de la Grèce et de l'Europe orientale, ont joué un grand rôle dans les pratiques superstitieuses de l'antiquité et du moyen âge (1); leur racine passait pour avoir une forme humaine, et on leur attribuait des

(1) Ceux qui cueillent la Mandragore, dit Pline, se gardent d'avoir le vent en face, et, préliminairement, ils décrivent trois cercles autour de la plante avec une épée, puis ils l'arrachent en se tournant vers le couchant. Théophraste ajoute qu'il faut, en outre, qu'il y ait quelqu'un qui aille dansant à l'entour. « Les charlatans et abuseurs de monde, » dit un de nos vieux auteurs, « qui vont montrans au peuple ignorant des racines contre-
» faites en figures d'hommes, pour celle de la Mandragore, et qu'ils nom-
» ment des *Mandegloires*, prenent les racines fraisches de la Couleuvrée
» (la Bryone), des Guimauves, des Roseaux (Iris Pseudo-Acorus), et autres
» racines qui retirent à la forme humaine, et enfoncent des grains d'Orge ou
» de Millet sur la partie qui représente la tête; ils les ensevelissent et cou-
» vrent de sable jusqu'à ce que les grains aient produit racine, après ils les
» déterrent, et acoutrent les racines qui représentent les cheveux, puis font

propriétés merveilleuses. Elles entraient dans la composition des philtres, et servaient à des opérations magiques.

Datura Stramonium, L. (Pomme-épineuse). — Cette belle plante est originaire de l'Asie centrale ; elle a été introduite en Europe pendant le moyen âge, et paraît avoir été inconnue aux anciens ; on la rencontre maintenant çà et là en Europe, dans le voisinage des lieux habités ; toutes les parties de la plante ont une odeur vireuse et nauséeuse, et constituent un poison narcotique des plus dangereux. L'extrait de Stramonium peut être employé à l'extérieur comme calmant ; de même que l'extrait de Belladone ; à l'intérieur, à la dose de quelques centigrammes, il a été employé dans le traitement des maladies convulsives ; mais ses bons effets sont, dans ce cas, des plus contestables.

Hyoscyamus niger, L. (la Jusquiame). — Se rencontre dans toute l'Europe ; il habite le bord des chemins, et s'éloigne peu des lieux habités. La couleur grisâtre de ses feuilles visqueuses au toucher, et l'odeur vireuse qu'elles exhalent, semblent annoncer ses propriétés délétères ; néanmoins ses fleurs jaunâtres, veinées de noir et à gorge pourpre, et ses calices fructifères dentelés, et rapprochés sur une tige roulée en crosse, ont une beauté agreste en harmonie avec les lieux incultes où on la rencontre. On a tenté d'utiliser les propriétés narcotiques de la Jusquiame en l'employant dans le traitement de diverses affections du système nerveux ; on a reconnu que son usage a toujours été moins avantageux que celui de l'opium, dont le mode d'administration convenable est d'ailleurs infiniment mieux connu. Les fumigations de graines de Jusquiame reçues dans la bouche constituent un remède populaire contre les maux de dents ; ce remède est loin d'être sans danger.

» croire qu'elles ont crûes dessous les gibets de ceux qui ont été exécutés » par justice, leur accordant des propriétés monstrueuses. » Le même auteur attribue à cette plante ce que dit l'historien Josèphe d'une racine « que » l'on faisait tirer de terre par un chien, ceux qui l'arrachent étant en grand » danger de leur vie, à raison de quoi ceux qui ont fouy à l'entour, s'estou-» pent les oreilles avec de la poix, de peur d'ouïr *le cry de la racine*, car » s'ils l'avoient ouy, il faudrait nécessairement qu'ils en mourussent... On » se mettoit en tels dangers pour arracher cette racine, à cause de la vertu » qu'elle a de chasser les esprits mauvais, qui sont les âmes des méchantes » personnes décédées. »

Capsicum annuum, L. (le Piment). — Paraît être originaire des Indes orientales et de l'Amérique australe. Ses baies coriaces, ordinairement d'un rouge vif, sont de formes diverses dans les nombreuses variétés obtenues chez cette espèce, par suite de sa culture prolongée sous divers climats. Elles renferment une substance résineuse âcre et balsamique dont la saveur est analogue à celle du Poivre ; on les emploie comme condiment pour stimuler les facultés digestives ; on en fait une grande consommation dans les contrées méridionales de l'Europe, dans l'Asie, dans l'Inde, et en Amérique. A haute dose, cette substance est émétique et purgative ; elle provoque l'irritation, puis l'inflammation du tube digestif, et agit à la manière des poisons âcres.

Nicotiana Tabacum, L. (le Tabac). — Est originaire de l'Amérique. Lors de la découverte du nouveau monde, en 1498, et dans les années suivantes, les Portugais trouvèrent l'usage de fumer le Tabac très répandu chez les naturels des diverses contrées où ils abordèrent (1). Ils rapportèrent la plante en Europe, où elle eut d'abord une grande vogue pour ses propriétés médicales. Ce n'est guère qu'à partir du règne de Louis XIII que l'usage de fumer et de priser commença à se répandre ; aujourd'hui ce goût est tellement général chez tous les peuples de la terre, que l'importance commerciale du Tabac est comparable à celle des

(1) Endlicher raconte en ces termes l'introduction du Tabac en Europe :
« Nicotianæ in hauriendo fumo et sorbendo naribus pulvere ingens usus est,
» more ex America per terrarum orbem diffuso. Qui cum Christophoro Co-
» lumbo, ann. 1492, primum ad Americæ insulam Cubam advecti sunt, in-
» digeni apud feram gentem moris miraculum primi conspexerunt, plantæ
» folia arida in integrum folium cylindri forma convoluta (Tabaco tubulos
» vocitabant), deinde una parte accensa et altera ori inducta, attracto spi-
» ritu et exhalato rursus fumo assiduam nebulam spargentia. Qui deinde
» reseratis a Columbi audaci ingenio novi orbis claustris ad diversas Americæ
» insulas et ipsa continentis littora appulerunt, eumdem ubique apud in-
» colas morem obviam habuere, multa tamen varietate, ita ut alii ejusmodi
» tubulorum fumum ore sugerent, alii naribus haurirent, nonnulli fistulis e
» ligni frusto vel ex argilla factis et herba concisa farctis uterentur, contriti
» folii pulverem naribus traherent vel integra ori ingesta continuo mande-
» rent, et sacrificuli ad animam in futuris rebus præsagiendis inspirandum
» isto uterentur pharmaco, plantæ autem cultura ubique in hortis et agris
» exerceretur. Herbæ, Americanis ob virtutem sedantem etiam inter diver-
» sarum passionum remedia laudatæ, notitia primum ad Lusitanos, serius
» aliquantum ad Anglos translata, mox per omnem orbem Europam propa-

plus utiles substances alimentaires. Le Tabac, administré sous la forme de décoction, agit, à faible dose, comme émétique et purgatif; à haute dose, il agit comme poison narcotico-âcre. De nombreux accidents ont à peu près fait renoncer à l'emploi de ce dangereux médicament; on n'en fait guère usage que sous la forme de fumigations intestinales pour rappeler les asphyxiés à la vie.

VERBASCÉES. — SCROPHULARINÉES.

Verbascum Thapsus, L., *phlomoides*, L., et *Schraderi*, Mey. (Bouillon-blanc). — Ces belles plantes décorent nos terrains sablonneux de leurs longues panicules d'un jaune pâle; leurs fleurs exhalent une odeur douce et suave, on en prépare une infusion pectorale d'une saveur légèrement aromatique, et qui n'est pas moins agréable que celle du Thé; mais on doit avoir la précaution de passer cette infusion à travers un filtre ou un linge fin: sans cette précaution les poils qui revêtent les diverses parties de la fleur, et principalement les étamines, causent une irritation à la gorge qui détruit l'effet salutaire de l'infusion.

» gata, brevi per universum terrarum orbem cucurrit, ita ut inauditum
» morem hauriendi fumum et sorbendi naribus pulverem, primo ad sedan-
» dos varii generis morbos introductum, mox inter vitæ delicias et quoti-
» diani usus necessitates plerisque habitum, non recens inventum et ex
» alieno orbe translatum, sed humano generi congenitum quis crederet.
» Joannes Nicot Olisiponæ Galliarum regis legatus, cujus nomen ad plan-
» tam translatum est, herbam salutarem, ann. 1560, primus in Gallias attu-
» lit, magnis Panaceæ encomiis celebratam ad Anglos Walterus Raleigh
» ejusque socii morem e Virginia advexerunt, mox ita apud insulanos illos,
» imprimis elegantiores et aulicos divulgatum, ut Jacobus I, doctissimus ille
» Britanniarum rex, jam anno 1619 conquereretur : eo esse deventum, ut
» vix hospitem sine Tabaco dapsile exceptum quis putet; sine Tabaco nec
» medicina ulla sit valida, nec sodalitium suave, tolerabiliorem tamen fore
» morem, si penes mares solos mansisset insania, nunc autem etiam uxori-
» bus incumbere necessitatem depravandi anhelitus, ut olentes maritos
» similitudine fœtoris sustinere valeant. Ad Turcas Tabaci usum a Christianis
» fuisse propagatum satis constat; sitne apud Persas et Sinas mos indigenus
» vel è longinquo advectus et demum ad domesticas apud illas gentes Nico-
» tianæ species translatus, in ambiguo relinquimus, rem altioris indaginis.
» Herbæ cultura per universum fere terrarum orbem, ingenti reipublicæ
» lucro exercetur, mercis juxta climatis et speciei satæ diversitatem varia
» dignatione. »

Les plantes de la famille des Scrophularinées sont en général douées d'une saveur amère, âcre et astringente. L'espèce de cette famille qui joue le rôle le plus important en médecine, le *Digitalis purpurea*, L. (la Digitale), est douée de propriétés très énergiques, et agit, à haute dose, comme poison narcotico-âcre; son emploi, même le mieux dirigé, peut occasionner des accidents cérébraux, de l'agitation, du délire, etc.; mais ces accidents se dissipent sans laisser de traces si l'on suspend l'emploi du médicament. L'extrait de Digitale, et l'alcaloïde qui en constitue la partie active (et que l'on administre à la faible dose de 2 à 5 milligrammes en vingt-quatre heures), sont fréquemment et utilement employés dans le traitement des fièvres intermittentes, mais surtout des affections du cœur (névroses et maladies organiques) : les préparations de Digitale ont la précieuse propriété de ralentir et de régulariser les battements du cœur, et d'en diminuer l'intensité. — A dose plus élevée, la digitale agit à la manière des éméto-cathartiques; l'intolérance de l'estomac pour une dose très élevée peut, jusqu'à un certain point, préserver du danger de l'intoxication.

Les Véroniques sont amères et astringentes; le *Veronica officinalis*, L. (la Véronique), est resté officinal, son infusion est stimulante et sudorifique; on a employé de la même manière les *V. Chamædrys*, L., et *spicata*, L. Les *V. Beccabunga*, L., et *Anagallis*, L., sont doués de propriétés antiscorbutiques; on les emploie en infusion; on administre aussi leur suc exprimé. Les *Scrophularia nodosa*, L., et *aquatica*, L. (la Scrophulaire), sont doués d'une saveur légèrement âcre et amère; ils sont actuellement hors d'usage. — Plusieurs espèces d'*Antirrhinum* et de *Linaria* sont douées de propriétés analogues. L'*Antirrhinum majus*, L. (Gueule-de-lion), était employé à l'extérieur comme vulnéraire, et à l'intérieur comme diurétique. Les *Linaria vulgaris*, Mill., et *Elatine*, Mill., étaient employés dans le traitement de l'hydropisie, de l'ictère, etc. Le *L. Cymbalaria*, Mill., est doué de propriétés stimulantes et diurétiques. — L'*Euphrasia officinalis*, L., est également aujourd'hui sans usage; la plante est douée d'une saveur amère et astringente. — Les graines du *Melampyrum arvense*, L., si commun dans nos moissons, mêlées au blé, donnent à la farine une couleur bleuâtre et des qualités qui passent pour malfaisantes. — Les bestiaux ne broutent point les Pédiculaires ; le *Pedicularis palustris*, L , était employé autrefois comme astringent et diurétique. — Le *Gratiola officinalis* (la Gratiole) est doué d'une âcreté prononcée; on l'employait autrefois comme purgatif drastique.

Les plantes de la famille de Orobanchées renferment des substances résineuses amères, âcres et astringentes; quelques unes contiennent une matière colorante brune. Certaines espèces, et particulièrement l'*Orobanche Epithymum*, DC., étaient employées jadis comme vulnéraires; on leur attribuait aussi des propriétés toniques. On a cessé depuis longtemps d'en faire usage. On attribuait au *Lathræa squamaria*, L., et au *Lathræa Clandestina*, L., comme à la plupart des autres productions naturelles d'un aspect remarquable et singulier, des propriétés merveilleuses.

Les plantes de la famille des Lentibulariées sont également douées de propriétés légèrement âcres et astringentes. — L'*Utricularia vulgaris*, L., était appliqué en topique sur les blessures et les brûlures. — Les feuilles fraîches du *Pinguicula vulgaris*, L., passaient également pour vulnéraires. Les Lapons emploient cette plante, fort abondante dans leurs marais, à faire cailler le lait pour en apprêter une préparation culinaire dont Linné nous laissé la recette (1).

LABIÉES. — VERBÉNACÉES. — GLOBULARIÉES.

Les espèces de la famille si naturelle des Labiées présentent

(1) Linné décrit cette préparation en ces termes : « ... Folia nonnulla » Pinguiculæ cujuscunque demum speciei, recentia et nuper lecta filtro im- » ponuntur, quibus lac nuper emulctum et naturaliter calens affunditur » quod citissime filtratum per unum alternumve diem ad quietem, ut acescat, » reponitur; unde lac istud longe majorem et tenacitatem et consistentiam, » quam alias accidit, adquirit, nec serum præcipitatur, ut alias contingit; » contra vero palato maxime gratum redditur, licet cremor ipse sit parcior. » Tali modo semel hocce lacte præparato, non opus nova pro novo processu » adhibere folia, sed modo cochlear dimidium præcedentis lactis ut miscea- » tur cum recenti, necesse est, si eandem adquirit naturam, et aliud lac » simili modo in suam naturam, fermenti instar, mutare valet, ab indole » sua ne minimum tamen deflectere videtur vis ultima. »

des analogies non moins constantes dans leurs principes chimiques et leurs propriétés médicales, que dans leur aspect général et leurs caractères botaniques. Presque toutes contiennent dans des glandes sous-épidermiques une huile volatile aromatique d'une odeur généralement agréable et douée de propriétés stimulantes ; elles renferment aussi une substance résineuse amère, souvent unie à l'huile aromatique. Un plus petit nombre ne possèdent, comme principe actif, qu'une substance légèrement astringente.

Quelques espèces sont vulgairement cultivées dans les jardins comme plantes aromatiques : telles sont la Sauge (*Salvia officinalis*, L.), le Thym (*Thymus vulgaris*, L.), et la Lavande (*Lavandula vera*, L.). On plante ces espèces en bordures. Le Basilic (*Ocymum Basilicum*, L.), recherché pour son odeur suave, est originaire de l'Inde ; c'est une des plantes le plus communément cultivées sur les fenêtres. La Mélisse (*Melissa officinalis*, L.), la Monarde (*Monarda didyma*, L.), originaire de l'Amérique septentrionale, plusieurs espèces du genre *Mentha*, etc., sont aussi cultivées dans les jardins.

Plusieurs espèces, le Thym, la Sauge, la Sariette (*Satureia hortensis*, L.), sont fréquemment employées comme condiments. — Le *Clinopodium vulgare*, L., est une des plantes qui ont été proposées comme pouvant suppléer au Thé ; les fleurs des *Lamium album*, L., et *maculatum*, L., fournissent également une infusion d'une saveur aromatique.

Les feuilles et les sommités d'un grand nombre de Labiées fournissent des infusions excitantes sudorifiques et légèrement toniques dont on fait un fréquent usage : telles sont la Sauge officinale, la Sauge orvale (*Salvia Sclaræa*, L.), naturalisée çà et là autour des villages ; le Romarin (*Rosmarinus officinalis*, L.), le Thym (*Thymus Serpyllum*, L.), la Menthe poivrée (*Mentha piperita*, L.), et la plupart des autres espèces du genre *Mentha* : les *M. sativa*, L., *rubra*, Smith., *arvensis*, L., *sylvestris*, L., *viridis*, L., *rotundifolia*, L., et *Pulegium*, L. ; et enfin quelques variétés ou hybrides : le *M. crispa*, etc. — On prépare avec la Mélisse officinale une eau distillée légèrement stimulante. La

Mélisse entre dans la composition de l'alcoolat composé, dit Eau-des-carmes.

Parmi les Labiées qui agissent en même temps comme amères et aromatiques, et qui sont employées dans les affections des voies respiratoires, la plus usitée est le Lierre-terrestre (*Glechoma hederacea*, L.). L'Hysope (*Hyssopus officinalis*, L.) est doué des mêmes propriétés excitantes et toniques.

Les Labiées, chez lesquelles les substances amères dominent, et qui étaient très usitées dans la médecine du moyen âge, sont hors d'usage aujourd'hui. Une des plus vantées était la Bugle (*Ajuga reptans*, L.). Nous citerons encore : *Ajuga Iva*, L., et *A. Chamæpitys*, L., *Leonurus Cardiaca*, L., *Sideritis montana*, L., *Molucella lævis*, L., *Marrubium vulgare*, L., et *Scutellaria galericulata*, L. Cette dernière espèce était regardée comme fébrifuge.

Parmi les espèces plus spécialement astringentes, une seule plante, le *Teucrium Chamædris*, est encore employée quelquefois; on a renoncé à l'usage des *T. Scordium*, L., *Polium*, L., et *Marum*, L., du *Brunella vulgaris* et du *Lycopus Europœus*. — La Bétoine (*Betonica officinalis*, L.) passe encore, dans nos campagnes, pour douée de merveilleuses propriétés vulnéraires; on panse avec ses feuilles pilées les plaies et les blessures. La racine de cette plante active est, dit-on, émétique et purgative.

Les Verbénacées ont des qualités amères et astringentes. Cette famille nous présente une seule espèce indigène, la Verveine (*Verbena officinalis*, L.), plante assez insignifiante au point de vue de ses propriétés médicales, mais qui était en grande vénération dans l'antiquité : « ... Verbenæ officinalis ingens apud ve-» teres Romanos fama est, his Jovis mensa verritur, domus pur-» gantur et lustrantur, in his Magi insaniunt, has inter legatos » ad hostes clarigatumque missos Verbenarius gerit, in utraque » sortiuntur Gallorum Druidæ et responsa præcinunt. »

La famille des Globulariées renferme le seul genre *Globularia*. Les feuilles du *G. vulgaris*, L., sont âcres et amères, et douées de propriétés vulnéraires et purgatives. Les propriétés émétiques et purgatives du *G. Alypum*, L., espèce des contrées méridionales, sont plus énergiques. Cette plante était connue des médecins de l'antiquité.

VACCINIÉES. — CAMPANULACÉES. — LOBÉLIACÉES.

Toutes les parties herbacées des *Vaccinium* sont amères et astringentes; on emploie quelquefois les feuilles du *V. Vitis-Idœa*, L., à la place de celles de l'*Arbutus Uva-ursi*. Les baies du *V. Myrtillus*, L., et celles du *V. uliginosum*, L. (Airelle), sont aqueuses et d'une saveur acidule sucrée assez agréable; elles sont souvent, pour les botanistes altérés, l'objet d'une halte dans les endroits boisés des montagnes. On attribue à tort des propriétés malfaisantes aux baies du *V. uliginosum*; leur saveur est du reste préférable à celle des baies du *V. Myrtillus*; on se sert quelquefois des baies de cette dernière espèce pour colorer les vins faibles en couleur. — L'*Oxycoccos palustris*, Pers. (*Vaccinium Oxycoccos*, L.), qui abonde dans les marais tourbeux du nord de l'Europe, fournit un fruit acide doué de propriétés tempérantes.

Les Campanulacées renferment un suc laiteux presque dépourvu de l'âcreté qui est si prononcée dans la famille des Lobéliacées. Les rosettes radicales et les racines charnues pivotantes de quelques espèces (le *Campanula Rapunculus*, L., le *C. rapunculoides*, L., le *Phyteuma spicata*, L.) sont quelquefois mangées en salade sous le nom de Raiponce; leur saveur est analogue à celle des Salsifis. — Le *C. Cervicaria*, L., et le *C. Trachelium*, L. (dont les noms spécifiques viennent des mots *cervix*, cou, et *trachelus*, gorge), ont des propriétés astringentes, et étaient employés autrefois pour guérir les angines et les maux de gorge.

Les Lobéliacées ont des propriétés beaucoup plus actives que les Campanulacées. Leur suc laiteux est âcre et narcotique; il produit la rubéfaction de la peau, et, introduit dans l'estomac, agit à la manière des poisons âcres. Le *Lobelia urens*, L., est une de nos plantes les plus vénéneuses. Plusieurs espèces appartenant à l'Amérique ont été employées comme médicaments purgatifs ou émétiques; mais leur usage n'est pas sans danger.

CUCURBITACÉES. — CAPRIFOLIACÉES.

Les Cucurbitacées renferment deux principes très dissemblables : une matière résineuse âcre et amère, et un mucilage aqueux souvent sucré. Ces deux principes se trouvent isolément chez certaines espèces; chez d'autres ils se trouvent réunis, soit dans les divers organes d'une même plante, soit dans les diverses parties d'un même organe, par exemple chez le fruit du Concombre, dont l'écorce est d'une amertume prononcée, et la chair pulpeuse d'une saveur fade et insipide. Plusieurs espèces : la Citrouille ou Potiron (*Cucurbita Pepo*, L.), le Concombre (*Cucumis sativus*, L.), et surtout le Melon (*C. Melo*, L.), occupent une place importante dans les jardins potagers, et ont produit de nombreuses variétés alimentaires par suite d'une longue culture.

Le fruit de la Coloquinte (*Colocynthis vulgaris*) est d'une amertume excessive; c'est un purgatif drastique des plus énergiques. La racine de la *Bryone* (*Bryonia dioica*, L.) renferme un suc laiteux d'une grande âcreté; appliqué sur la peau, il produit la rubéfaction. La racine sèche est moins active : on l'employait autrefois en poudre comme purgatif drastique; on a renoncé à l'usage de ce dangereux médicament.

La plupart des Caprifoliacées sont des arbrisseaux d'un aspect agréable, qui font l'ornement de nos haies et de la lisière de nos bois, et embellissent les parcs et les jardins. Peu de fleurs sont plus élégantes, et exhalent une odeur plus suave que celles du Chèvrefeuille des bois (*Lonicera Periclymenum*, L.), ou du Chèvrefeuille des jardins (*L. Caprifolium*, L.). Peu d'arbrisseaux constituent de plus agréables massifs, soit en fleur, soit en fruit, que le Sureau commun (*Sambucus nigra*, L.), dont les fruits sont d'un pourpre noir, et le Sureau à grappes (*S. racemosa*, L.), spontané dans nos bois montagneux, dont les fruits sont d'un rouge de corail.

Les plantes de cette famille renferment des principes amers, âcres et astringents, et sont douées de propriétés purgatives, émétiques et diurétiques. — L'infusion des fleurs de Sureau constitue une boisson excitante et sudorifique en usage dans le traitement des maladies de la peau; on emploie également cette infusion à l'extérieur, comme résolutive, en lotions et en fomentations. Le suc de l'écorce et de la racine a été employé comme purgatif. — Les baies du *Lonicera Caprifolium* sont légèrement diurétiques; celles du *L. Xylosteum*, L., sont purgatives. Les baies du *Viburnum Lantana*, L., ont une saveur sucrée légèrement nauséeuse. Les baies du Sureau noir et du Sureau à grappes ont une saveur sucrée acide et nauséeuse; on en prépare des conserves sucrées assez agréables au goût, et douées de propriétés légèrement laxatives. Les baies du *Viburnum Opulus*, L. (Boule-de-neige-sauvage), peuvent être employées au même usage. — L'*Adoxa moschatellina*, L., petite plante herbacée de nos bois, a une odeur légèrement musquée; on lui attribuait des propriétés imaginaires; elle n'est aujourd'hui d'aucun usage.

RUBIACÉES.

Cette famille renferme en grand nombre des végétaux exotiques, dont les produits sont d'une haute importance (le Quinquina, l'Ipécacuanha, le Café). — Nos espèces indigènes sont comparativement d'une valeur usuelle et commerciale très secondaire, si l'on en excepte la Garance. Ces espèces, qui constituent, au milieu des genres nombreux de la famille des Rubiacées, la petite tribu des Stellatées, sont douées de propriétés amères, et astringentes. La racine d'un certain nombre renferme une matière colorante rouge, qui est surtout abondante chez la Garance (*Rubia tinctorum*, L.), plante des contrées méridionales de l'Europe et de l'Asie, cultivée en grand comme plante tinctoriale.

Les *Galium verum*, L., *Mollugo*, L., *Aparine*, L., et *Cruciata*, Scop., étaient employés autrefois comme médicaments astringents; on se servait aussi de l'*Asperula odorata*, L., plante amère et astringente, dans le traitement de l'hydropisie; et de l'*A. Cynanchica*, L. (Herbe-à-l'esquinancie). Ces plantes sont depuis longtemps à peu près tombées dans l'oubli.

Le *Cephelis Ipecacuanha*, L., dont les racines renferment un principe doué de propriétés émétiques, et dont l'usage est si fréquent, habite les forêts du Brésil. — Les *Cinchona*, dont certaines espèces fournissent l'écorce précieuse connue sous le nom de Quinquina, habitent les forêts montagneuses du Pérou. Les qualités amères et toniques de ce médicament, qui est d'une si haute importance pour le traitement des affections périodiques, et particulièrement des fièvres intermittentes, etc., résident dans plusieurs alcaloïdes, dont le plus actif (la quinine) est employé à l'état de sulfate. La plus importante de ces espèces, par la proportion de quinine que renferme son écorce, et aussi celle dont les produits sont le plus répandus dans le commerce, est le *Cinchona Calisaya*, Wedd.

Le Caféier (*Coffea Arabica*, L.) paraît être originaire de l'Arabie, où il est cultivé depuis des temps reculés. Vers la fin du XVIIe siècle, les Portugais le rapportèrent de Moka, et en établirent des plantations dans les Indes. Un pied, provenant de ces plantations, fut envoyé d'Amsterdam à Paris, et de là (en 1720) transporté à la Martinique, où il est devenu la souche des nombreuses plantations de Caféier qui prospèrent maintenant dans le nouveau monde. Il est inutile de rappeler ici les propriétés toniques, digestives et légèrement excitantes du café ; on l'a employé quelquefois avec succès pour combattre les fièvres intermittentes ; mais son action tonique est bien inférieure à celle du Quinquina. Il n'y a guère plus de deux siècles aujourd'hui que l'usage du café s'est répandu en Europe. Endlicher parle du café en ces termes :

« ... Levi igne tosta (les graines), formato ex acidis oleo em-
» pyreumatico, peculiare exhalent aroma, deinde aqua fervida
» infusa potum præbeant tam amœno stimulo in nervos agentem,
» ut a plurimis gentibus inter vitæ necessaria hodie petatur...
» Primum inter delicatorum lautitias, deinde opitulante mercis
» vilitate sensim ad plebem inter quotidianæ vitæ necessaria
» derivatus. »

VALÉRIANÉES. — DIPSACÉES.

La racine de la Valériane (*Valeriana officinalis*) L., est un des médicaments indigènes les plus précieux ; on l'emploie très fréquemment, et avec le plus grand succès, comme antispasmodique, dans les formes si variées de l'affection hystérique (attaques-de-nerfs, vapeurs, etc.), et dans plusieurs autres affections nerveuses. F. Columna (1), qui était épileptique, se livra à l'étude de la botanique dans l'espoir de découvrir, chez les plantes, un remède à la terrible maladie dont il était atteint, et dont il guérit, en effet, par l'emploi de la Valériane.

La Valériane a été employée avec succès pour combattre certaines formes de fièvres intermittentes ; elle est douée aussi de propriétés anthelmintiques dont on fait rarement usage. La racine de Valériane renferme une huile volatile, une résine, un extractif aqueux, de l'amidon, etc. ; on emploie cette racine sous les formes les plus variées : poudre, infusion, extrait, eau distillée, sirop, teinture alcoolique et teinture éthérée. La poudre s'emploie à la dose de 4 à 30 grammes, et au delà. L'odeur de la Valériane bouleverse les fonctions musculaires chez les chats, qui se roulent sur cette plante avec des mouvements désordonnés : « Si grand est, dit Matthiole, l'accord naturel des chats avec cette plante. »

La plupart des plantes vivaces de la famille des Valérianées ont une souche odorante, et sont douées, à un degré quelconque, de propriétés analogues à celles du *Valeriana officinalis*. Les souches du *Valeriana Celtica*, L. (le Nard-celtique), plante des hautes Alpes, étaient autrefois l'objet d'un commerce important ; on chargeait, dit-on, des navires de ce produit, qui était très recherché par les peuples de l'Orient, et regardé comme un des parfums les plus précieux. Nous avions peine à comprendre, en recueillant cette petite plante dans les Alpes, comment elle avait pu suffire pendant si longtemps à une telle consommation.

(1) Italien, contemporain de Gesner, publia en 1592 son livre intitulé *Phytobazanos*, où il s'efforça de déterminer les plantes signalées par Dioscoride ; et en 1616, son *Ecphrasis*, ouvrage dans lequel il insiste sur l'utilité d'étudier les diverses parties de la fleur et du fruit.

Les plantes annuelles de cette famille sont d'une saveur presque insipide. On mange en salade les rosettes de feuilles radicales de plusieurs *Valerianella* ; on cultive spécialement, pour cet usage, les *V. olitoria*, Moench., et *carinata,* Loisel.

Certaines plantes de la famille des Dipsacées renferment un principe légèrement amer et astringent. Les infusions de plusieurs espèces du genre *Scabiosa* : les *S. arvensis*, L. (la Scabieuse), et *S. Columbaria*, L., sont encore en usage pour préparer des infusions légèrement diaphorétiques, recommandées dans le traitement des maladies chroniques de la peau. La racine du *S. Succisa*, L. (Mors-du-diable), maintenant inusitée, renferme un principe astringent.

Le *Dipsacus sylvestris*, L., et le *D. fullonum*, L., qui est peut-être une variété du *D. sylvestris* due à la culture, étaient connus jadis sous le nom de *Beuvoir-de-Vénus* (Labrum veneris), « à rai-» son de ses feuilles disposées en forme de cuvette : et de faict, » icelles aucunement fléchies en arc représentent une beuvoire, » là on trouvera tousiours eaue ou rousée... Aucuns frottent les » verrues du jus ou eau que est trouvée dedans le creux des ailes. » Le *D. fullonum* (Chardon-à-foulons) est cultivé en grand pour l'usage que l'on en fait depuis longtemps dans les manufactures de drap : « ... On a commencé à la nommer Chardon à foullon, » en tant que d'iceluy, comme d'ung instrument hérissonné et » poinctu on ha poly et accoustré les draps rudes et mal tissus. » — ... Les vers que l'on trouve en leurs testes, enclos dans une » petite bourse, pendus au col, ou attachés au bras, sont bons » aux fièvres quartes, selon qu'on dit. »

COMPOSÉES.

La famille des Composées, l'une des plus naturelles du règne végétal, comprend un dixième des plantes phanérogames connues. Ces plantes, qui constituent plus de 800 genres, sont répandues dans toutes les parties du globe ; elles ne sont pas moins abondantes dans le nouveau monde qu'en Europe. Les espèces de cette famille qui habitent les climats tempérés sont herbacées ;

il en est de frutescentes dans les pays chauds ; il en existe même d'arborescentes dans les îles intertropicales.

Les Composées Tubuliflores (Cynarocéphales et Corymbifères) sont généralement douées de propriétés toniques et stimulantes, un plus petit nombre sont astringentes. Ces plantes doivent ces qualités à des substances amères unies à des principes résineux âcres, à une huile volatile, etc.

Les Composées Liguliflores (Chicoracées) contiennent un suc laiteux qui renferme, outre des substances résineuses amères, un principe narcotique ; quelques unes cependant, améliorées par une longue culture, sont d'une saveur légèrement amère, et d'un usage vulgaire comme plantes comestibles.

Parmi les Cynarocéphales, nous mentionnerons : *Carthamus tinctorius*, L., plante de l'Inde depuis longtemps cultivée en Europe. Ses fleurs, connues sous le nom de Carthame, fournissent une belle couleur rouge en usage dans la teinture ; on en préparait un Rouge végétal ou Rouge d'Espagne que l'on trouvait jadis chez les parfumeurs. « ..... Nec minima apud mulieres » gratia est, quæ scite ab Hispanis præparata Carthamina pallen- » tes genas et decolora labia pingentes, perpetuam juventutem » et sanitatem mentiri posse putant. » Cette plante était comptée autrefois au nombre des purgatifs et des diurétiques. — Le *Silybum Marianum*, Gaertn. (Chardon-Marie), et le *Cnicus benedictus*, L. (Chardon-bénit), plantes de la région méditerranéenne, étaient du nombre des plantes médicinales les plus estimées au moyen âge ; le Chardon-Marie se rencontre encore naturalisé çà et là dans le voisinage des lieux où il était cultivé jadis.

Le *Lappa communis*, C. et G. (la Bardane) ; se rencontre dans tous les pays tempérés de l'ancien monde : l'infusion et l'extrait de sa racine sont assez fréquemment usités dans le traitement des maladies chroniques de la peau ; ses graines étaient jadis employées comme purgatives ; ses feuilles sont douées de qualités astringentes. — Le *Serratula tinctoria*, L., fournit une couleur jaune ; et une couleur verte, si on le joint à l'Indigo. — La racine du *Carlina vulgaris*, L., renferme une matière résineuse âcre et amère douée de propriétés purgatives. Les *Carlina acanthifolia*, L., et *C. acaulis*, L., sont remarquable par la beauté de leur large capitule, qui s'étale à la surface du sol, dans les lieux arides des hautes montagnes. Endlicher dit, en parlant du *C. acaulis* : « In pratis montanis, solo imprimis calcareo nascitur, et » brevem sub terra concelans stipitem, capitulum ingens, radian- » tibus involucri squamis scariosis nitidum super viride grami- » nis aulæum pandit, inter reliquas collucatæ solitudinis herbas » tam singularis, ut hanc præ cæteris magicis petitam artibus » mirum non sit. » — L'*Onopordum Acanthium*, L., le *Cirsium arvense*, L., les *Centaurea Jacea*, C. et G., *solstitialis*, L., et *Calcitrapa*, L. (Chausse-trape, Chardon-étoilé), doivent être mentionnés pour mémoire. De ces diverses espèces, le *Centaurea Calcitrapa* est la seule dont l'usage ne soit pas complétement abandonné ; toute la plante est amère, on l'emploie quelquefois comme médicament tonique et fébrifuge. — Nous devons enfin nommer l'Artichaut, *Cynara Scolymus*, L., et le *C. Carduncellus*, L. (le Cardon), en raison de leur rôle assez important dans les cultures potagères.

Parmi les Corymbifères, nous citerons : *Artemisia vulgaris*, L. (l'Armoise), plante aromatique et astringente dont l'infusion est un emménagogue des plus fréquemment usités ; les *A. Absin- thium*, L. (l'Absinthe), *A. Pontica*, L., et *A. Abrotanum*, L. (l'Au- rone, la Citronnelle), sont doués d'une saveur amère et aroma- tique, et de propriétés stimulantes, toniques et anthelmintiques ; plusieurs espèces des hautes Alpes, *A. spicata*, Jacq., et *Mutel- lina*, Vill. (Génipi-noir et G. blanc), servent à préparer des infu- sions aromatiques douées de propriétés excitantes et toniques, et sont regardées, dans les montagnes, comme une panacée uni- verselle. L'*A. Dracunculus*, L. (l'Estragon), est en usage comme condiment, et cultivé dans les jardins potagers. Les capitules de plusieurs espèces d'*Artemisia*, récoltées en Orient, fournissent le médicament vermifuge si usité, qui est connu sous le nom de *Semen-contra*. — Le *Tanacetum vulgare*, L. (la Tanaisie), est doué de propriétés stimulantes et toniques analogues à celles de l'*Artemisia vulgaris* ; on l'emploie quelquefois comme anthelmin- thique. — L'*Achillea Millefolium*, L. (Herbe-aux-charpentiers), renferme un suc astringent ; on employait autrefois les feuilles pilées pour la cicatrisation des blessures. L'*Achillea Ptarmica*, L.

(Herbe-à-éternuer), renferme une substance âcre; cette plante passe pour être nuisible aux bestiaux. Les *A. moschata*, DC., et *atrata*, DC., sont doués de qualités aromatiques. — Des infusions aromatiques très fréquemment usitées comme excitantes et sudorifiques sont préparées avec les capitules fleuris de l'*Anthemis nobilis*, L. (Camomille-romaine), du *Matricaria Chamomilla*, L., et du *Pyrethrum Parthenium*, L. (la Matricaire); on emploie à leur défaut les *Anthemis arvensis*, L., *Cotula*, L., et *tinctoria*, L. — On ne fait plus que rarement usage de l'infusion aromatique du *Santolina Chamæcyparissus*, L., et du *Balsamita suaveolens*, Pers. Le *Spilanthes oleracea*, Jacq. (Cresson-de-Para), plante de l'Amérique tropicale, est regardé comme doué de propriétés antiscorbutiques. — Les capitules de l'*Arnica montana*, L., fournissent une infusion tonique et stimulante dont la renommée est populaire. — Le *Doronicum Pardalianches*, L., paraît doué de propriétés analogues à celles de l'*Arnica*. — L'*Inula Helenium*, L. (*Enula campana* des pharmacies), était renommé pour les propriétés toniques et stimulantes de sa racine. Les propriétés des *Inula Pulicaria*, L., et *dysenterica*, L., sont tombées dans l'oubli. — L'*Eupatorium cannabinum*, L., était du nombre des médicaments émétiques et purgatifs. Plusieurs *Eupatorium* sont employés en Amérique comme diurétiques et sudorifiques. — Le *Tussilago Farfara*, L. (Tussilage, Pas-d'âne), renferme une substance légèrement amère et astringente; l'infusion de ses capitules est tonique et stimulante; on l'emploie fréquemment dans le traitement des bronchites légères. On a abandonné l'usage du *T. Petasites*, L., qui présente à peu près les mêmes propriétés que l'espèce précédente. — L'*Helianthus tuberosus*, L. (le Topinambour), plante originaire du Brésil, est cultivé pour ses tubercules alimentaires, dont la saveur rappelle celle de l'Artichaut. Enfin plusieurs espèces sont cultivées pour leurs graines oléagineuses, telles sont le *Madia sativa*, Molin., et le *Guisotia oleifera*, DC.

Parmi les Chicoracées, nous citerons : *Lactuca virosa*, L., *Scariola*, L., et *sativa*, L., dont le suc, connu sous le nom de *thridace*, est du nombre des médicaments narcotiques les plus usités. Cette substance, qui est loin d'avoir les qualités actives

de l'Opium, entre dans la composition de plusieurs potions calmantes. Le *Cichorium Intybus*, L. (Chicorée-amère), est considéré, dans la médecine populaire, comme plante dépurative. —
L'usage le plus important des Chicoracées est l'usage alimentaire;
il suffit de mentionner les nombreuses variétés de la Laitue
(*Lactuca sativa*, L.), et de la Chicorée (*Cichorium Intybus*, L.).
On mange également comme salade les jeunes feuilles du *Taraxacum Dens-Leonis*, L. (le Pissenlit), des *Tragopogon* et des *Scorzonera*); et les racines pivotantes du *Tragopogon porrifolium*, L.
(le Salsifix), et du *Scorzonera Hispanica*, L. (la Scorzonère).

Un grand nombre de plantes de la famille des Composées font
l'ornement de nos jardins. Nous citerons les jolies variétés du
Bleuet (*Centaurea Cyanus*, L.), du Chrysanthème (*Pyrethrum Si-
nense*, DC.), de la Reine-Marguerite (*Anthemis Sinensis*, L.), et
surtout du *Dahlia* (*Dahlia variabilis*, Desf.), originaire du
Mexique; enfin les OEillets-d'Inde (*Tagetes patula*, L., et *erecta*, L.),
le *Coreopsis tinctoria*, L., plusieurs *Aster*, *Solidago*, *Senecio*, et
Barkhausia, et enfin le Soleil (*Helianthus annuus*, L.', dont les
tiges s'élèvent à la hauteur des plus grands des arbrisseaux, et
dont les larges capitules, d'un jaune doré, sont, pour les jardins
rustiques, un facile et magnifique ornement.

La famille des Ambrosiacées est très voisine de celle des Composées. Cette famille renferme un seul genre indigène. Le *Xanthium strumarium*, L. (Lampourde, Glouteron), qui était compté
jadis au nombre des médicaments antiscrofuleux, est depuis
longtemps hors d'usage.

AMARANTHACÉES. — CHÉNOPODÉES.

Les espèces de la famille des Amaranthacées ne sont point
douées de propriétés actives; aucune espèce n'est malfaisante; un
très petit nombre présentent quelques qualités utiles.

Ces plantes sont dispersées dans toutes les contrées du monde;
nos espèces indigènes sont herbacées; mais de nombreuses espèces
exotiques sont frutescentes; il en est même d'arborescentes.

L'*Amaranthus Blitum*, L., était cultivé jadis dans les jardins potagers, et était employé comme l'Épinard ; on le rencontre encore çà et là subspontané dans le voisinage des lieux habités. — On cultive, dans les parterres, le *Celosia cristata*, L. (Amaranthe, Crête-de-coq, Passe-velours), dont la tige annuelle fasciée est d'une forme très élégante, et recouverte d'un tissu feutré de fleurs et de bractées d'une belle couleur rouge ou jaune ; et le *Gomphrena globosa*, L. (Amaranthe-immortelle), dont les fleurs sont disposées en capitules globuleux. Ces deux plantes sont originaires de l'Inde ; elles renferment un principe astringent.

Les plantes de la famille des Chénopodées sont d'un aspect rustique en harmonie avec les localités rudérales qu'elles habitent ; plusieurs plantes d'Europe, appartenant à cette famille, se sont naturalisées dans le voisinage des habitations de la plupart des contrées civilisées. Les plantes de cette famille présentent peu d'uniformité dans la nature de leurs propriétés. Le *Spinacia oleracea*, L. (Épinard), dont les feuilles renferment quelques sels unis à une substance mucilagineuse abondante, est une des plus vulgaires de nos plantes potagères. Les feuilles de l'*Atriplex hortensis*, L. (Arroche, Chou-d'amour), et les feuilles du *Beta Cicla*, L. (Poirée), sont douées des mêmes qualités, et appartiennent à la même culture ; la nervure moyenne charnue d'une variété du *Beta Cicla* (Bette-Carde) est mangée comme les pétioles du Cardon. Mais la variété la plus importante du *Beta Cicla* est la Bette-Rave, dont la volumineuse racine pivotante, devenue charnue par la culture, renferme un suc chargé d'une grande quantité de sucre. Ce sucre, de même nature que le sucre de Canne, rivalise, dans les fabriques de l'Europe, avec le précieux produit exotique du *Saccharum officinale*. Ces mêmes racines sont alimentaires.

Le *Chenopodium Botrys*, L., spontané dans l'Europe méridionale, et le *C. ambrosioides*, L. (Thé-du-Mexique), exhalent une forte odeur aromatique analogue à celle du camphre, et sont d'une saveur chaude et amère. Ces plantes peuvent être employées pour éloigner les insectes des étoffes de laine. On peut en préparer des infusions excitantes et sudorifiques ; une espèce américaine de la même section, le *C. anthelminticum*, L., est employée avec succès comme vermifuge. Le *C. Vulvaria*, L., plante triviale qui exhale une odeur infecte, a été proposé comme antispasmodique : des médicaments d'une odeur agréable, l'éther ou le musc, par exemple, l'ont avantageusement remplacé.

On extrait de la soude d'un grand nombre de Chénopodées maritimes que l'on réduit en cendres; les *Salsola* surtout sont employés à cet usage.

Plusieurs plantes alimentaires exotiques appartenant à cette famille sont susceptibles d'être naturalisées en Europe. Tels sont : le *Boussingaultia baselloides*, H. et B., originaire de la province de Quito, dont les tubercules assez volumineux sont comestibles ; le *Basella tuberosa*, H. et B., spontané dans la Nouvelle-Grenade, également estimé pour ses tubercules ; et le *B. rubra*, L., originaire de l'Asie tropicale, dont les feuilles se mangent à la manière des épinards; ses baies renferment une matière colorante rouge dont on fait usage pour la teinture.

POLYGONÉES.

Les plantes de la famille des Polygonées renferment généralement, dans leurs feuilles et leurs tiges, les acides oxalique, citrique et malique; elles contiennent, dans leurs racines, des substances astringentes unies, chez certaines espèces, à une matière résineuse amère; enfin leurs graines renferment une fécule alimentaire.

Le *Polygonum Fagopyrum*, L., renferme deux espèces, le *Fagopyrum esculentum*, Moench., et le *F. Tataricum*, Gaërtn. Ces plantes, originaires de l'Asie, et naturalisées en Europe vers le xv° siècle, sont depuis cette époque l'objet d'une culture importante, sous le nom de Sarrasin ou Blé-noir; leur graine farineuse remplace, jusqu'à un certain point, le blé dans les pays pauvres, où la terre se refuse à une plus riche culture ; le Sarrasin présente d'ailleurs l'avantage de croître et de mûrir rapidement. Dans certains terrains, la récolte de Sarrasin enfouie dans le sol par un labour, avant la maturité du fruit, constitue un utile amendement. Dans les contrées où les céréales abondent, on emploie le Sarrasin à la nourriture de la volaille.

Le *Polygonum tinctorium*, Lour., originaire de la Chine, renferme une matière colorante bleue analogue à celle de l'Indigo ; sa culture est essayée par quelques agriculteurs. — Parmi nos *Polygonum* indigènes, une seule espèce, le *P. Bistorta*, L. (la Bistorte), a conservé son ancienne réputation, et est encore en usage ; sa souche charnue et contournée sur elle-même est d'une couleur rougeâtre qui annonce ses propriétés astringentes ; elle renferme, en effet, une assez grande quantité de tannin. Les feuilles pilées du *Polygonum Hydropiper*, L., peuvent être employées comme substance rubéfiante. Les *P. Persicaria*, L., et *aviculare*, L., sont légèrement astringents, et étaient comptés au nombre des espèces vulnéraires. Le *P. amphibium*, L., était employé comme diurétique. Enfin je mentionnerai le *P. orientale*, L. (Grande-Persicaire), belle plante annuelle dont la tige noueuse et élancée, les larges feuilles, et les épis roses pendants, font l'ornement des jardins rustiques.

Le genre *Rumex* ne présente pas moins d'intérêt que le genre *Polygonum*. Nous devons, en première ligne, mentionner l'Oseille (*Rumex Acetosa*, L.), l'une des plus vulgaires de nos plantes potagères, que son agréable acidité a fait ranger au nombre des aliments tempérants et rafraîchissants, et des médicaments antiseptiques et antiscorbutiques. Les *Rumex scutatus*, L., et *Acetosella*, L., sont doués de propriétés analogues. — Les *Rumex Patientia*, L. (la Patience), *crispus*, L., *sanguineus*, L., *obtusifolius*, L., etc., étaient comptés au nombre des remèdes dépuratifs et antidartreux ; leur peu d'efficacité leur avait valu le nom de *Patience*, qui faisait allusion à la vertu dont ceux qui se servaient de ces remèdes devaient être pourvus. Leur racine est légèrement tonique et purgative. Le *R. alpinus*, L. (Rhubarbe-des-moines), est doué des mêmes propriétés, et passe pour plus actif ; enfin le *R. Hydrolapathum*, L., qui est le fameux *Herba Britannica* de Munting, a été regardé comme une panacée universelle.

Les espèces du genre *Rheum* (Rhubarbe) sont originaires de la Tartarie, de la Chine, de l'Inde, etc. Les espèces de ce genre diffèrent plutôt par la forme des feuilles que par la forme des fleurs. La racine de plusieurs espèces renferme une substance résineuse amère, du tannin, une matière colorante jaune, de l'acide oxalique, du sucre et de la fécule ; ces substances se trouvent en diverses proportions chez les différentes espèces. La racine anciennement connue sous le nom de *Rha-Barbarum* paraît appartenir aux *R. palmatum*, L., *undulatum*, L., et *compactum*, L. La poudre de cette racine est un des médicaments les plus usités ; elle est employée comme tonique et stimulante des organes digestifs, et à plus forte dose comme purgative. La racine de ces mêmes espèces cultivées en France est d'une qualité très inférieure à celle de la racine spontanée qui est apportée de l'Asie par le commerce. La racine anciennement connue sous le nom de *Rha-Ponticum* est celle du *R. Rhaponticum*, L.; elle est douée de propriétés toniques et astringentes. Le *R. Ribes*, L., remarquable par l'ampleur de ses feuilles, est spontané en Perse et en Syrie; il habite le mont Carmel et le mont Liban ; ses pétioles et sa tige renferment un suc acide et astringent ; on ne fait point usage de sa racine. — Le *R. hybridum*, Murr., est l'objet, en Angleterre, d'une importante culture comme plante potagère ; il paraît dû au résultat de l'hybridation du *R. undulatum* et du *R. palmatum*. Soumis à une culture convenable, ses pétioles deviennent épais et charnus, et sont alimentaires. La culture de cette plante ne tardera pas sans doute à être introduite en France.

URTICÉES.

L'ancienne famille des Urticées a été divisée en plusieurs familles parfaitement caractérisées : les Morées, les Cannabinées, les Ulmacées, les Urticées, etc.

Morées. — La séve des arbres de cette famille, aqueuse dans le genre *Morus* (Mûrier), est laiteuse dans le genre *Ficus* (Figuier). — Le *Morus nigra*, L. (Mûrier noir), est cultivé en Europe depuis les temps les plus reculés; ses fruits, d'une saveur acidule sucrée assez agréable, sont tempérants et rafraîchissants; le fruit demi-mûr sert à la préparation d'un sirop astringent assez usité. L'écorce de la racine, qui est âcre et amère, est un des remèdes proposés contre le Ver solitaire. Le *M. alba*, L. (Mûrier blanc), est cultivé principalement pour ses feuilles, qui servent à la nourriture des vers-à-soie; son fruit est d'une saveur fade et sucrée;

ses feuilles sont astringentes, et passent pour vulnéraires. — Le *Broussonetia papyrifera* (Vent.), arbre des îles de l'Océanie, est cultivé dans la Chine et le Japon, où son liber sert à préparer un papier en usage chez toutes les nations lettrées de l'Asie; il est fréquemment planté dans nos parcs comme arbre d'agrément; son fruit est d'une saveur douce et fade.

Le *Ficus Carica*, L. (le Figuier), originaire de l'Asie Mineure, est cultivé dans toute la région méditerranéenne; sa culture s'avance même dans le Nord. Ses fruits, dont il existe de nombreuses variétés, sont des plus délicieux; secs, ils fournissent aussi un aliment agréable, et sont comptés parmi les médicaments émollients. Le genre *Ficus* renferme un nombre considérable d'espèces : les unes constituent des lianes d'une longueur démesurée, qui enlacent dans leurs réseaux les plus grands arbres des forêts vierges de l'Amérique; d'autres, qui habitent les Indes, sont des arbres de dimensions colossales : quelques uns émettent des racines adventives qui descendent des plus hautes branches, s'enfoncent dans le sol, et constituent des sortes de colonnes qui servent d'étais à ces végétaux gigantesques. Les *F. religiosa*, L., *pumila*, L., et *Benghalensis*, L., etc., en Asie; l'espèce dite Sycomore (*Ficus-Morus*), en Égypte, etc.; fournissent d'épais ombrages et des fruits dont on fait une grande consommation. La Gomme-élastique ou Caoutchouc est le suc épaissi qui s'écoule du tronc de plusieurs espèces de Figuiers par les incisions que l'on pratique à leur écorce; les espèces qui fournissent le plus abondamment cet utile produit sont les *F. elastica*, L., *Indica*, L., et *toxicaria*, L. Le suc de la plupart est âcre et purgatif; chez quelques espèces il est corrosif, et par conséquent très vénéneux. Quelques uns des insectes hémiptères, qui constituent la substance colorante connue sous le nom de Cochenille, vivent sur diverses espèces du genre *Ficus*. — La famille des Artocarpées, voisine de celle des Morées, renferme des végétaux à suc laiteux souvent caustique. L'*Antiaris Toxicaria*, Leschen., est l'un des végétaux les plus vénéneux qui soient connus.

Cannabinées.—Cette famille ne renferme que deux espèces, dont chacune constitue un genre : le *Cannabis sativa*, L. (le Chanvre), et l'*Humulus Lupulus* (le Houblon). Le Chanvre est originaire de l'Asie ; il est cultivé de temps immémorial dans l'ancien monde pour l'usage si important que l'on fait des fibres de son écorce, qui nous fournit le fil dont on fabrique la toile, et par suite le papier. Le fruit du Chanvre (Chènevis) renferme une huile siccative d'une saveur désagréable, mais douée de propriétés sédatives. C'est avec les feuilles du Chanvre que les Orientaux préparent la substance analogue à l'opium connue sous le nom de Haschich. —Le Houblon paraît spontané en Asie et dans l'Europe orientale ; les bractées imbriquées de ses cônes fructifères sécrètent une substance résineuse pulvérulente qui s'en détache aisément ; cette substance se compose d'une huile volatile âcre, d'une résine sub-aromatique, de cire, d'une matière astringente, et d'une substance extractive amère (Lupuline) ; c'est cette substance qui communique à la bière ses propriétés stimulantes et légèrement narcotiques. Cette substance, administrée comme médicament, stimule les fonctions digestives, et agit comme diurétique. Les turions du Houblon peuvent être mangés comme les Asperges ; la racine possède à un certain degré des propriétés stimulantes analogues à celles de la Salsepareille.

Endlicher parle en ces termes des produits du Chanvre et du Houblon : « ... Substantia amara in Humuli floribus sub farinæ » resinosæ specie secreta, Cerevisiæ qualitatem largitur subnar- » coticam, quæ etiam circumspectæ naturæ populis, sub frigi- » diore et vinum denegante cœlo habitantibus, acceptissimum » reddit subdolæ indolis potum, dum hominum genus fervidum, » immoderatis deliciis sub æstuante Asiæ sidere fractum et va- » lidioris stimuli indignum, opiati specie e Cannabis succo » vehementius narcotico parata, emollitum exhilarat animum, » impotentibus desideriis tristem, stultam lætitiam provocat et » jucundissima somniorum conciliat phantasmata. »

Ulmacées. — Cette famille ne renferme, comme la précédente, que deux genres : le genre *Ulmus* (Orme) et le genre *Planera*. — Les *Ulmus campestris*, L., et *effusa*, Willd., sont répandus dans toute l'Europe ; l'écorce de ces arbres renferme un principe astringent.

Celtidées. — Le *Celtis australis*, L. (Micocoulier), est indigène dans l'Europe australe ; l'écorce et les jeunes rameaux fournissent une décoction astringente dont on a fait usage dans le traitement de la dyssenterie ; les fruits sont comestibles, leur saveur est légèrement styptique, les amandes renferment une huile analogue à l'huile d'amandes douces. Les *C. occidentalis*, L., spontané dans l'Amérique boréale, et *C. orientalis*, L., originaire des montagnes de l'Asie, sont doués de propriétés analogues.

Urticées. —Cette famille, ainsi circonscrite, ne présente pas de produits bien remarquables. L'épiderme de plusieurs espèces est chargé de glandes piliformes qui contiennent une matière âcre particulière (bicarbonate d'ammoniaque), dont la piqûre cause à la peau un sentiment de brûlure accompagné du développement de papules ; nos *Urtica urens*, L., *dioica*, L., *pilulifera*, L., etc., produisent cette action, mais à un degré bien moindre que certaines espèces de l'Inde (*U. crenulata*, Rox., et *U. urentissima*, Blum.), qui provoquent une très vive douleur, et un gonflement qui dure plusieurs jours. L'urtication, c'est-à-dire l'excitation de la peau au moyen de la piqûre des Orties, a été employée en médecine comme révulsif. Les jeunes feuilles d'Ortie peuvent être mangées à la manière des Épinards. —Le *Parietaria officinalis*, L. (la Pariétaire), dont le suc est aqueux et renferme du nitrate de potasse, était autrefois employé comme médicament diurétique.

DAPHNOÏDÉES. — ARISTOLOCHIÉES. — EUPHORBIACÉES.

Daphnoïdées. — Les espèces du genre *Daphne* renferment des substances résineuses, une matière colorante, et un alcaloïde (Daphnine) auquel ces végétaux doivent leurs qualités âcres ; l'écorce de la plupart, appliquée à l'extérieur, fraîche ou macérée dans l'eau, produit la rubéfaction, la vésication, et enfin une ulcération superficielle de la peau. A l'intérieur, cette substance, à faible dose, est émétique et purgative ; à haute dose, elle agit à la manière des poisons irritants. L'espèce la plus usitée est le *D. Gnidium*, L. (Garou, Sain-bois) ; son écorce est appliquée directement pour activer l'action des exutoires ; on en prépare une

28.

pommade épispastique, un extrait éthérique, etc. Les *D. Meze-reum*, L. (Bois-gentil), *D. Laureola*, L. (Lauréole), *D. Cneorum*, L., *alpina*, L., et *Tartonraira*, L., sont doués à divers degrés des mêmes propriétés.

Sanguisorbées. — Le *Sanguisorba officinalis*, L., et le *Poterium Sanguisorba*, L. (la Pimprenelle), sont doués de propriétés astringentes. La médecine a cessé d'en faire usage. Les feuilles de la Pimprenelle sont d'une saveur aromatique assez agréable; on plante cette espèce en bordures dans les jardins potagers. — L'*Alchemilla vulgaris*, L. (Alchemille), est amer et astringent; il était jadis au nombre des médicaments toniques et stimulants. — L'*Aphanes arvensis*, L., est amer et un peu âcre; il passait pour légèrement diurétique.

Les Santalacées indigènes (genre *Thesium*) ne sont douées d'aucune propriété notable. Plusieurs espèces exotiques du genre *Santalum* fournissent un bois aromatique très recherché en Orient, et auquel les médecins arabes attribuaient d'importantes propriétés. — Nous n'avons point à nous arrêter aux genres *Hippuris*, *Callitriche*, et *Ceratophyllum*, appartenant à des familles peu éloignées des précédentes.

Aristolochiées. — L'*Asarum Europœum*, L., était un médicament important avant la découverte de l'émétique et de l'ipécacuanha. On employait comme vomitif, soit la poudre des feuilles, à la dose de **1** à **2** décigrammes, soit l'infusion préparée avec 4 grammes de feuilles pour 250 grammes (une demi-livre) d'eau. Ces préparations agissaient en même temps comme émétiques et comme purgatives. Aujourd'hui l'*Asarum* n'est plus employé que sous la forme de poudre sternutatoire, pour rappeler le flux nasal. — L'*Aristolochia Clematitis*, L., n'a point d'usage en médecine; on a longtemps employé la racine des *A. rotunda*, L., et *longa*, L., espèces méridionales, comme médicament stimulant. Le suc de plusieurs Aristoloches passe, en Amérique, pour guérir de la morsure des serpents venimeux.

Euphorbiacées. — Les plantes de cette famille renferment un

suc laiteux qui doit principalement ses qualités âcres à un principe volatil. Selon que ce principe volatil âcre y existe en faible proportion ou dans une proportion plus considérable, ces plantes sont douées de propriétés plus ou moins émétiques et purgatives, ou agissent comme poisons âcres et corrosifs. — La plupart de nos Euphorbes indigènes sont douées de propriétés émétiques et purgatives, l'*Euphorbia Lathyris*, L. (Epurge), a pendant longtemps figuré à ce titre parmi les plantes officinales; les *E. Esula*, L., *Gerardiana*, L., *Cyparissias*, L., *Helioscopia*, L., *sylvatica*, L., *spinosa*, L., *dendroides*, L., etc., sont douées de propriétés analogues. La poudre de la racine de ces plantes peut être administrée à la dose de 50 centigrammes à 1 gramme (10 à 20 grains). On a renoncé à son usage. Les graines du *Ricinus Palma-Christi*, L. (le Ricin), fournissent une huile employée vulgairement comme purgatif à la dose de 30 grammes (une once). Le Ricin, originaire de l'Inde, est depuis longtemps naturalisé dans l'Europe méridionale. On emploie seulement l'huile contenue dans le périsperme; celle qui est contenue dans l'embryon est d'une excessive âcreté. — Les *Mercurialis annua*, L., *perennis*, L., et *tomentosa*, L., sont doués de propriétés purgatives moins énergiques. Le *M. annua* est encore employé en décoction sous la forme de lavement; on prépare un miel de Mercuriale qui est rangé au nombre des médicaments laxatifs. — Parmi les espèces exotiques, nous citerons le *Croton Tiglium*, L., dont l'huile est un des purgatifs les plus violents; l'écorce de Cascarille, qui est amère et aromatique; le *Jatropha Manihot*, L., plante de l'Amérique méridionale, dont les tubercules farineux sont alimentaires après avoir été privés par la coction et la dessiccation d'un principe volatil âcre et vénéneux. Enfin le suc condensé de plusieurs espèces constitue un Caoutchouc analogue à celui qui est produit par le *Ficus elastica*. — On a renoncé à l'usage de la gomme-résine âcre extraite de l'*Euphorbia officinarum*, L., et qui est douée de propriétés purgatives énergiques.

AMENTACÉES.

L'ancienne famille des Amentacées constitue actuellement plusieurs familles distinctes :

Juglandées. — Le *Juglans regia*, L. (*Jovis-glans*, le Noyer), est originaire de l'Asie Mineure; sa culture en Perse, en Grèce et en Italie date de la plus haute antiquité. Les Noix sont au nombre des fruits comestibles les plus vulgaires; on extrait de leur amande une huile grasse d'une saveur assez agréable, et qui supplée, quand elle est fraîche, à l'huile d'olive. Les feuilles du Noyer et le brou de noix (épicarpe) sont d'une saveur amère et astringente, et exhalent une odeur aromatique.—Les *J. nigra*, L., et *cinerea*, L., originaires de l'Amérique boréale, sont fréquemment plantés dans les parcs; l'écorce de ces espèces est âcre et douée de propriétés purgatives.

Cupulifères. — Les arbres de cette famille renferment dans leurs parties herbacées, mais surtout dans leur écorce, les acides gallique et tannique, et sont, par conséquent, doués de propriétés astringentes; ils renferment, en outre, une substance extractive amère (quercine), et quelquefois une matière colorante. L'écorce de nos Chênes indigènes (*Quercus Robur*, Willd., *pedunculata*, Willd., *Cerris*, Willd.) constitue un médicament astringent usité. On fait une grande consommation de ces écorces réduites en poudre pour la préparation des cuirs. — Le liége est une sorte d'hypertrophie épidermique du *Q. Suber*, L., arbre de la région méditerranéenne. — Quelques espèces méridionales, les *Q. Ilex*, L., *Ægilops*, L., *Æsculus*, L., produisent des glands presque dépourvus d'âcreté et comestibles. Ces glands, et même ceux de nos chênes communs, étant torréfiés et infusés dans l'eau bouillante, fournissent une boisson tonique d'une saveur assez agréable, analogue au café, dont elle n'a pas les qualités excitantes. — Le *Q. coccifera*, L., nourrit une Cochenille dont on extrait la couleur connue sous le nom de Carmin. — Plusieurs espèces fournissent des substances colorantes jaunes; on emploie pour la teinture les cupules du *Q. Ægilops*, L., mais surtout le bois du *Q. tinctoria*, arbre de l'Amérique. — Les excroissances globuleuses charnues connues sous le mom de Noix-de-galle, et qui sont le résultat de la présence d'une larve de Cynips, contiennent en abondance de l'acide gallique, et sont employées à la fabrication de l'encre.

Le Coudrier (*Coryllus Avellana*, L.) est également commun dans l'Europe et dans l'Asie boréale. Ses fruits (Noisettes) sont comestibles, et fournissent une huile grasse d'une saveur agréable, peu usitée. L'écorce du Coudrier est astringente.

Le Hêtre (*Fagus sylvatica*, L.) forme de vastes forêts dans le centre et le nord de l'Europe; les amandes de son fruit renferment une huile grasse (huile de Faînes). Cette huile, dont on se sert dans le Nord, cause quelquefois des vertiges; le péricarpe des fruits renferme une substance narcotique.

Le Châtaignier (*Castanea vulgaris*, L.) contribue dans une proportion assez importante à l'alimentation des habitants des pays où il croît en abondance. Son bois, estimé pour les charpentes, a peu de valeur comme bois à brûler; on le cultive en taillis pour en faire des échalas.

Salicinées. — L'écorce des Saules renferme, avec de l'acide tannique, un principe extractif amer connu sous le nom de Salicine, et qui est doué de propriétés fébrifuges qui seraient précieuses si l'on ne possédait pas le Quinquina. Les Saules, chez lesquels la Salicine paraît être dans la proportion la plus abondante, sont les *Salix purpurea*, L., et *pentandra*, L. — Les *S. alba*, L., *fragilis*, L., *Vitellina*, L., etc., contiennent aussi de la Salicine. On extrait cette substance de l'écorce des rameaux de deux ou trois ans que l'on récolte avant le développement des feuilles.

L'écorce de certains Peupliers est également douée d'amertume; on a extrait de la Salicine des *Populus Tremula*, L. (le Tremble), et *alba*, L. (Blanc-de-Hollande). — Les écailles qui enveloppent les bourgeons des Peupliers au premier printemps sont recouvertes d'une substance visqueuse balsamique d'une saveur amère et aromatique. Ce suc résineux entre dans la préparation de l'onguent *populeum*.

Les jeunes branches des Saules servent à faire la plupart des ouvrages de vannerie, etc. Les Peupliers sont plantés en avenue; la rapidité de leur croissance rend leur culture productive.

Bétulinées. — Le Bouleau (*Betula alba*, L.) constitue de vastes forêts dans le Nord. Son écorce est amère et astringente.

Myricées. — Le *Myrica Gale*, L., ainsi que la plupart des espèces du même genre, et qui sont abondantes dans l'Amérique boréale, renferment dans leur écorce les acides benzoïque et tannique unis à une substance résineuse. Ces végétaux sont doués de propriétés astringentes et toniques.

Platanées. — L'écorce du Platane (*Platanus orientalis*, L.) est astringente ; on la considérait autrefois comme douée de propriétés vulnéraires, et utile pour guérir la morsure des animaux venimeux.

CONIFÈRES.

Cette ancienne famille constitue actuellement une classe divisée en plusieurs familles.

Abiétinées. — Les arbres de cette famille : Pins, Sapins, Mélèzes, etc., forment, principalement dans le Nord, de vastes forêts ; ils se plaisent aussi dans les pays montagneux. Ils sont d'une extrême importance comme bois de construction et de chauffage. Le suc résineux qu'ils renferment en abondance contient une huile volatile très odorante, une résine et de l'acide succinique. Ce suc obtenu par des incisions pratiquées à l'écorce des arbres vivants, et principalement du *Pinus sylvestris*, L., est connu sous le nom de Térébenthine : cette substance, d'une saveur chaude et aromatique, est douée de propriétés fortement stimulantes. — La Térébenthine, distillée avec de l'eau, fournit l'huile de Térébenthine, matière médicamenteuse active, qui a de nombreux emplois dans les arts ; le résidu constitue la Colophane, substance qui entre dans la composition de plusieurs emplâtres excitants, dits maturatifs. La distillation à sec de la Térébenthine produit la Poix liquide ; cette substance, épaissie par évaporation, constitue la Poix, dite de Bourgogne. Les diverses espèces du genre *Pinus*, l'*Abies vulgaris*, C. et G. (*Pinus Abies*, L., *Abies excelsa*, D. C., l'Épicéa), le *Picea vulgaris*, C. et G. (*Pinus Picea*, L., *Abies pectinata*, D. C., le Sapin), le *Larix Europæa*, D. C. (le Mélèze), et le *Picea Cedrus*, C. et G. (le Cèdre), originaires de l'Asie Mineure, fournissent différentes sortes de résine. — L'écorce du *Pinus maritima*, L., et du *P. Cembro*, L., renferme une assez grande proportion de tannin. — Les graines du *P. Cembro* et du *Pinus Pinea*, L. (Pin d'Italie, Pin-Pignon) sont comestibles.

Cupressinées. — Les Cupressinées renferment, comme les Abiétinées, des substances résineuses unies à une huile aromatique. L'huile que l'on obtient par distillation des parties herbacées et des fruits du Genévrier, de la Sabine, des Thuyas et des Cyprès, diffère peu, par ses propriétés, de l'huile de Térébenthine; néanmoins cette huile contient moins d'huile volatile et ne renferme point d'acide succinique : une certaine quantité de tannin se trouve en outre unie aux substances résineuses.

Le *Juniperus Sabina*, L. (la Sabine), est fréquent dans les montagnes de l'Europe méridionale; il est cultivé çà et là dans les jardins; ses feuilles sont d'une saveur âcre, amère et résineuse; on en fait un usage vulgaire, comme stimulant et emménagogue. — Les fruits du *J. communis*, L. (le Genévrier), dont l'infusion est aromatique et excitante, servent à préparer diverses boissons fermentées, et particulièrement une eau-de-vie en usage chez les peuples du Nord. — Le *J. Virginiana*, L., originaire de l'Amérique du Nord, et planté çà et là dans les parcs, présente les mêmes propriétés que le *J. Sabina*.

Taxinées. — *Taxus baccata*, L. (l'If). Le suc résineux de l'If renferme des substances astringentes et amères. La cupule charnue mucilagineuse du fruit est d'une saveur douce et légèrement résineuse; elle ne paraît pas douée de qualités malfaisantes; mais la semence est amère, et passe pour renfermer une substance vénéneuse narcotico-âcre. Cet arbre, spontané dans le nord de l'Europe, est cultivé dans les parcs; la disposition touffue de ses rameaux permet de lui donner artificiellement les formes géométriques les moins en harmonie avec la grâce naturelle des plantes.

Gnétacées. — Les *Ephedra* croissent sur les bords de la Méditerranée et les côtes occidentales de l'Europe; on les rencontre aussi dans les déserts de l'Asie moyenne. L'*E. dystachia*, L., est doué de propriétés astringentes. Il était jadis officinal. Ses fruits mucilagineux et acidules-sucrés sont comestibles comme ceux de l'If; ils irritent légèrement la gorge.

COLCHICACÉES. — LILIACÉES.

Nous avons peu de chose à dire des propriétés des plantes de la famille des Alismacées et de celle des Butomées. — Plusieurs de ces plantes renferment un suc doué d'une certaine âcreté; les rhizomes de quelques unes contiennent de la fécule. — Toutes les parties du *Butomus umbellatus*, L., sont amères et âcres; le rhizome et les graines sont doués de propriétés purgatives.

Colchicacées. — Les plantes de cette famille sont, avec raison, considérées comme très vénéneuses. Les souches, bulbes, feuilles, fleurs et fruits renferment divers alcaloïdes d'une grande âcreté (Colchicine, Vératrine, etc.). — Le bulbe du *Colchicum autumnale*, L. (Colchique, Tue-chien), bien que très vénéneux, constitue une substance médicamenteuse à laquelle on attribue de précieuses propriétés. L'intensité de ses qualités varie selon l'époque de la végétation à laquelle il est arraché. Chaque bulbe parcourt toutes les périodes de son existence en un an; à mesure qu'il se flétrit, un autre bulbe latéral se développe et grossit. Si l'on emploie toute la masse simultanément, on ne peut distinguer l'action qui appartient au jeune bulbe de celle qui appartient au bulbe plus ou moins épuisé; des expériences précises faites sur ce bulbe, isolé du bulbe ancien et recueilli pendant les diverses périodes de sa végétation, compléteraient les notions que l'on possède sur l'action physiologique et les propriétés thérapeutiques du Colchique. A faible dose, le Colchique agit comme émétique et purgatif; il est doué, en outre, d'une puissante action diurétique analogue à celle du *Scilla maritima*. A haute dose, il agit à la manière des poisons âcres; aux nausées, à un sentiment de strangulation succèdent des défaillances, des mouvements convulsifs, la roideur tétanique, et la mort. En raison de son action purgative et diurétique, le Colchique a été administré, et avec succès, dans le traitement de certaines hydropisies; plus récemment il a été préconisé en Angleterre contre les affections rhumatismales et goutteuses. Ce médicament peut, en effet, sinon guérir de la goutte, du moins atténuer la violence des accès; mais il est incontestable que les mêmes effets peuvent être obtenus au moyen de substances d'une administration moins dangereuse : des préparations de Scille maritime, par exemple, et de divers médicaments purgatifs. Le Colchique peut être administré en infusion (2-4 grammes pour un litre d'eau); le vin et la teinture alcoolique de Colchique sont employés à la dose de 15-30 gouttes dans une potion. — Le *Veratrum album*, L. (Helléborine), plante commune dans les prairies des montagnes, est doué de propriétés analogues à celles du Colchique; le *V. nigrum*, L., plante des montagnes de la région méridionale de l'Europe, paraît avoir des propriétés moins actives.

Liliacées. — Les souches bulbeuses des Liliacées renferment, unis à une substance mucilagineuse abondante, des matières résineuses amères, un principe extractif âcre, et une huile volatile âcre. Quelques uns de ces bulbes, chez lesquels les principes âcres et amers n'existent que dans une faible proportion, sont alimentaires, surtout après avoir été dépouillés par la coction de la plus grande partie du principe volatil. D'autres, chez lesquels les principes actifs dominent, sont doués de propriétés diurétiques, ou émétiques et purgatives; quelques uns peuvent être considérés comme très vénéneux.

Parmi les Liliacées officinales, le *Scilla maritima*, L. (Scille officinale), remarquable par son énorme bulbe, et qui habite les sables maritimes de la région méditerranéenne, est une des espèces les plus fréquemment employées pour ses propriétés médicales; la poudre de Scille, et l'oxymel scillitique, sont très usités comme diurétiques et comme stimulants des membranes muqueuses. — Les espèces du genre Aloès sont originaires du cap de Bonne-Espérance; l'*Aloe vulgaris*, L., a été naturalisé dans la région méditerranéenne; le suc concrété de cette plante est un médicament purgatif d'un usage vulgaire. — Les capsules charnues des *Yucca*, belles plantes de l'Amérique transportées dans nos jardins, sont douées de propriétés purgatives.

Parmi nos Liliacées indigènes nous citerons : le Lys blanc (*Lilium album*, L.), dont les bulbes cuits sont quelquefois employés à l'extérieur comme maturatifs. Les bulbes des *Tulipa*, *Hyacinthus*, *Muscari*, *Scilla*, *Ornithogalum*, et *Gagea*, sont d'une saveur âcre et amère ; ils étaient jadis comptés au nombre des médicaments diurétiques et purgatifs. Les bulbes du *Fritillaria imperialis*, L., sont remarquables par leur odeur vireuse. — Les racines charnues des *Asphodelus* et des *Anthericum* contiennent de la fécule et du mucilage ; elles perdent par la dessiccation une partie de leur âcreté ; on les employait jadis comme emménagogues et diurétiques ; plusieurs de ces racines étaient, en outre, regardées comme propres à guérir de la morsure des animaux venimeux. — Toutes les espèces alimentaires de cette famille appartiennent au seul genre *Allium* ; la plupart sont cultivés dès la plus haute antiquité. Nous citerons : *Allium sativum*, L. (l'Ail), qui est spontané en Orient : « Magni hæ species, proh dolor! usus. » Bulbum et hominem qui bulbum vescitur, delicatiores fugiunt. » *Allium Cepa*, L. (l'Ognon), *A. Ascalonicum*, L. (l'Échalote), qui ne fleurit pas dans nos climats, *A. Porrum*, L. (le Poireau), *A. fistulosum* (la Cive), *A. schœnoprasum*, L. (la Ciboule), *A. Ophioscorodon*, L. (la Rocambole), etc. — Un grand nombre de Liliacées font l'ornement de nos parterres ; nous citerons les Lys, les Tulipes, les Jacinthes, les Scilles, les Ornithogales, les Fritillaires, la Tubéreuse, dont l'odeur rappelle celle de la fleur d'Oranger, et les Hémérocalles.

ASPARAGINÉES. — IRIDÉES.

Asparaginées. — Les racines et les tiges souterraines des Asparaginées contiennent une substance mucilagineuse ordinairement amère et douée d'une certaine âcreté. La racine de l'Asperge commune (*Asparagus officinalis*, L.) faisait partie des cinq racines apéritives majeures ; les baies et les graines passaient pour diurétiques. — Les racines du Petit-Houx (*Ruscus aculeatus*, L.) sont douées des mêmes propriétés que l'Asperge ; ses graines grillées ont été essayées comme succédanées du café. — Le rhizome du Sceau-de-Salomon (*Polygonatum vulgare*, Desf., et *P. multiflorum*, Desf.) est mucilagineux ; sa saveur est douceâtre. On l'employait jadis comme vulnéraire ; on en faisait également usage comme diurétique ; ses baies sont d'une saveur nauséeuse, et douées de propriétés purgatives et émétiques. — Les fleurs du Muguet (*Convallaria maialis*, L.) font au printemps la parure de nos bois ; la souche rampante de cette plante est d'une saveur nauséeuse ; son extrait agit comme purgatif drastique. — Toutes les parties de la plante du *Paris quadrifolia*, L., sont douées de qualités narcotico-âcres ; cette espèce a cessé depuis longtemps d'être considérée comme officinale. — Le *Smilax Sassaparilla*, L. (la Salsepareille), croît dans l'Europe australe ; c'est un des médicaments stimulants les plus usités. — Il suffit de mentionner l'usage alimentaire des turions de l'Asperge ; les qualités diurétiques de cet aliment sont constatées par l'odeur particulière qu'il communique au produit de la sécrétion urinaire.

Dioscorées. — La racine volumineuse du *Tamus communis*, L., est d'une saveur âcre et amère. Cette substance est diurétique et purgative, et à plus forte dose émétique. Elle a été employée à l'extérieur comme vulnéraire, et comme antiscrofuleuse et anti-arthritique.

Iridées. — Les souches bulbeuses ou tubéreuses des Iridées renferment de la fécule, du mucilage, et en très faible proportion des substances âcres et une huile aromatique ; elles sont douées de propriétés plus ou moins stimulantes. — La substance médicamenteuse la plus importante qui soit fournie par cette famille est le *Safran* (*Crocus sativus*, L.). Cette plante est originaire de l'Asie Mineure ; on la cultive en grand dans l'Europe méridionale. Ses stigmates fournissent une matière colorante d'un rouge orangé très précieuse pour la teinture, et usitée dans la peinture au lavis ; cette substance, dont l'odeur est aromatique et suave, est du nombre des médicaments excitants du système nerveux dits antispasmodiques. Le *Safran* provenant du *Crocus sativus* cultivé en France, est d'une qualité inférieure à celui que le commerce tire de l'Orient.

L'*Iris Florentina*, L. (Iris de Florence), est spontané dans l'Europe australe; ses souches fraîches sont purgatives; à cet état, elles sont légèrement excitantes des membranes muqueuses; sèches, elles conservent indéfiniment une odeur de violette assez agréable. La souche de l'*I. Germanica*, L., et celles de plusieurs autres espèces se rapprochent plus ou moins, par leurs propriétés, de la souche de l'Iris de Florence. — Les *I. Germanica*, L., et *Sibirica*, L., fournissent une matière colorante verte usitée pour la peinture. — L'*Iris Pseudo-Acorus*, L., employé jadis dans le traitement de l'hydropisie, et l'*Iris fœtidissima*, L., qui passait pour antiscrofuleux et antihystérique, ont cessé d'être considérés comme substances officinales. — Les espèces du genre *Gladiolus* sont douées de propriétés analogues à celles des *Iris*, plusieurs ont été employées comme médicaments stimulants. — De nombreuses espèces appartenant à la famille des Iridées font l'ornement des jardins; les Iris; les Glayeuls et les Crocus y sont surtout très répandus.

AMARYLLIDÉES. — ORCHIDÉES.

Amaryllidées. — Les souches bulbeuses des Amaryllidées diffèrent peu par la nature de leurs principes chimiques et par leurs propriétés médicales des souches bulbeuses des Liliacées. Le mucilage y est également abondant, et uni à une gomme-résine amère. La plupart de ces bulbes sont doués de propriétés émétiques : tels sont ceux des *Amaryllis*, du *Pancratium maritimum*, L., et du *Leucoium vernum*, L. Les fleurs du *Narcissus Pseudo-Narcissus*, L., sont mucilagineuses, amères, et contiennent une matière narcotico-âcre; ces fleurs infusées dans l'huile passent pour être douées de vertus sédatives; les bulbes de Narcisse étaient jadis comptés au nombre des médicaments émétiques. Les bulbes d'Amaryllis, réduits en pâte, étaient appliqués sur les tumeurs comme topiques maturatifs. — Plusieurs espèces d'*Alstrœmeria* sont cultivées dans nos serres; leurs racines charnues fournissent une farine alimentaire au Pérou et au Chili, où ces plantes sont indigènes.

Agavées. — L'*Agave Americana*, L., maintenant naturalisé dans la région méditerranéenne, est spontané au Mexique et dans les Antilles. Cette magnifique plante, dont la hampe, qui atteint jusqu'à 30 pieds de hauteur, se développe en quelques semaines, a été, comme la plupart des objets qui frappent vivement l'imagination, l'objet de récits fabuleux : c'est encore une croyance populaire que chacune de ses larges rosettes ne fleurit qu'au bout d'un siècle, et que les fleurs en s'épanouissant font entendre une forte détonation. Cette plante est vulgairement connue sous le nom d'Aloès. La chair des feuilles et des jeunes tiges est acidule et comestible ; le suc de la racine est considéré en Amérique comme diurétique.

Broméliacées. — L'*Ananassa sativa*, Lindl. (*Bromelia Ananas*, L.), cultivé en abondance dans les serres de l'Europe, est originaire du Brésil, et a été naturalisé dans tous les pays chauds du monde. Ses baies, soudées entre elles, forment un élégant cylindre surmonté de la rosette de feuilles qui termine la tige. Le fruit de l'Ananas est d'une saveur en même temps sucrée, vineuse, acidule et aromatique ; c'est l'un des plus estimés du monde. Ceux qui sont obtenus dans nos serres sont loin d'avoir le parfum de ceux qui mûrissent au soleil des tropiques.

Orchidées. — Un certain nombre d'Orchidées indigènes présentent des souches bulbiformes. Ces renflements charnus renferment de la fécule, du mucilage, quelques traces d'une substance amère, et une très petite quantité d'huile volatile qui disparaît par la dessiccation. Les bulbes assez volumineux de quelques espèces abondantes dans les contrées méridionales fournissent la fécule analeptique connue sous le nom de Salep. D'autres Orchidées ont des rhizomes rampants et fibreux ; ces rhizomes renferment une plus grande proportion d'huile volatile, et sont doués de propriétés stimulantes et diaphorétiques. La fleur de quelques espèces exhale une odeur suave et aromatique. Personne n'ignore que la *Vanille*, dont le parfum est si généralement apprécié, est le fruit de diverses espèces de la nombreuse tribu des Orchidées dites Épiphytes, et qui vivent en faux

29.

parasites sur les écorces des arbres, dans les forêts vierges du nouveau monde. Un grand nombre des plus magnifiques Orchidées épiphytes sont actuellement cultivées en Europe dans des serres savamment disposées pour ce seul usage ; la plupart y prospèrent, et livrent chaque année à notre admiration leurs fleurs, qui exhalent souvent les parfums les plus délicieux, et dont les formes variées et bizarres sont presque toujours de la plus ravissante beauté. Les sauvages emploient quelques unes de ces plantes comme vulnéraires, et les désignent sous le nom de Lianes à blessures.

Hydrocharidées. — Les plantes de cette famille renferment un suc mucilagineux légèrement astringent. L'*Hydrocharis Morsus-ranæ* (Petit-Nénuphar) passait pour être doué des mêmes propriétés que le *Nymphæa.*

PALMÉES. — AROIDÉES. — JONCÉES.

Palmées. — Cette famille, qui produit sous l'équateur un si grand nombre d'espèces remarquables par leur élégance, et dont quelques unes sont, dans ces climats, d'une si grande utilité (le Dattier (*Phœnix dactylifera*, L.); le Cocotier (*Cocos nucifera*, L.); le Palmier à Sagou (*Sagus Rumphii*, Willd.); le Palmiste (l'*Euterpe oleracca*, Mart., et l'*Areca oleracea*, L.), ainsi que plusieurs autres espèces qui fournissent diverses substances alimentaires, du sucre, des liqueurs spiritueuses, etc.), n'est représentée dans la région méditerranéenne française que par une seule espèce, dont la rosette de feuilles s'élève à peine au-dessus du sol : le *Chamærops humilis*, L., plante commune sur les côtes méditerranéennes de l'Afrique. — Une famille voisine, celle des Musacées, produit le Bananier (*Musa paradisica*, L.), dont les fruits sont d'une grande ressource dans les pays chauds, et font même la principale nourriture de nombreuses populations. Le Bananier est originaire de l'Inde; il est maintenant naturalisé dans les contrées tropicales de toutes les parties du globe.

Potamées. — Le suc des *Potamogeton* est légèrement astringent ; les feuilles fraîches passaient pour vulnéraires. — Zostéra-cées. Les plantes de cette famille qui vivent dans l'eau de la mer (*Zostera, Posidonia*) étaient employées jadis dans le traitement des affections scrofuleuses ; la présence de l'iode chez toutes les plantes marines explique leur efficacité ; les feuilles sèches du *Zostera marina*, L., sont devenues un objet de commerce ; on les emploie à remplacer le crin dans les sommiers. — Lemnacées. Ces petites plantes étaient employées comme réfrigérantes ; appliquées mouillées sur les brûlures, elles agissent comme pourrait le faire une éponge imbibée d'eau.

Aroïdées. — Les souches charnues des Aroïdées contiennent une fécule abondante, à laquelle se joint une matière volatile d'une grande âcreté ; la fécule, dépouillée par la coction et la dessiccation de cette matière âcre, peut devenir alimentaire. — Les racines de l'*Arum maculatum*, L., *Italicum*, L., *Ariza-rum*, L., et *Dracunculus*, L., bien que douées de propriétés actives, ne sont plus en usage. — Le *Calla palustris*, L., appartient principalement à l'Europe boréale ; les anciens l'employaient pour ses vertus diaphorétiques et alexipharmaques. — L'*Acorus Calamus*, L., est originaire de l'Inde ; il fut apporté en Europe vers le XV\u1d49 siècle ; ses fruits ne mûrissent pas dans nos climats ; son rhizome est amer et aromatique.

Typhacées. — Les rhizomes des *Typha* et des *Sparganium* renferment de la fécule ; ils sont médiocrement astringents, et passaient pour doués de propriétés diurétiques. La souche du *Sparganium ramosum*, Huds., a été regardée comme propre à guérir de la morsure des animaux venimeux.

Joncées. — Les propriétés des plantes de cette famille sont assez insignifiantes. Les souches du *Luzula vernalis*, L., du *Joncus communis*, L., et du *J. glaucus*, L., sont employées comme diurétiques dans le nord de l'Allemagne. — Le *Narthecium Ossifragum*, L., était au nombre des remèdes vulnéraires. — Selon Dioscoride, le *Schœnus Oxyschœnus* des anciens, qui paraît être le *Juncus acutus*, L., cuit avec du vin, est laxatif et diurétique.

CYPÉRACÉES. — GRAMINÉES.

Cypéracées. — Les tiges et les feuilles des plantes de cette famille contiennent un suc très peu abondant; leurs tiges ne contiennent point de sucre, comme celles des Graminées, et leurs graines contiennent peu de fécule. — Les rhizomes de quelques espèces renferment cependant une certaine proportion de fécule unie à une substance amère, et à une petite quantité d'huile volatile; autrefois ces rhizomes étaient comptés au nombre des médicaments résolutifs, diaphorétiques et diurétiques. Parmi ces médicaments, aujourd'hui presque inusités, nous devons mentionner les rhizomes du *Cyperus longus*, L., et du *C. rotundus*, L., qui sont amers et aromatiques, et étaient employés comme stimulants, et celui du *Scirpus lacustris*, L., astringent et diurétique; enfin les tiges traçantes du *Carex arenaria*, L., dont la saveur est amère et légèrement aromatique, et qui était employée, sous le nom de Salsepareille-d'Allemagne, dans le traitement des maladies de la peau, etc. — Les tubercules du *Cyperus esculentus*, L., renferment une fécule alimentaire unie à une huile grasse, substance que l'on rencontre assez rarement dans les parties souterraines des plantes. — On connaît l'usage que les anciens faisaient de certaines espèces méridionales de *Cyperus* pour la fabrication du *Papyrus*.

Graminées. — La tige des Graminées renferme, surtout sous l'épiderme, une proportion notable de silice; la tige de quelques unes renferme du sucre; les graines de toutes les espèces contiennent de la farine. On y trouve, en outre, des traces d'une huile grasse et quelques sels. De toutes les plantes employées aux usages alimentaires, les céréales sont les plus utiles; leur culture remonte à la plus haute antiquité. La plupart ont fourni de nombreuses variétés. Les céréales les plus importantes sont les Froments (*Triticum sativum*, Lam., *turgidum*, L., *monococcum*, L.); le Seigle (*Secale cereale*, L.); les Orges (*H. vulgare*, L., *H. distichum*, L., *H. hexastichum*, L.); le Maïs (*Zea-Mais*, L.); le Riz (*Oryza sativa*, L.); les Avoines (*Avena sativa*, L., et *A. orientalis*,

L.); le Millet (*Panicum miliaceum*, L.); de nombreuses espèces de *Sorghum*, etc.

Les tiges souterraines rampantes du Chiendent (*Triticum repens*, L.), qui infestent les champs cultivés, fournissent par infusion une tisane mucilagineuse sucrée, rafraîchissante, qui est des plus vulgairement employées; on l'unit ordinairement à l'infusion de racine de réglisse. La souche du *Cynodon Dactylon*, L., est employée dans le Midi au même usage que la souche du *Triticum repens* dans le Nord. (Dans l'Inde on emploie le *Cynodon lineare*, L., et dans l'Amérique l'*Andropogon bicornis*, L.).— Le gruau, qui fournit par décoction une boisson nourrissante et adoucissante, n'est autre chose que l'Avoine pilée. — L'Orge mondée fournit une tisane rafraîchissante. — La décoction légère de Riz est vulgairement employée dans le traitement de la diarrhée. — Les souches de l'*Arundo Donax*, L., et de l'*A. Phragmites*, L., qui passaient jadis pour diurétiques et diaphorétiques, sont très rarement employées.

Personne n'ignore que le sucre-de-canne est un produit que l'on extrait de la tige du *Saccharum officinarum*, L. Cette précieuse Graminée est spontanée dans l'Inde; elle est depuis longtemps cultivée sous les tropiques dans le monde entier; elle était même cultivée jadis dans l'Europe australe.

Un très petit nombre de Graminées renferment des principes nuisibles; les graines du *Lolium temulentum*, L. (Ivraie), ont été regardées comme malfaisantes dès la plus haute antiquité; elles contiennent, en effet, un principe narcotique. — On dit que le *Festuca quadridentata*, H. B., espèce américaine, est doué de qualités très vénéneuses.

FOUGÈRES. — ÉQUISÉTACÉES. — LYCOPODIACÉES.

Fougères. — Les frondes des Fougères renferment un suc plus ou moins astringent, et quelquefois aromatique. Leurs tiges souterraines contiennent, en général, une certaine quantité de fécule, une huile grasse, une huile volatile, un principe mucilagineux sucré analogue à la mannite, et une substance oléo-résineuse amère, légèrement âcre et astringente. — Le rhizome de la Fougère mâle (*Nephrodium Filix-mas*, Stremp.) est fréquemment usité comme vermifuge ; on en emploie la poudre, la décoction, et un extrait résineux. — Le rhizome du *Polypodium vulgare*, L., est mucilagineux, sucré ; sa saveur se rapproche de celle de la racine de Réglisse. — L'*Adianthum Capillus-Veneris*, L., espèce commune dans la région méditerranéenne, sert à la préparation d'un sirop pectoral fort usité, connu sous le nom de sirop de Capillaire. Le *Scolopendrium officinale*, Sm., les *A. Trichomanes*, L., *Adianthum-nigrum*, L., et *Ruta-muraria*, L., sont doués de propriétés légèrement astringentes. — Un grand nombre de Fougères exotiques sont employées, dans les pays où elles sont spontanées, comme médicaments amers, toniques, astringents ou aromatiques. — Les souches de l'*Osmunda regalis*, L., qui croît également dans les marais de l'Europe et de l'Amérique du Nord, sont mucilagineuses et astringentes ; ses feuilles ont une saveur styptique. — Le *Botrychium Lunaria*, L., et l'*Ophioglossum vulgatum*, L. (Langue-de-serpent, Lance-du-Christ, Herbe-sans-couture), sont doués de propriétés mucilagineuses et astringentes. Ces plantes étaient considérées comme vulnéraires ; leurs formes singulières leur faisaient attribuer des propriétés merveilleuses ; elles étaient employées dans les opérations magiques. — Les plantes de la famille des Marsiléacées (genres *Pilularia*, *Marsilea* et *Salvinia*), et les espèces du genre *Isoetes*, ne paraissent douées d'aucunes propriétés remarquables.

Équisétacées. — Il existe sous l'épiderme des *Equisetum*, comme sous l'épiderme de la tige des Graminées, une quantité notable de silice ; cette substance pierreuse rend les tiges des Prêles, qui sont revêtues d'aspérités, propres à polir les bois durs ; on emploie pour cet usage les tiges de l'*Equisetum hyemale*, L. Les souches des espèces du genre *Equisetum* sont douées de propriétés diurétiques et astringentes ; on a cessé depuis longtemps d'en faire usage.

Characées. — Les tiges de plusieurs espèces du genre *Chara* sont incrustées de phosphate de chaux. La plupart des espèces exhalent une odeur alliacée et marécageuse fort désagréable ; cette

odeur longtemps respirée peut devenir nuisible. Ces plantes ont
été employées jadis dans les engorgements du foie.

Lycopodiacées. — La décoction du *Lycopodium Selago*, L.,
plante commune dans nos montagnes, est émétique et anthelmintique. Les granules contenus dans les sporocarpes du *Lyco-*
podium clavatum, L., constituent une poudre jaunâtre qui est
recueillie sous le nom de poudre de Lycopode, et est employée à
saupoudrer les plis de la peau chez les enfants nouveau-nés
pour en prévenir les gerçures. Cette poudre, de nature résineuse,
a la propriété de s'enflammer rapidement au contact du feu.

MOUSSES. — HÉPATIQUES.

Mousses. — Les propriétés médicales des espèces appartenant
à la famille des Mousses sont assez insignifiantes. L'infusion du
plus grand nombre est légèrement astringente et diaphorétique.
On trouvait autrefois, dans les pharmacies, plusieurs espèces
d'*Hypnum* sous le nom de *Muscus vulgaris*; les *Polytrichum*
étaient employés sous le nom d'*Adianthum aureum*. Le *Fontina-*
lis Antipyrethica, L., était employé comme stimulant. Le *Leskea*
sericea, Hedw., un peu plus astringent, était considéré comme
propre à arrêter les hémorrhagies. — Les Mousses sont employées
à quelques usages économiques; on s'en sert pour boucher les
fentes des bateaux, etc. Dans la nature, le rôle des Mousses est
d'une grande importance; leurs générations successives constituent assez rapidement un terreau qui augmente l'épaisseur
du sol végétal, et le constituent dans des lieux arides, où il
n'existait pas; les Mousses servent aussi à préserver, dans les bois,
le sol de la sécheresse, en conservant les eaux pluviales, comme
pourrait le faire une vaste éponge, et en mettant obstacle à l'évaporation.

Diverses espèces de *Sphagnum*, abondantes dans les marais
des contrées hyperboréales, nourrissent de nombreux troupeaux
de Rennes; les pauvres habitants qui vivent sous ces tristes climats
réduisent en poudre ces Mousses, dit Endlicher, pour s'en faire
un pain imaginaire, délices de leur vie misérable : «... Siccatam

» conterunt hyperborei, ut panis sibi conficiunt imaginem, mi-
» seræ vitæ delicias. »

Hépatiques. — Quelques plantes de cette famille sont douées
d'une saveur un peu âcre et d'une odeur légèrement aromatique.
Le *Marchantia polymorpha*, L., était compté jadis au nombre des
médicaments résolutifs; on l'employait sous le nom d'Hépatique
dans le traitement des maladies du foie.

LICHENS.

Les Lichens fournissent à l'analyse : un gluten particulier, des
substances amères, une résine, et une matière colorante pourpre,
citrine ou brune. Leur saveur est plus ou moins amère, et légèrement salée. — Le *Cetraria Islandica*, Ach. (Lichen-d'Islande),
renferme des substances extractives amères; il entre dans la composition d'une pâte pectorale usitée. Le *Sticta pulmonacea*, Ach.,
est l'une des plantes désignées jadis sous le nom de Pulmonaire;
ses propriétés sont analogues à celles du Lichen-d'Islande.

On employait jadis, dans le traitement de la dyssenterie, les
Parmelia saxatilis, Ach., et *Omphalodes*, Ach., et l'*Usnea
hirta*, Ach.; et dans les fièvres intermittentes, les *Parmelia parietina*, Ach., et *P. furfuracea*, Ach. Les propriétés de ces différentes espèces se réduisent à un peu d'amertume et de stypticité.
— Le *Peltigera canina*, L., passait pour avoir la propriété de
guérir de la morsure des chiens enragés. Le *Cenomyce coccifera*, Ach., était employé comme calmant dans les toux convulsives. Ces diverses substances sont depuis longtemps hors d'usage.

Plusieurs espèces à frondes foliacées ou fruticuleuses sont alimentaires chez les nations les plus pauvres des contrées hyperboréales : le *Cenomyce rangiferina*, Ach., l'une de ces espèces
comestibles, nourrit pendant l'hiver les Rennes, qui le cherchent
sous la neige. Plusieurs espèces comestibles appartenant au genre
Lecanora se trouvent abondamment dans les vastes déserts de
l'Asie; il arrive fréquemment que des quantités considérables de
ces plantes sont transportées, dans des ouragans, à de grandes
distances; on donne le nom de *manne* à ces pluies de substances
alimentaires.

Les principes colorants fournis par les Lichens sont : l'orcine, que l'on extrait du *Variolaria dealbata*, Ach., l'érythrine, qui appartient au *Roccella tinctoria*, DC., et la parmélochromine, que l'on obtient du *Parmelia parietina*, Ach., et de l'*Evernia vulpina*, Ach. Le *Roccella tinctoria* habite les rochers maritimes de la région méditerranéenne occidentale ; on le trouve aussi en abondance aux Açores, au cap de Bonne-Espérance, et aux Indes orientales. Le *Lecanora Parella*, Ach. (Orseille), provient de la Colombie, ainsi que l'*Isidium corallinum*, Ach.

CHAMPIGNONS.

Les Champignons présentent à l'analyse chimique une quantité d'azote assez considérable : aussi les espèces qui ne contiennent pas de principes vénéneux sont-elles du nombre des substances alimentaires les plus nutritives parmi celles qui sont fournies par le règne végétal. Les Champignons se développent, dans certaines circonstances atmosphériques, avec une rapidité qui tient du prodige ; du reste, les Champignons paraissent être les inflorescences de souches filamenteuses souterraines (*mycelium*), et non des plantes constituées uniquement par chacune des productions, qui semblent, au premier aspect, appartenir à des individus isolés.—Les principes végétaux qui sont contenus dans les Champignons sont : la fongine, l'acide fongique, l'acide bolétique (dans les *Polyporus*), l'amanitine (dans l'*Amanita muscaria*, Pers.), un principe âcre plus ou moins analogue à l'amanitine chez plusieurs espèces vénéneuses, la trémelline (chez le *Tremella mesenterica*, Hoffm.), et dans plusieurs Agarics, de la mannite (sucre de Champignons) ; ce principe existe chez les *Helvella*, les *Hydnum*, les *Cantharellus*, les *Agaricus*, etc.

Les genres *Clavaria*, *Helvella*, et *Morchella* renferment des espèces comestibles et point d'espèces vénéneuses ; les genres *Boletus* et *Agaricus* renferment de nombreuses espèces comestibles, mais des espèces vénéneuses en plus grand nombre encore. « Venenati et suspecti plurimi, dit Endlicher, esculentis simil- » limi, vix satis distinguendi... » Il est toujours prudent de s'abstenir de leur usage. Les genres *Polyporus*, *Fistulina*, *Can-*

tharellus et *Hydnum* fournissent aussi des espèces comestibles. — L'espèce dont on fait la plus grande consommation est le Champignon de couches, *Agaricus campestris*, L. Cette espèce, qui est cultivée en grand dans les anciennes carrières et dans les caves, est, à Paris, l'objet d'un commerce assez important. L'un des meilleurs Champignons est l'Oronge, *Amanita cæsarea*, Pers., espèce rare aux environs de Paris, où l'on trouve en abondance l'*Amanita muscaria*, Pers. (fausse-Oronge), qui lui ressemble beaucoup, et qui est un des Champignons les plus vénéneux. — Parmi les Champignons souterrains, nous devons mentionner la Truffe, *Tuber cibarium*, Pers., dont la saveur parfumée est si justement appréciée. Pour découvrir dans les bois les lieux qui recèlent ce précieux Champignon, dont aucun indice ne décèle à l'extérieur la présence, on emploie les porcs, qui, guidés par leur odorat, les cherchent dans l'espoir de les dévorer. On dresse également des chiens à la recherche des Truffes.

Un petit nombre de végétaux de la famille des Champignons présentent quelque utilité par leurs propriétés médicales; l'espèce la plus importante, à ce point de vue, donne lieu à la singulière production nommée Ergot-de-Seigle (*Sclerotium Clavus*, Dec.) Les grains de Seigle affectés du Champignon parasite se déforment, grandissent, et prennent l'apparence d'une corne d'un noir violet sillonnée et striée; ces grains déformés possèdent des propriétés énergiques; mêlés au pain, ils lui communiquent des propriétés malfaisantes. L'Ergot-de-Seigle, pris à haute dose, produit les accidents les plus graves; sa saveur est âcre et nauséeuse; à faible dose, c'est un médicament excitant et un emménagogue des plus précieux. — C'est avec diverses espèces de *Polyporus* coupés en tranches, bouillis et macérés dans une eau alcaline, puis battus avec un maillet, que l'on prépare l'amadou, dont l'utilité a diminué de beaucoup depuis l'invention des allumettes dites chimiques. L'amadou est utile pour arrêter les hémorrhagies, en servant à tamponner et à agglutiner l'extrémité ouverte des petits vaisseaux. Le meilleur amadou est fourni par le *Polyporus fomentarius*, Fr., espèce abondante, surtout en Hongrie; le *P. ignarius*, Fr., commun sur tous les vieux arbres, fournit un produit d'une plus médiocre qualité.

Quelques espèces parasites de la famille des Champignons jouent un rôle destructeur qui devient parfois fatal aux plantes de nos cultures. La maladie connue sous le nom de *rouille*, et qui détruit les épis des céréales, est due à la présence de l'*Uredo segetum*, Pers., de l'*U. glumarum*, Fr., etc.

La maladie qui menace d'envahir les vignobles de la France, et d'y faire les plus grands ravages, est causée par une espèce qui appartient au genre *Oïdium* : c'est un Champignon microscopique composé de granules disposés en chapelet, et qui recouvre la surface entière des feuilles et des fruits dont il cause la destruction. La maladie qui dévaste les champs de Pommes de terre depuis quelques années a été attribuée à la présence d'un Champignon microscopique parasite; cette opinion est des plus contestées. Un Champignon souterrain, le *Rhizoctonia Crocorum*, DC. (Mort-au-Safran), se développe sur les souches bulbiformes de plusieurs plantes tubéreuses; il détruit rapidement des plantations entières de Safran (*Crocus sativus*, L.).

ALGUES.

Les Algues marines doivent leurs propriétés les plus réelles à une certaine quantité d'iode qu'elles empruntent à l'eau de la mer qui les nourrit. Quelques espèces sont douées de propriétés vermifuges depuis longtemps appréciées. Un certain nombre contiennent une matière mucilagineuse nutritive, et sont employées comme alimentaires.

L'espèce la plus importante, au point de vue de la matière médicale, est connue vulgairement sous le nom de Mousse-de-Corse ou *Helminthocorton* (*Sphærococcus Helminthocorton*, Ag.; — *Ceramium*, Roth.; *Fucus*, Latour.). Cette espèce croît dans la Méditerranée; elle est abondante sur les côtes de la Corse; ses propriétés anthelminthiques étaient depuis longtemps connues dans cette île, lorsque, en 1775, ce médicament fut introduit en France. — Les *Fucus* sont gélatineux; ils renferment généralement un mucilage sucré et de l'iode. Le *Fucus vesiculosus*, L., le *Sargassum bacciferum*, Ag., plusieurs *Laminaria*, et quantité d'autres espèces, réduites en cendre, étaient employés comme antiscrofuleux et antiscorbutiques, avant que l'on connût les propriétés de l'iode et les moyens d'isoler ce précieux médicament ; du reste, la présence de l'iode a été récemment constatée dans un grand nombre de plantes qui ne sont point soumises à l'influence maritime. L'*Ulva Lactuca*, L., dont la saveur est styptique, était considéré comme médicament résolutif et vulnéraire. Le *Conferva rivularis*, L., appliqué chargé d'eau sur les brûlures, les guérit par l'eau qu'il maintient à la surface de la peau.

Parmi les espèces comestibles, nous citerons les *Ulva Lactuca*, L., *latissima*, L., qui abondent sur les rivages de toutes les mers. On mange ces espèces avec du vinaigre. Parmi les espèces mucilagineuses et comestibles qui doivent être soumises à la coction dans l'eau, nous citerons : *Halymenia palmata*, Ag., et *H. edulis*, Ag., *Chondria pinnatifida*, Ag., dont la saveur est poivrée, et qui est recherché en Écosse et en Irlande, *Sphærococcus crispus*, Ag., *Laminaria digitata*, Lamk., et *L. saccharina*, Lamk., etc. — Les nids d'hirondelles, si recherchés en Chine, sont en grande partie construits avec des Algues gélatineuses analogues à celles qui viennent d'être énumérées.

On extrait de l'iode de la plupart des grandes espèces de *Fucus* : *F. vesiculosus*, L., *serratus*, L., *nodosus*, L., etc.

Les habitants des côtes recueillent les grandes espèces qui croissent dans les rochers, et celles qui sont déposées à la marée basse sur la grève, les entassent afin que la fermentation s'en empare, puis les répandent comme engrais sur leurs terres pour les fertiliser.

FIN DE LA PREMIÈRE PARTIE.

TABLE
DES NOMS DE GENRES ET D'ESPÈCES

MENTIONNÉS

DANS LE TRAITÉ DES PROPRIÉTÉS MÉDICALES

ET USAGES ÉCONOMIQUES DES PLANTES.

www.ingramcontent.com/pod-product-compliance
Lightning Source LLC
LaVergne TN
LVHW050253060726
842525LV00002B/296